U0131491

自然珍藏系列

貝殼圖鑑

貓頭鷹出版社

貝殼圖鑑

S·彼得·當斯　著

馬修·華德　攝影

貓頭鷹出版社

A DORLING KINDERSLEY BOOK

Original title：Eyewitness Handbooks--Shells
Copyright © 1992
Dorling Kindersley Limited, London
Text Copyright © 1992 S.Peter Dance
Chinese Translation © 1996 Owl Publishing House

（英文版工作人員）
Editor Carole McGlynn
Art Editor Kevin Ryan
Contributor Editor Alex Arthur
Production Caroline Webber

《自然珍藏系列－貝類圖鑑》
（中文版工作人員）
翻譯 劉澍 朱漢濤
翻譯著作權 貓頭鷹出版社股份有限公司
審稿 賴景陽
主編 江秋玲
編輯 諸葛蘭英
編輯協力 葉萬音
封面設計 孫華德
發行所 貓頭鷹出版社股份有限公司
台北縣新店市中興路三段134號3樓之1
發行人 郭重興
劃撥帳戶 貓頭鷹出版社有限公司
劃撥帳號 16673002
電腦排版 宇晨電腦排版有限公司
印製 香港百樂門印刷公司
初版一刷 中華民國八十五年九月
行政院新聞局出版事業登記證：局版臺業字第5248號
讀者服務專線 (02)916-1454

ISBN 957-8686-98-6

目 錄

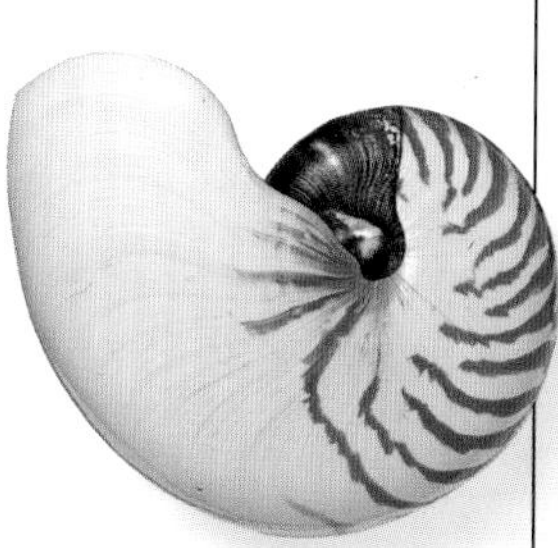

採集貝殼

自古至今，海貝以奇異的形狀、豔麗的色彩和精美的花紋，躋身於最迷人的造物之列。大自然不但造就了海貝豐富的質地，還賦予其渾然天成之美。儘管有些貝殼脆弱而易碎，但更多是結實堅硬的，這些特性足以使海貝成為人們研究和採集的主題。

當我們對海貝讚嘆不已的時候，也許對它們的形成一無所知，甚至根本不知道貝殼就是軟體動物的外骨骼。本書是爲那些想進一步瞭解這個迷人、奇異的海貝世界，以及那些想開展收藏視野的人們而作。

採集途徑

通常有三種方式來收集貝殼：親自去海貝棲息地採集；與其他收藏者交換；向貝殼商購買。在海邊採集海貝既能增添情趣又富教育性，也是開銷最少的辦法，對於有環保意識的收藏者來說，這個辦法堪稱完美，因為不會破壞海貝自然生長環境。在海灘上找到的貝殼，特別是被暴風雨從海中沖到海灘上的貝類，常常都是毫無缺損，非常適合收藏。可能不費吹灰之力就能採集到多量和各種不同的海灘貝殼，足以舉辦一個展覽會。另一種辦法是從礁石上撿起海貝，

萬用不鏽鋼刀

臨時裝貝殼用的塑膠袋

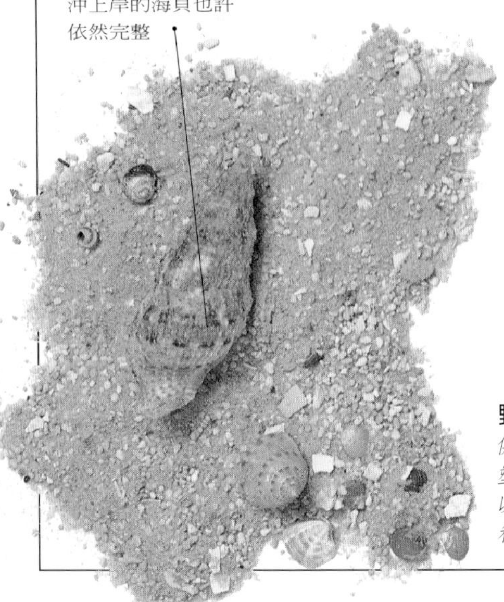

野外必備工具

供裝貝殼標本用的塑膠袋或塑膠罐，以及鏟貝殼用的利刀。

裝小貝殼的塑膠軟片盒

或潛入深水中採集它們；而後再以遭人非議的方法清除殼內的肉體。不過這兩種方法會讓你親臨活生生的海貝世界。

現場需知

有些必需的基本裝備，能夠使你事半功倍地觀察海貝世界，並從其中取走一小部分——但不可太多。首先，加強自我保護：穿好保護服，戴上帽子，以免陽光灼傷。粗帆布底鞋或橡膠靴子能使你免受珊瑚礁或崎嶇岩石的戳戮之苦。除如圖所示的必需品以外，萬全的準備還應包括一、二隻小桶(裝進所有工具和標本)以及一隻小耙(挖沙)，並用白色塑膠標籤做好標本的記錄工作。

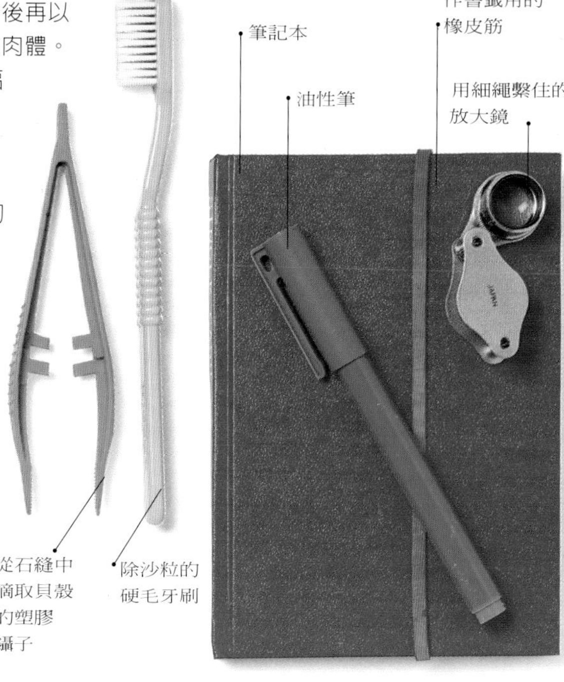

作筆記

應該攜帶文具，以記錄相關的現場資料。記下活貝動物體的外形特徵、棲息地及潮汐狀況。

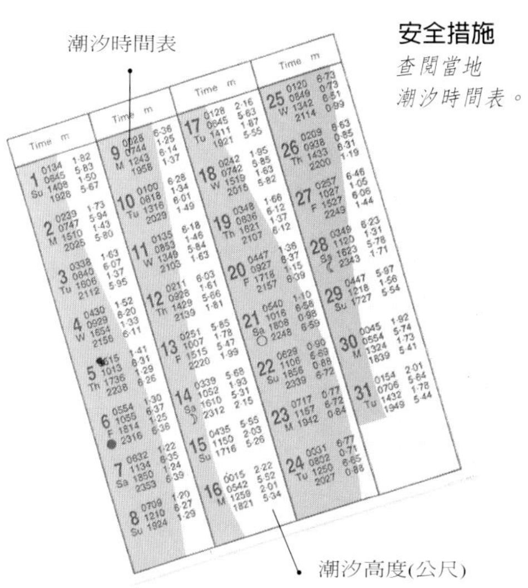

安全措施

查閱當地潮汐時間表。

觀察活標本

在採集任何一種活海貝以前，務必要遵守當地環保法規。有些地方，必須得到批准才能採集。在裝海水的容器中觀察活的軟體動物，五彩斑斕，得益匪淺。如圖所示的寶螺，煞是可愛、漂亮。

下水採集海貝，當然需要特別的設備。在淺水區，蛙鏡和呼吸管就足夠了；如果要潛入深水，則需要特製的潛水吸呼器材。

塑膠圓盒

有蓋的長方形塑膠盒

玻璃管內裝著乾燥的標本

玻璃管裝有酒精以保存軟體動物

塑膠泡綿墊

貝殼收藏

為觀賞方便，貝殼一般收藏於透明有蓋的塑膠容器內。

清洗貝殼

如果採集到活海貝，必須迅速將牠們弄死，並把殼内的肉體剔除；這項工作既不輕鬆又臭不可當。除外表精緻、富有光澤的貝殼外，一般處理方法是，把貝殼放入濾網，在水裏浸泡五分鐘，然後小火煮至沸騰，再用針、鑷子、小刀、解剖刀與金屬牙籤等工具趁熱取出貝肉。

測量貝殼大小

測量貝殼大小的最佳方法是取最長或最寬兩個點，用游標卡尺測量。由於貝殼表面凹凸不平，量得的數據也只是近似值。

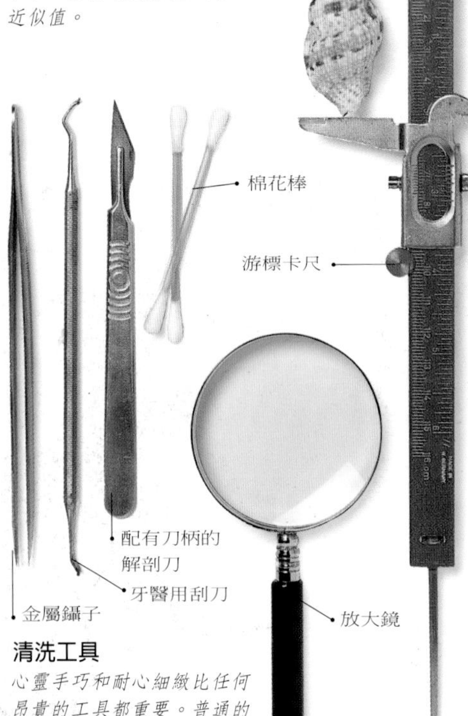

清洗工具

心靈手巧和耐心細緻比任何昂貴的工具都重要。普通的刀具就可用以清洗貝殼。

雙殼貝張開後，即可移去貝肉，並刮除閉殼肌。另一種去貝肉的辦法是將活貝裝入塑膠袋，放進冰箱冷凍；一、二天後取出，待解凍後，用鑷子、刀或其他工具取出貝肉。然後將殼内所有貝肉殘物沖洗乾淨，再用衛生紙和棉花棒將貝殼内外徹底拭擦，確保貝殼在收藏前已完全乾燥。也可以用衛生紙塞住貝殼口，以便吸收腐臭的液體。如果將貝殼浸泡在漂白劑裏，可使附生在貝殼表面上的珊瑚蟲和海藻鬆散，然後全面清洗，用針、小鑽子及硬毛刷，去除外殼的附生物。

鑑定貝殼

將你所擁有的貝殼分門別類不是件容易的事，需要花費大量的時間，所以不一定立刻就能鑑定出種名，或甚至屬名。但是不管是否能夠鑑定，你都必須記下所有貝殼的相關資料，如產地、棲息環境等。

一枚貝殼如果缺乏了這些資料——名稱是最次要的——就失去了科學價值(當然不會失去光彩)。在鑑定種類時，應該先測量出貝殼的尺寸，然後查看形狀、外表輪廓、色彩及圖紋；努力找出特徵上的各種差異。

陳列貝殼

有許多的收藏者將貝殼保存在鐵櫃的淺抽屜裏，這樣既經濟又方便；針對大量的蒐集品，是最實際的辦法。貝殼應收藏在遮光的密閉處，以免長期曝露在光線下會逐漸褪色。如果想有系統地分門別類，最好採用本書所提供的順序；這樣，你將能隨時找出所需要的貝殼。

標籤

種 ....
命名者 ....
產地 ....
....

用好的紙張為你的標本附上標籤，如果有必要折疊，應該儘量平整(折疊的硬紙或卡片可能磨損纖弱的貝殼)。標籤的內容可簡明、可詳細，但不論手寫或打字都必須用不褪色墨水，字跡要清楚。還可以做上簡單明瞭的記號，例如貝殼的產地，而使收集的標本，能和筆記上的內容互相參照。

將寶螺陳列在小巧的圓盒裏，非常引人注目

長方形盒子最省空間

把標籤放在貝殼下面

同種的兩枚貝殼放在一起，可同時觀察其殼口和殼背

容器

千姿百態的貝殼要用各式各樣的容器收藏，如圖中的櫥櫃抽屜。

主教芋螺
色東式芋螺
帶斑芋螺
斑芋螺
高貴芋螺
點圈芋螺

特徵舉例

對於專業收藏家來說，芋螺固然非常類似，但各個種之間也同時有著極大的差別，其中的奧妙只有收藏者自己才能領略。

在每層抽屜的外面，貼上其中所裝貝殼的類別名稱。抽屜裏用小淺盒子，將不同形狀的貝殼隔開，還可以在盒子底部墊上彩色泡綿，再將標籤壓在下面。每層不要塞得太滿，應為往後的收藏品留下餘地。

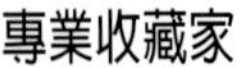

專業收藏家

對一般人來說，收藏多姿多彩的貝殼只是為了觀賞而已。但有些人天生就是專家，他們樂於將精力集中在某特定範圍內。海貝世界有無限的機會讓你成為專家，也已經有人成為某一門類的權威，如：寶螺、芋螺、筆螺和榧螺等。專家不需要很大的空間存放標本，這倒是個好處，而且還能夠與其他專家聚會、交流或交換貝殼。

保存口蓋

收藏者常常忽略，甚至丟棄附生在貝類腹足上的角質或鈣質口蓋。但許多謹慎的收藏者意識到這扇「活動門」是貝殼整體的一部分，理應完好地予以保存。小心地從腹足上取下口蓋，用膠水黏在棉花上，然後塞入殼口，並調到適切的位置。

將口蓋面黏在棉花團上

挑選貝殼

本書中搜羅了世界各地最受人喜愛，最珍奇的貝殼，展示動物王國第二大族中令人驚嘆的衆多成員：從晦暗的蝶螺，到令人印象深刻的大法螺和硨磲。雖然只佔成千上萬個已知品種當中的一小部分，卻足以代表收藏者最常發現的大部分貝殼。

如何使用本書

本書依照貝類的五大綱進行編排，即腹足綱、雙殼綱、掘足綱、多板綱和頭足綱，每一綱再分為若干不同的族群。每一獨立的族群有一段簡短的介紹，描述其共同特徵。以下的條目是某一族群中入選貝殼的詳細資料，圖文並茂。從這個範例中，可以得知一個條目是如何構成。

貝殼的命名

某一種貝殼的俗名會隨地區、語言而有不同，但學名卻是一致的。不過，由於科學知識的進步，有些學名也會更改。貝殼的學名由屬名及種名兩部分構成，有時還可能加上命名者的姓氏。

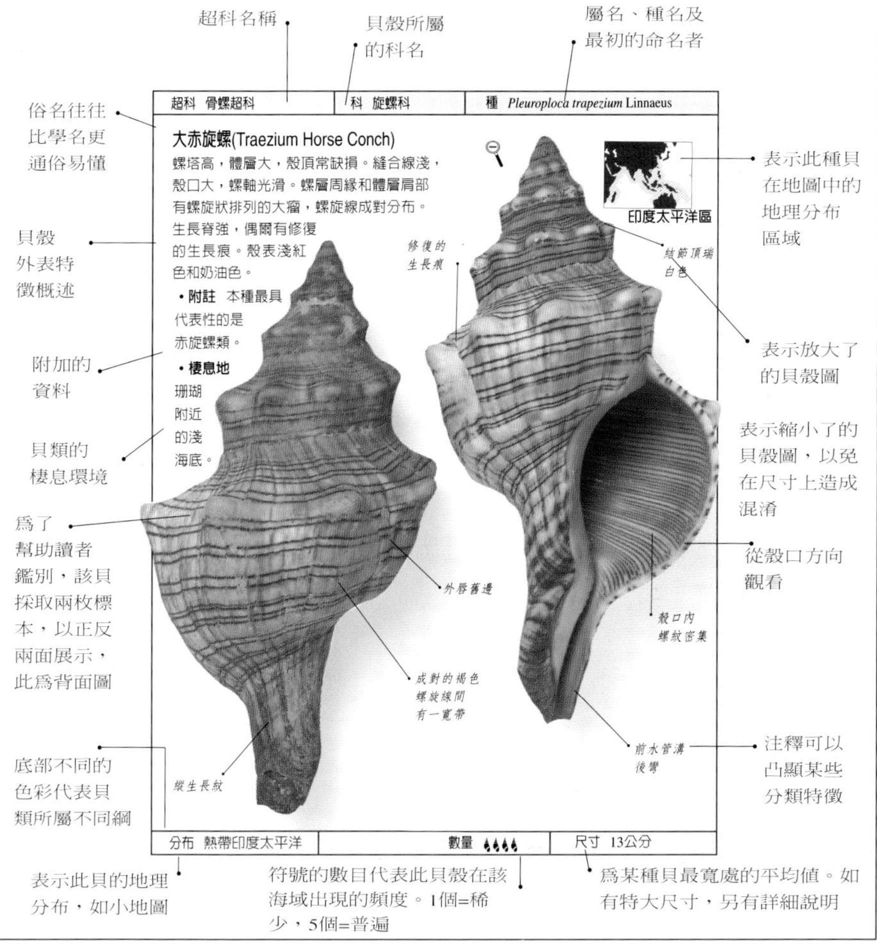

世界貝類地理分布圖

一切物種都要適應特別的生存環境，軟體動物也有一定的分布規律。爲了幫助貝殼的鑑定，書中介紹的所有海貝都附有小塊地圖，標明該種貝殼的出產地。這些小地圖代表的地理分布區，在以下這幅世界地圖中有詳細說明。

海洋深度圖

世界上每一塊大陸的四周都環繞著淺海大陸棚(深度200-2000公尺)，適合大部分海貝生長；大陸棚的外圍為深水海域，儘管一片漆黑，但也同樣棲息著各種軟體動物。

北極區
北極圈以內地區至阿留申群島、
庫頁島和日本北部。本書中
介紹的寒帶海貝種類並不多，
所以把北極和阿留申群島
合併成一個地區
北極
歐洲
亞洲
非洲
澳洲
日本區
日本群島，但
除去南部的琉球
群島和韓國
印度太平洋區
紅海、阿拉伯灣、
印度洋及太平洋
大部分島嶼
南非區
除納塔海岸以外的
整個南非沿海
澳洲區
澳洲南岸，從
東部布利斯班到
西部基拉頓和
塔斯馬尼亞
紐西蘭區
北島和南島及
隸屬島嶼

貝類棲息地

和其他動物一樣，軟體動物已經適應千變萬化的生存環境。從海水日夜沖刷的岩石到陰暗泥濘的深海底，各種型態的棲息地都有其特殊的軟體動物群。潮汐影響生長在海邊的軟體動物的特性和分布，牠們所生活的底質表面特性也同樣有影響力。不過，充足的日照所提供的食物顯得更爲重要。軟體動物最適合棲息於熱帶，所以這個區域的海貝種類繁多，令人嘆爲觀止。珊瑚礁是鮮豔的芋螺、寶螺、渦螺以及硨磲的故鄉；在紅樹林中，牡蠣寄居於根部，蜑螺喜歡攀枝附葉，蟹守螺則靜靜地在泥灘上爬行。當然，溫帶海域同樣會讓收藏者大開眼界。沙灘是許多雙殼貝，以及穴居腹足類，如玉螺的避風港。在河流入海口，泥沙混雜，造就了食物豐富的環境，常可發現大量鳥尾蛤。岩岸是腹足類的大好獵場，牠們能牢牢地吸附在岩石上。

活海貝

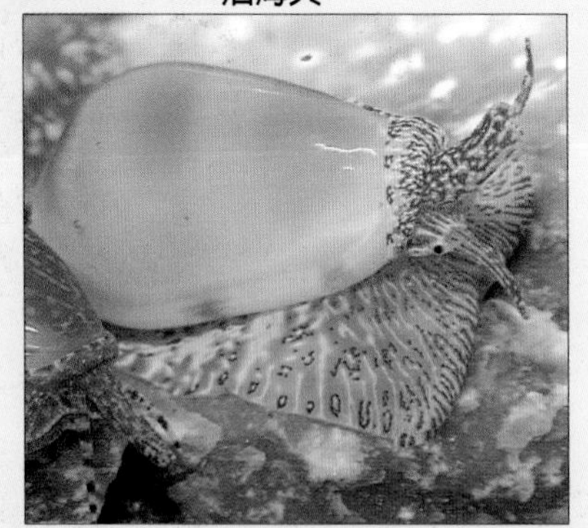

有些收藏者，畢生都在搜集海貝，卻從未見過貝類在水中生活的情景。因為軟體動物大都習慣晝伏夜出，性喜隱蔽。在熱帶或溫暖水域，海貝的軟體部分鮮豔奪目，常使供牠藏身的貝殼黯然失色。圖中的羅斯福穀米螺就是個活生生的例子。即使在溫帶和寒帶水域，軟體動物也可能意外地迷人。

對環境的適應

軟體動物已發展出適應不同生存環境的習性。有些貝類能在珊瑚中穿鑿並隨之成長；而有些貝類如珊瑚螺，會依附在根狀的珊瑚底部，珊瑚砂裏則布滿了殼薄穴居的貝類。雙殼貝是紅樹林的常客，牠們吸附著紅樹，彷彿根的一部分。細長的雙殼貝能毫不費力地在沙裏遊竄；流線型的竹蟶，挖穴本領高人一等。更令人望塵莫及的當數笠螺，牠們棲息在礁石地帶，任憑海浪沖刷也巍然不動。

保護棲息地

人類應盡可能不去擾動生物棲息地。幾乎每塊岩石或珊瑚礁下，都是一個動植物生存的群落，一旦遭到破壞，都會為牠們帶來滅亡之災。只要從珊瑚礁上割下一塊珊瑚，其他珊瑚礁便會相繼死去。如果某片海灘不斷地有海貝收藏者去尋寶探貝，那麼這塊動植物自然棲息地便逐漸會被破壞殆盡。所以，務請尊重這些毫無防患能力的低等動物的生存空間。

岩岸

由圓形鵝卵石、普通石礫、平坦的鋪石、稜角犀利的岩石或峭壁組成。如玉黍螺、織紋螺和笠螺等吸附性軟體動物，都聚居於岩石間的小潭中；如下圖所示。

珊瑚礁

熱帶海洋裏陽光燦爛，海水溫暖，珊瑚生長異常茂盛，吸引了大大小小、五光十色的軟體動物，例如這隻加勒比法螺。

沙灘

許多沙灘貝殼都是空的，因為活軟體動物喜歡將自己埋藏在沙地裏。沙灘孕育著許多愛挖穴的雙殼貝，如鳥尾蛤。

活生生的貝類

每枚被海水沖刷上岸的空貝殼都經歷過一段生命史。微小的幼蟲從卵中孵化後，經過數天或數月的浮游，終於在海床上定居下來。隨著生長發育，逐漸分泌出堅硬的外殼將自己包起來。再經一段時間，就成了人們常見的軟體動物模樣：體軟無足，身負堅硬的防護殼。不過，此時仍在生長期，直到完全成熟為止。腹足綱動物會長出觸手、眼、嘴吻及一個肉質的腹足；雙殼綱動物則長出鰓，一隻狹長的肉質斧足、水管及許多觸手。

貝殼的成分

碳酸鈣是構成貝殼最基本的物質，另一種成分是貝殼質蛋白，腹足類的口蓋裏，就含有這種蛋白質。這些成分一層疊一層地分泌，使貝殼愈來愈堅硬，有時還會產生珍珠的光澤。堅硬的貝殼從外緣處增大，原本既薄又脆，隨著不斷生長逐漸增厚。貝類還會在增長的外緣上分泌出鱗片、瘤、棘狀突起和肋。因為生長的周期性和連續性，貝殼展現美麗的彩色花紋。

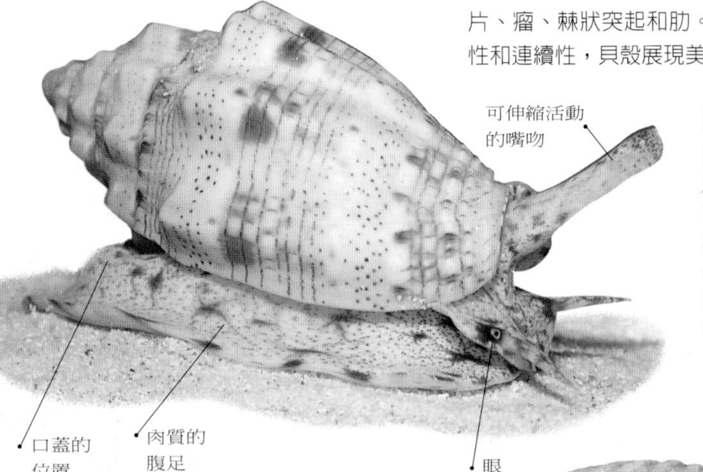

腹足綱的加勒比海樂譜渦螺

腹足寬大肥厚，有可伸縮的嘴吻，在尖細的觸角基部長著眼睛，軟體部分的色彩與貝殼截然不同。

雙殼綱的佛羅里達產花斑海扇蛤

正張開雙殼，露出縷狀觸絲及無數個小藍眼；看得見殼內的鰓。

貝殼的結構

大多數腹足綱貝類為螺管狀，圍著一根假想的軸線盤繞。在增長的時候，基本形狀仍維持不變，所以無須浪費過多的貝殼質，就能使自己得到足夠的空間。有些貝殼沿著平面盤捲，但大部分是從殼頂以不同的形狀向下生長，我們所欣賞的大部分腹足綱貝殼都有螺塔。通過 x 射線，可以清楚地看見花斑鶉螺的每一螺層，如何圍著中空的軸連續盤捲。

貝殼的生長

未成熟的貝殼與長成的貝殼非常類似，只是尺寸較小。雙殼綱貝類沿著兩殼邊緣增長，貝殼擴大時生長方向並不改變。腹足綱貝類則沿著螺管的殼口生長，假如這個管子筆直地生長，就會變得長而不當，所以採取自我盤捲的方式，如圖中這些不同生長期的大西洋大法螺所示。

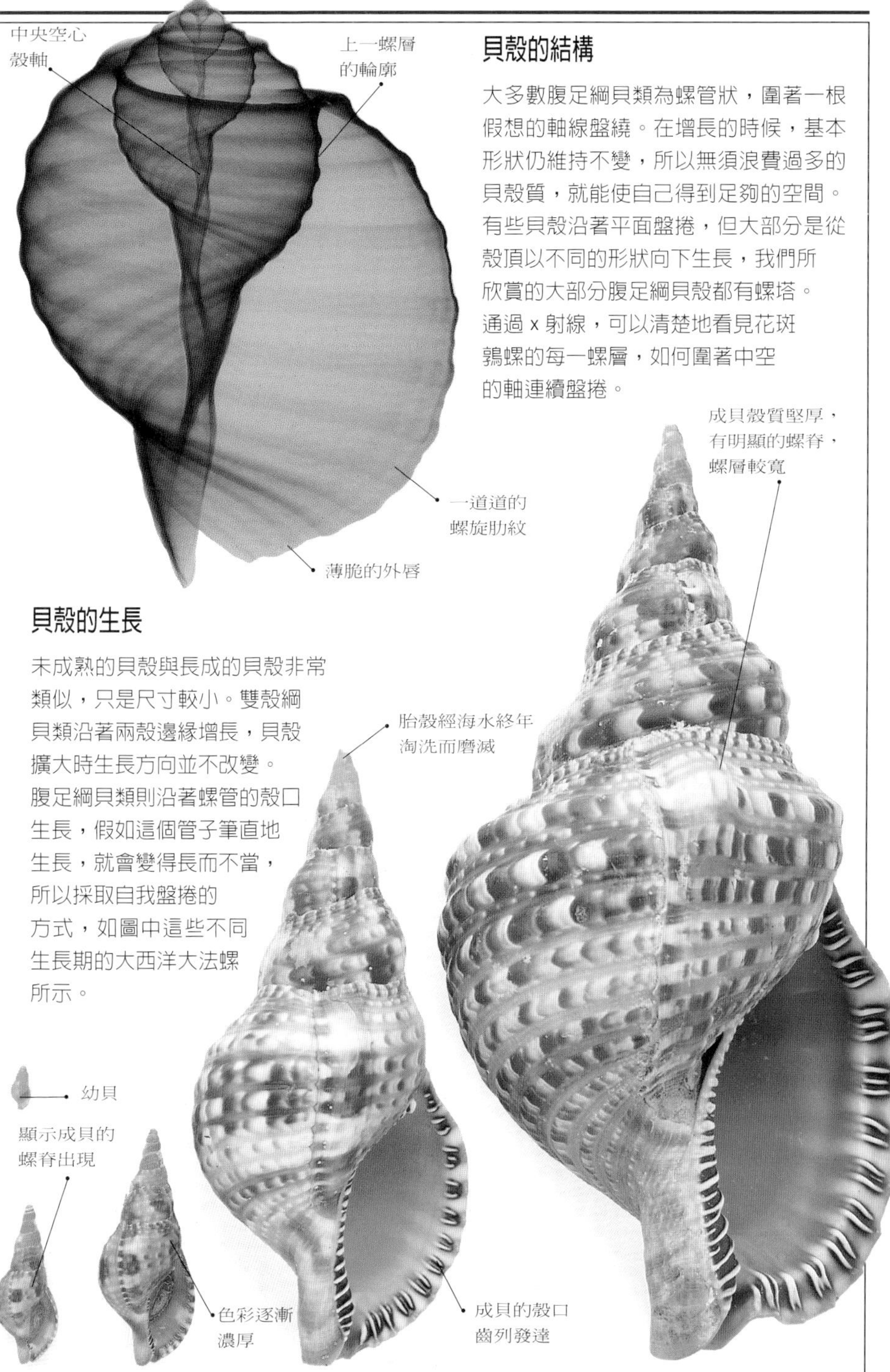

貝殼的部位

軟體動物五大綱的所有成員，幾乎都擁有外殼。大部分的海貝隸屬於兩大綱，即腹足綱和雙殼綱。腹足類有一枚螺旋形貝殼；雙殼類則由兩枚鉸合的貝殼構成。為了正確地辨別貝殼的種類，首先必須熟悉貝殼的各個部位。

下方的貝殼示意圖，概括了出現在本書中所有腹足、雙殼貝類的特徵。

腹足綱貝殼

多數腹足類貝殼在殼口後部(上端)有小的後水管溝，在殼口前部(下端)也有水管溝。螺軸上可能有褶襞，外唇則有凸齒，本圖綜合了所有常見的表面特徵。

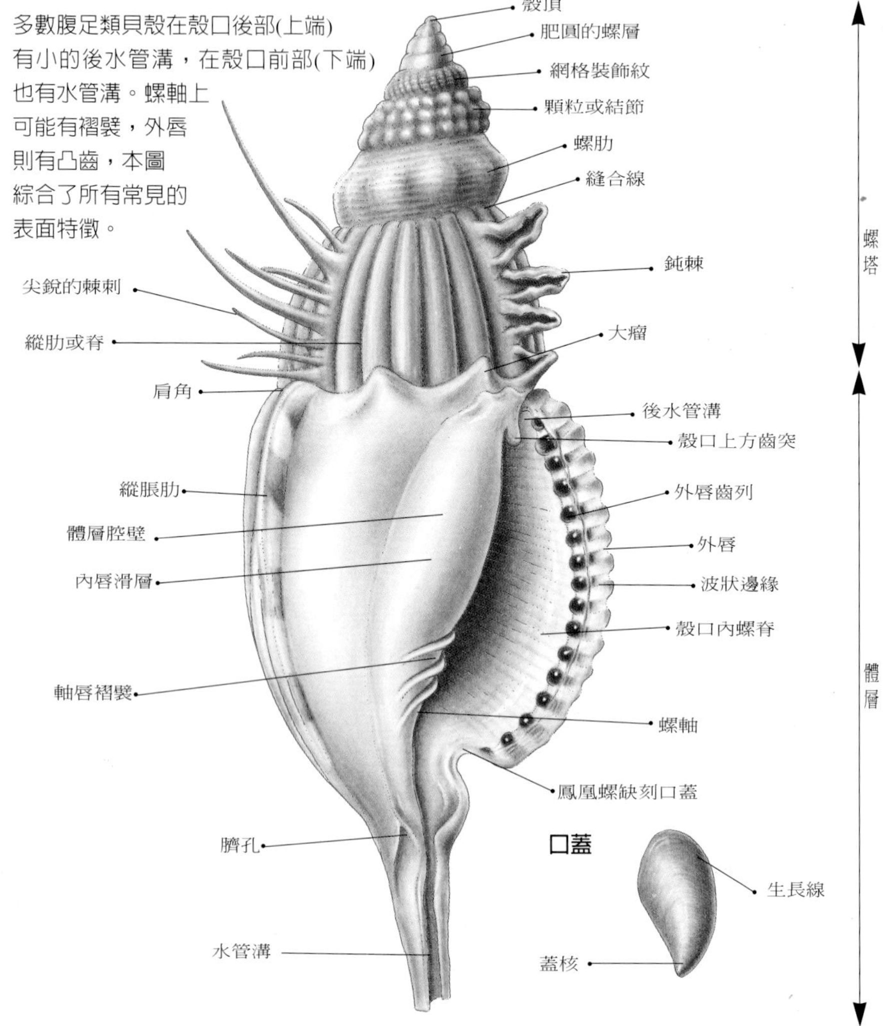

雙殼綱貝殼

這幅雙殼貝模式圖展示出其內外部位的一般特徵。左右兩殼由一韌帶連接起來；兩殼合攏時，可以從外面看到韌帶。將殼頂朝上，外韌帶介於你和貝殼間，位於你左邊的稱左殼，右邊的稱右殼。

由殼頂看雙殼貝

前端
殼頂
韌帶
小月面
左殼
右殼
後端

齒列
鉸板
耳
主齒
殼頂
韌帶
放射肋上的鱗片
輪紋
側齒
棘
閉殼肌痕
斜紋
套線彎入
外套線
放射肋
鋸齒緣
放射溝

其他三小綱貝殼

多板綱、掘足綱、頭足綱貝類不論在種類或形態的變化上，遠不及腹足綱和雙殼綱豐富。掘足類全部都呈象牙狀，稀有的頭足類貝殼形狀大小幾乎一致；多板類的殼板則稍有裝飾。

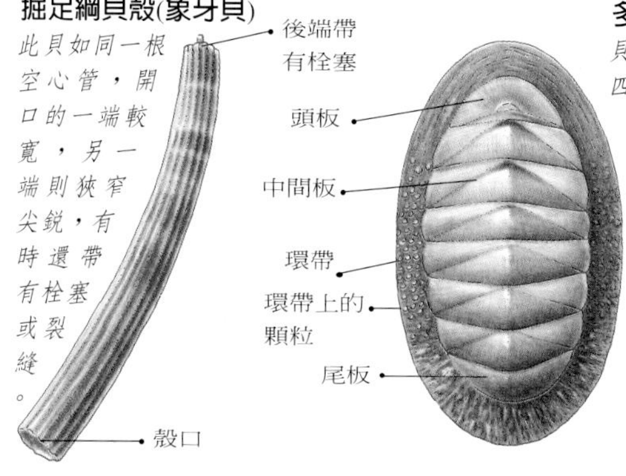

掘足綱貝殼(象牙貝)

此貝如同一根空心管，開口的一端較寬，另一端則狹窄尖銳，有時還帶有栓塞或裂縫。

多板綱貝殼

貝殼由八塊殼板以關節連成，四周鑲著肉質環帶。

頭足綱貝殼

只有鸚鵡螺科具備外殼。其他頭足類的貝殼則藏在體內，如烏賊。

殼壁
殼口
體層

貝殼鑑定檢索

本章節所述「要點」可幫助正確鑑定各種貝殼。首先必須區別所擁有的貝殼，屬於五大綱中的那一綱(見右圖步驟1)。其次，將每一綱中的貝殼按基本形狀分爲若干組，然後確定貝殼屬於那一種形狀。第三步，將步驟2中的形狀再進一步分類，判斷你手中貝殼與那一種次級形狀最相似，然後參照圖例旁的頁碼，就可以查出它的屬名了——如果你的貝殼恰在本書所羅列的500種當中。

步驟1

貝類分為五大綱。80%的現存軟體動物屬於腹足綱，特點請參閱18頁；雙殼綱為第二大綱(請參看19頁)；掘足綱、多板綱和頭足綱的軟體動物，為數極少(請參看19頁)。

貝類的五大綱

腹足綱

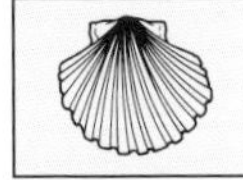

雙殼綱

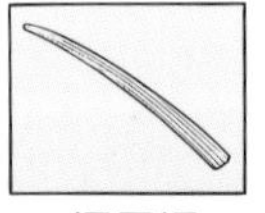

掘足綱

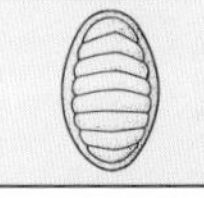

多板綱

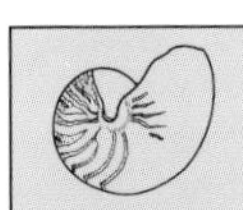

頭足綱

步驟2：腹足綱

形狀的類別主要是根據貝殼的外形和輪廓，一般不考慮結節或棘等外部裝飾。在鑑定一枚貝殼的時候，將實物與圖從同一個角度觀察對照——腹足綱貝殼一般是觀察殼口面。有些腹足貝類呈笠形、耳形，今較常見的形狀還有倒置的陀螺形和螺絲形；大部分貝殼大概屬於梨形、紡錘形、琵琶形及棍棒形。先確定貝殼與下列那一類形狀相似，然後再參閱22-27頁的檢索。

笠形

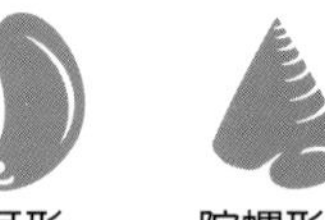

耳形　陀螺形

梨形

螺絲形

紡錘形

棍棒形

琵琶形

卵形

不規則形

步驟2：雙殼綱

雙殼綱貝殼外形的變化不像腹足綱那麼多。圓盤形和扇形貝殼，沒有如櫻蛤般的三角形貝殼來得普遍。數量最多的是船形貝殼，包括魁蛤和其他扁平、寬大的雙殼貝。有些如殼菜蛤般的貝則為槳狀，其他還有不規則形狀，另有二、三種大致屬於心形。為使鑑定無誤，應將殼頂朝上，並區分出左殼和右殼(19頁)，然後逐一對照下列圖形，再參見26-29頁的檢索。

圓盤形

扇形

三角形

船形

槳形

不規則形

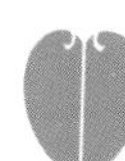

心形

步驟2：掘足綱

所有角狀或象牙狀貝殼均屬掘足綱。除了長短有別或彎曲度不同之外，其他次要的特徵並不致於影響其基本形狀；鑑定象牙貝並不是件簡單的事。

象牙形

步驟2：多板綱

乍看之下，陳列在一起的石鼈似乎形狀各異，其實歸納起來只有一種。不論長短、寬窄，看來就像鉸接成一塊的盾牌。

盾形

步驟2：頭足綱

大約只有6種頭足綱軟體動物具備外殼，全都屬於鸚鵡螺科。本書把捲殼烏賊的內殼以及船蛸也歸在這一類，儘管後者只是臨時的卵盒。

頭盔形

步驟3

鑑定的最後步驟，將直接且快速地引導你去查閱書中某個條目。一旦確定了腹足綱貝殼所屬的形狀之後，例如笠形或者是紡錘形，接著就可以再進一步地核對

腹足綱

笠形

笠螺33，青螺34

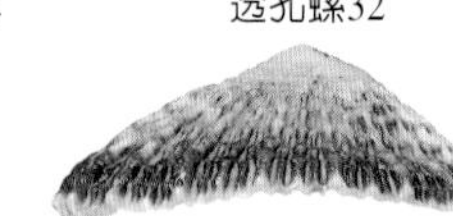

透孔螺32

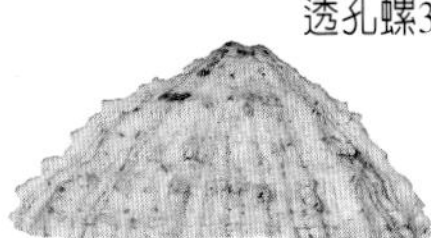

透孔螺32

耳形

鮑螺30

舟螺54，
似鮑羅螺112

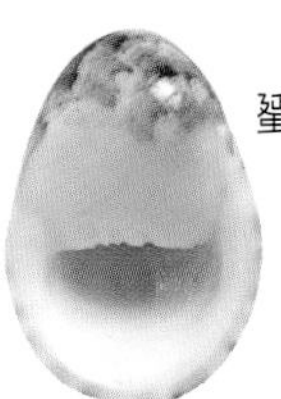

蜑螺46

陀螺形

車輪螺52

翁戎螺31

鐘螺35-38

梨形

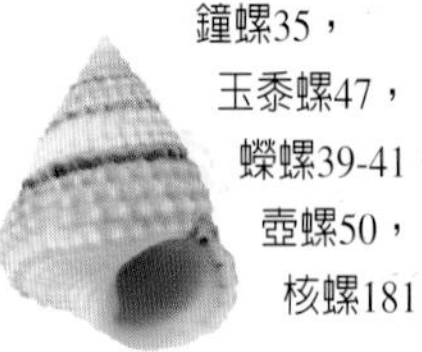

鐘螺35，
玉黍螺47，
蠑螺39-41，
壺螺50，
核螺181

雉螺45，
峨螺131-2，
織紋螺143-6

蜑螺46，玉黍螺47，
芝麻螺52，
鴕足螺56，
岩螺114，
凱旋骨螺122，
峨螺127-8，
長峨螺131

螺絲形

蟹守螺51，
海蜷51

鐘螺36，
大織紋螺142

塔螺200

該類型下的次級形狀。也就是，先看看你的貝殼最接近那一種類型，然後再參照圖右邊的頁碼，找出相應的貝殼種類即可。

邊螻螺32

偏蓋螺54

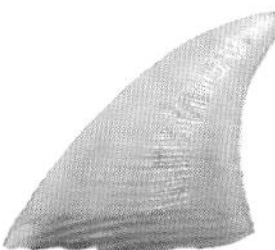
龍骨板螺75

羅螺112

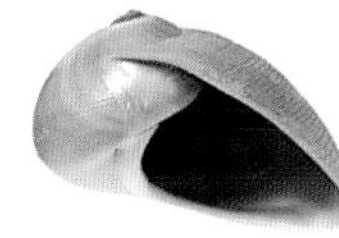
玉螺77，
扁玉螺78

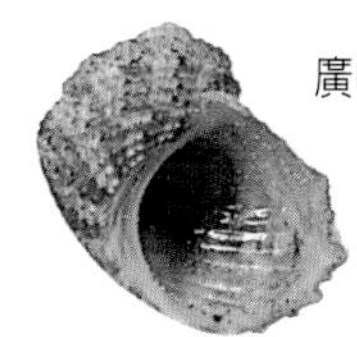
廣口螺37

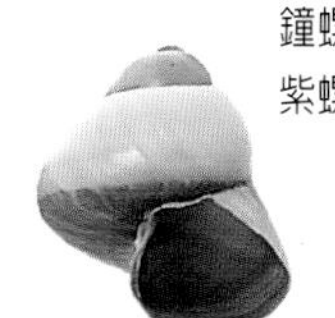
鐘螺36，
紫螺53

星螺42-3，
棘冠螺44，
綴殼螺55，
扶輪螺55

望遠鏡螺50

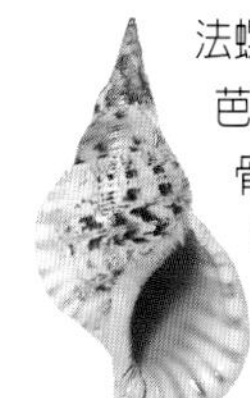
法螺92，蛙螺100-3，
芭蕉螺107，
骨螺110，
岩螺111-4，
懸線骨螺117，
珊瑚螺118

橄欖螺115，
刺岩螺117，
旋螺148

翼法螺93，
法螺93-6，
美法螺96-8，
扭法螺99，
蛙螺104，骨螺115，
峨螺131-4，布紋螺136

錐螺48，
海螺53

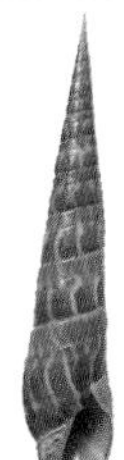
筍螺195-9

步驟3

腹足綱

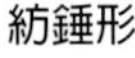

紡錘形

黑香螺138，
香螺140，
長旋螺152-4

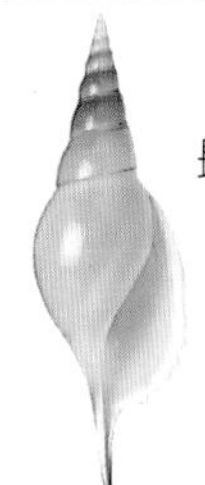

長鼻螺65-7

彈頭螺159，
假榧螺160

捲管螺183-4

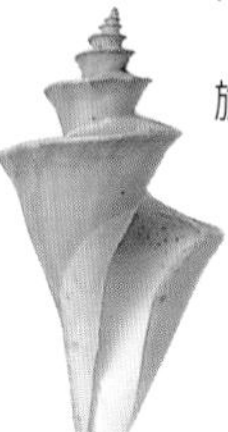

旋梯螺184

拳螺167

棍棒形

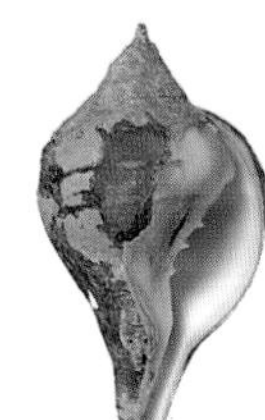

香螺138，
拳螺165-6，
鉛螺169

麥螺124，
穀米螺180，
芋螺185-94

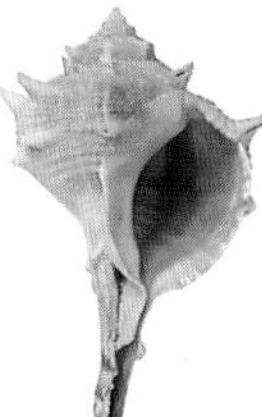

骨螺105-6，
109，
洋蔥螺119

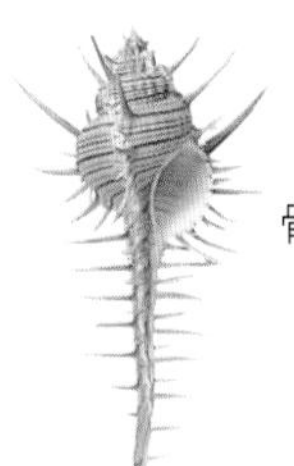

骨螺109

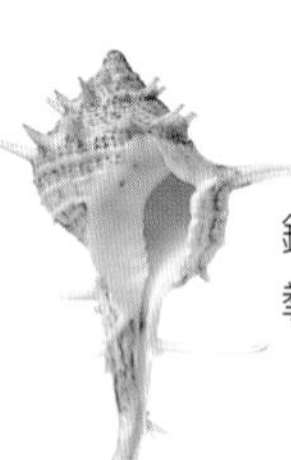

銀杏螺107，
拳螺168

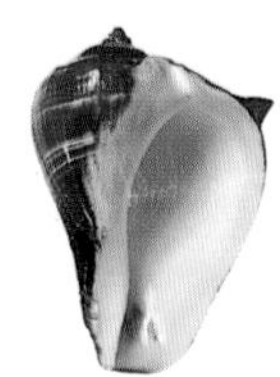

黑香螺137，
渦螺172-3，176

琵琶形

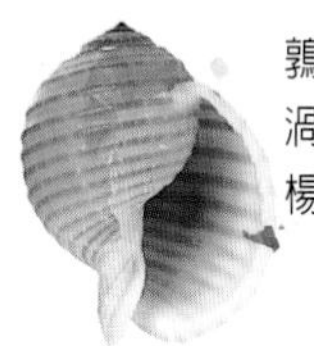

鶉螺87-90，
渦螺128，
楊桃螺170-1

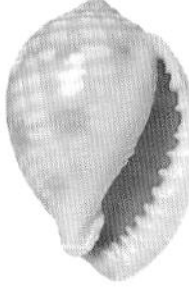

唐冠螺79-81，
萬寶螺82，
鶉螺82，
蔓螺83，
皺螺84，
鶉螺91

黑峨螺133，
旋螺150

麥螺124-6

飛彈螺67，
峨螺130，
筆螺161-4

渦螺174-5

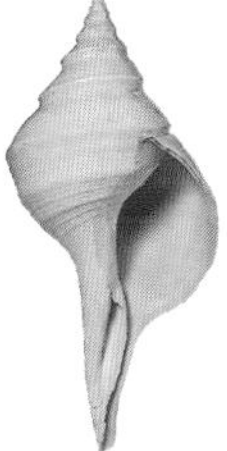
鳳凰螺57-62，
骨螺106，千手螺108，
峨螺128-30，
大香螺141，
旋螺147-151，
左旋旋螺154

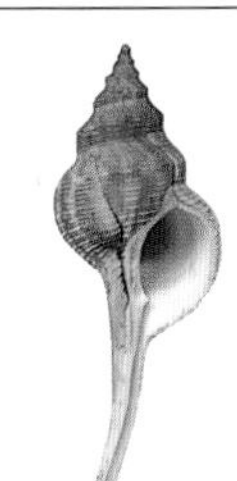
紡軸螺123，
拳螺168

骨螺105

枇杷螺85-6

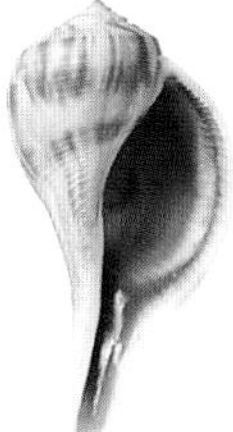
香螺139

玉螺78，
岩螺116，
花仙螺120，
核螺181-2

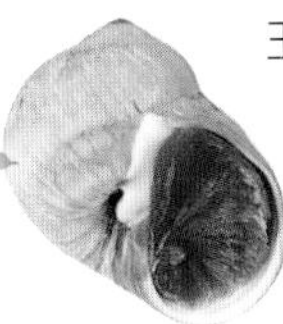
玉螺76-8

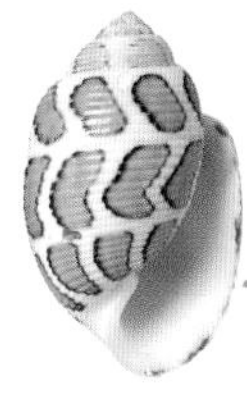
鳳螺135，
織紋螺146，
捻螺201，
艷泡螺202，
葡萄螺202，
棗螺203，
泡螺203

步驟3

腹足綱

卵形

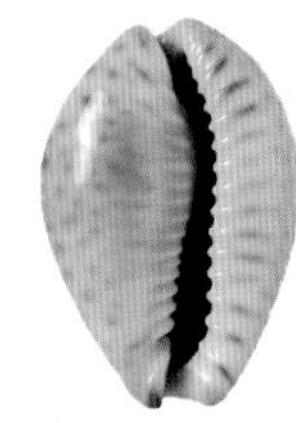

寶螺68-73，
海兔螺74

菱角螺74，
海兔螺75

榧螺155-7，
小榧螺158

不規則形

蚯蚓錐螺49
蛇螺49

芭蕉螺106，

管骨螺121

雙殼綱

圓盤形

文蛤241

滿月蛤225

蚶蜊213

扇形

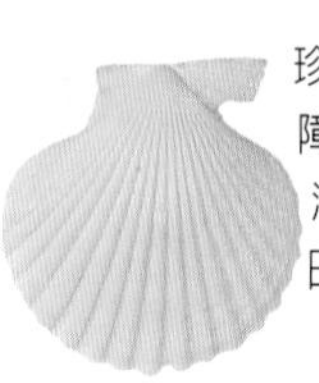

珍珠蛤216，
障泥蛤217，
海扇蛤218-21，
日月蛤220

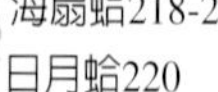

鳥尾蛤229

海菊蛤222

三角形

愛神蛤226，
斧蛤237

銀錦蛤210

櫻蛤234-6

轂米螺178-80

渦螺175-7

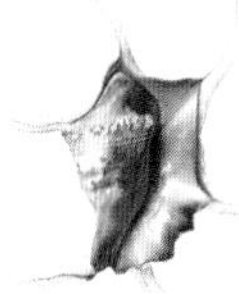
鵜足螺56，
蜘蛛螺63-4

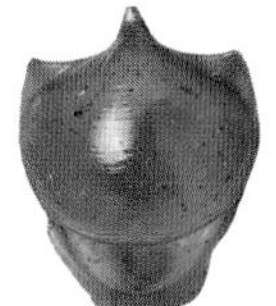
蝶螺204

三尖蝶螺204

刻紋滿月蛤
225

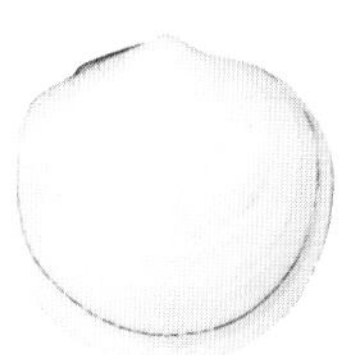
滿月蛤225

三角蛤224

鳥尾蛤228-29，
巨鳥尾蛤230

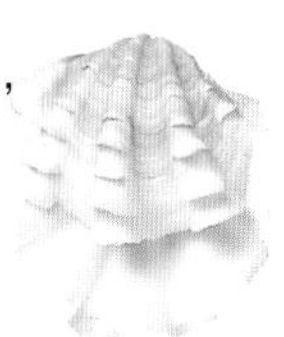
硨磲蛤231

厚蛤226，
鬼簾蛤243

馬珂蛤232，
大馬珂蛤232，
斧蛤237

櫻蛤236

步驟3

雙殼綱

船形

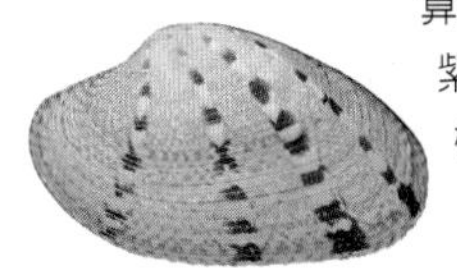

算盤蛤227，
紫晃蛤238，
橫簾蛤242

長文蛤241

船蛤239

雙帶蛤239，黃文蛤240，
縱簾蛤240，唱片簾蛤240，
文蛤242，雞簾蛤242

槳形

江珧蛤215

狐蛤224

殼菜蛤214

不規則形

丁蠣217

扭魁蛤212

鶯蛤216

心形

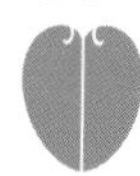

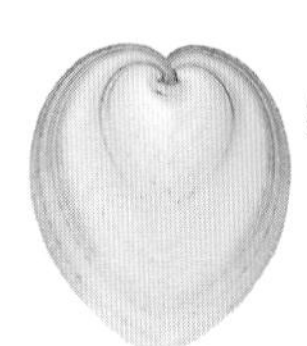

雞心蛤230

心蛤244

芒蛤210，刀蟶233，
豆蟶233

魁蛤211，
蚶211，
鬍魁蛤212

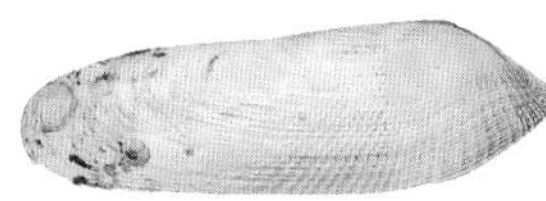

西施舌238，紫雲蛤238，
潛泥蛤243，海螂244，
海鷗蛤245，萊昂蛤246，
色雷西蛤246，薄殼蛤247

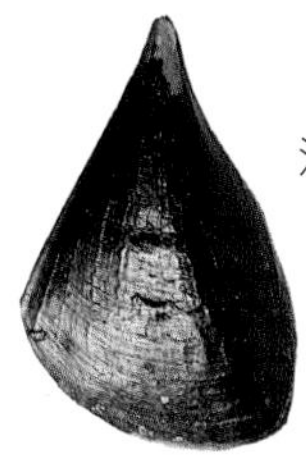

江珧蛤215

烏尾蛤228

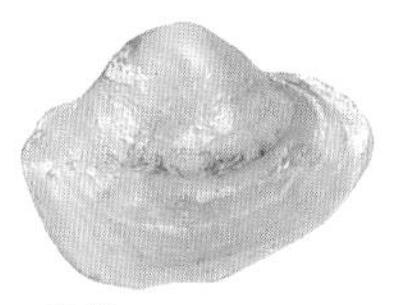

銀蛤223

牡蠣223

掘足綱

象牙形

多彩象牙貝205，
綠象牙貝205，
圓象牙貝206，
象牙貝206

多板綱

盾形

石鼈207-8，
薄石鼈208，
錦石鼈208，
蝴蝶石鼈209，
棘石鼈209

頭足綱

頭盔形

鸚鵡螺248，
船蛸249，
捲殼烏賊
249

腹足綱

鮑螺

貝殼扁平，螺層不多；體層大，殼上開有數個小孔，供呼吸用。內面有珍珠光澤，中央有肌痕。鮑螺緊緊吸附在岩石和珊瑚礁，分布於全世界各地，體型大的種類產於溫帶海域。

超科 翁戎螺超科	科 鮑螺科	種 *Haliotis rufescens* Swainson

紅鮑螺(Red Abalone)

殼質厚，體層大，呈橢圓形，螺脊不規則，螺肋精細，少數殼有粗糙生長脊，常開有3-4個孔；後面幾個孔常有突起緣。殼表介於粉紅和磚紅色之間；殼內面有珍珠光澤。

- **棲息地** 近海岩石上。

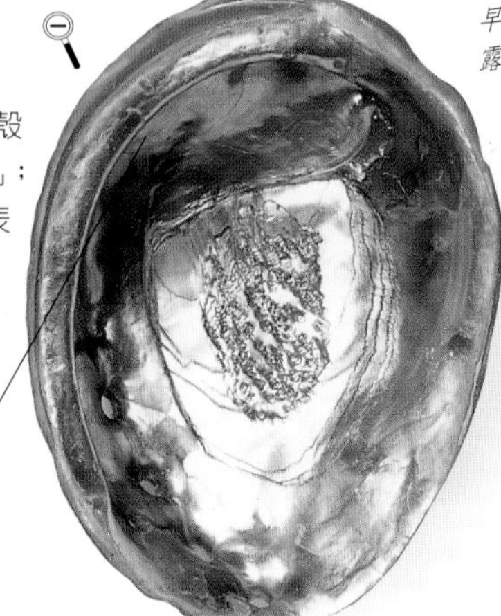

早期螺層磨損，露出下面的殼質

部分肌痕藏在殼緣裏面

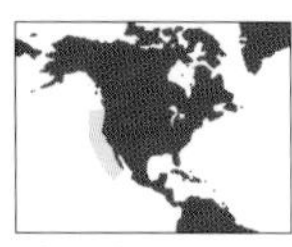

加州區

分布 美國加州	數量	尺寸 25公分

超科 翁戎螺超科	科 鮑螺科	種 *Haliotins asinina* Linnaeus

驢耳鮑螺(Donkey's-ear Abalone)

殼薄，長橢圓形，殼頂緊靠殼邊；具6-7個有突邊的小孔。體層上螺脊不明顯，有生長紋。殼表奶油色，有綠色及棕色的三角斑和條紋。

- **棲息地** 近海岩礁上。

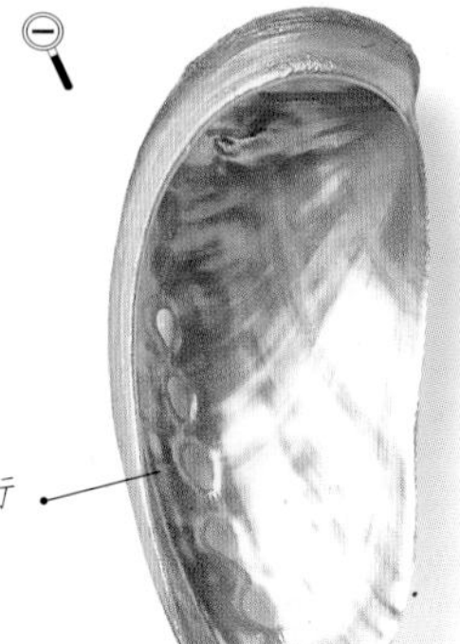

殼槽與小孔平行

印度太平洋區

分布 西太平洋	數量	尺寸 7.5公分

翁戎螺

殼薄易碎，呈陀螺狀。生活於深海底，現僅存少數種類，這些罕見「活化石」在幾百萬年前曾盛極一時。主要特徵：體層上有供排洩體內廢物的長條裂縫。

超科 翁戎螺超科	科 翁戎螺科	種 *Perotrochus hirasei* Pilsbry

紅翁戎螺(Hirase's Slit Shell)

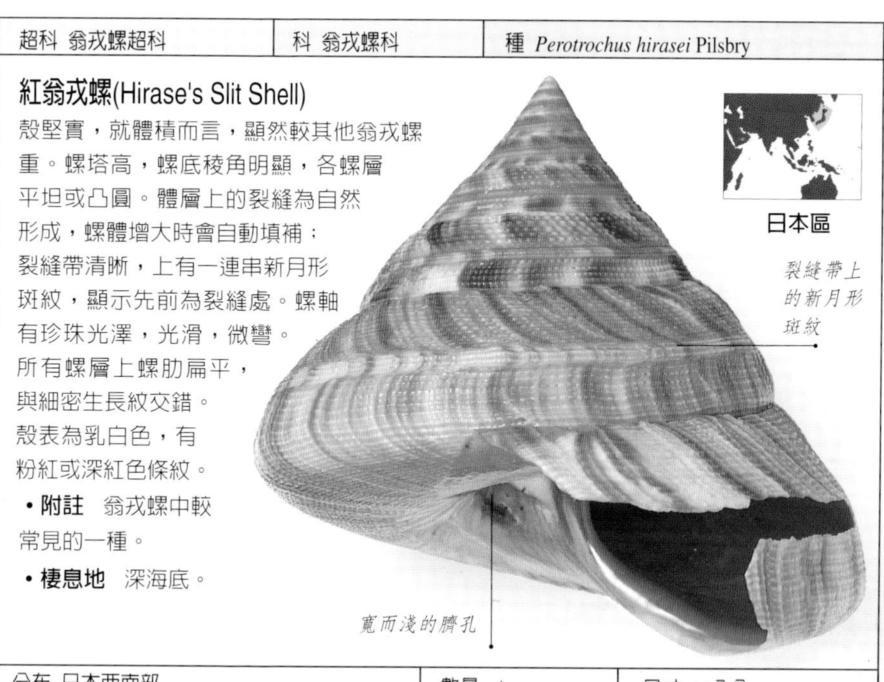

殼堅實，就體積而言，顯然較其他翁戎螺重。螺塔高，螺底稜角明顯，各螺層平坦或凸圓。體層上的裂縫為自然形成，螺體增大時會自動填補；裂縫帶清晰，上有一連串新月形斑紋，顯示先前為裂縫處。螺軸有珍珠光澤，光滑，微彎。所有螺層上螺肋扁平，與細密生長紋交錯。殼表為乳白色，有粉紅或深紅色條紋。

- **附註** 翁戎螺中較常見的一種。
- **棲息地** 深海底。

分布 日本西南部	數量	尺寸 10公分

超科 翁戎螺超科	科 翁戎螺科	種 *Entemnotrochus rumphill* Schepman

龍宮翁戎螺(Rumphius' Slit Shell)

殼大而重，質薄。螺塔高度適中，體層大。各螺層微凸，體層周緣稜角分明，裂縫細長，臍孔既寬而深，所有的螺層上無明顯縱肋。殼表呈乳白色，有粉紅色斜條紋；裂縫帶上有新月紋。

- **附註** 現存翁戎螺中最大種。
- **棲息地** 深海底。

印度太平洋區
日本區

裂縫邊緣微向上翻

分布 台灣、日本	數量	尺寸 20公分

透孔螺

笠形的透孔螺因其殼頂開有孔洞，或前緣有裂隙而得名。殼表具放射肋，殼內面類似瓷質，有馬蹄形肌痕，沒有口蓋。依附於礁岩上，主要以海藻為食物。

超科 透孔螺超科	科 透孔螺科	種 *Fissurella barbadensis* Gmelin

巴貝多透孔螺(Barbados Keyhole Limpet)

殼厚而高，頂端開孔近圓形。從殼頂散開的放射肋明顯，但排列不整齊，與較不明顯的螺肋相交錯。殼表色彩介於乳白色至淺褐色之間，有時會有紫棕色斑點。殼內面淡綠色，有同心白色環，殼緣白色。

• **棲息地** 潮間帶岩石上。

放射肋明顯

頂孔的綠色邊緣有紅色鑲紋

加勒比亞區

分布 加勒比海	數量 ♦♦♦♦♦	尺寸 2.5公分

超科 透孔螺超科	科 透孔螺科	種 *Emarginula crassa* Sowerby

厚裂螺(Thick Emarginula)

殼厚，呈橢圓形，高度適中，有40-50條放射肋，與不明顯的螺肋相交錯。殼緣有短縱罅，與延伸至殼頂的扁平凹槽相接。殼內面平滑，殼邊有皺褶。殼表淺黃白色，內面呈瓷白色。

• **棲息地** 岩石海岸的淺海底。

殼頂靠近貝殼後端

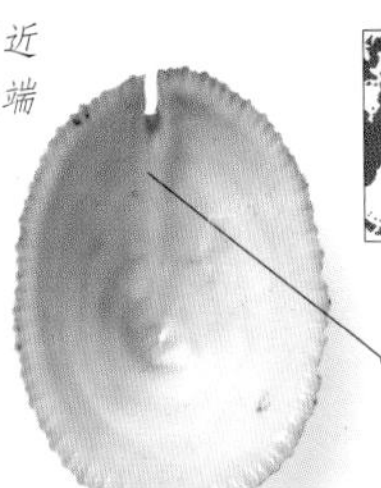

殼槽有如平滑的內脊

北歐區

分布 歐洲西北部、維京群島	數量 ♦♦	尺寸 2.5公分

超科 透孔螺超科	科 透孔螺科	種 *Diodora listeri* Orbigny

李氏透孔螺(Lister's Keyhole Limpet)

殼堅實而高，卵圓形，粗壯的放射肋與較弱的放射肋交替排列，並在殼內呈相應凹槽。放射肋與輪狀肋相交處形成結節，周緣有皺褶。殼表白色、乳白或灰色，內面有光澤。

• **棲息地** 潮間帶岩石底。

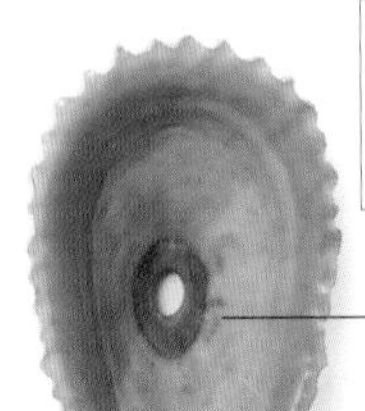

加勒比亞區

殼孔內緣有黑邊

分布 佛羅里達南部、西印度群島	數量 ♦♦♦♦♦	尺寸 4公分

笠螺

笠螺科的貝殼或高突，或扁平。生長在海邊，分布於世界各地。殼表平滑，或具明顯放射肋；殼內平滑，有馬蹄狀肌痕。貝殼形狀有助於抵擋風浪沖刷，所以能牢牢地吸附於岩石上。

超科 笠螺超科	科 笠螺科	種 *Patella vulgata* Linnaeus

歐洲笠螺(Common European Limpet)

殼堅實，圓形或盾狀，也有杯狀，放射肋常磨損。殼表藍綠色至黃棕色，殼內肌痕呈灰藍色。白天緊附岩石上，以海藻為食。

- **棲息地** 潮間帶岩石上。

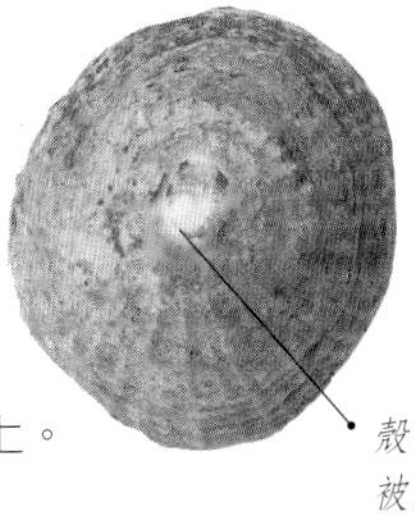

殼頂被磨平

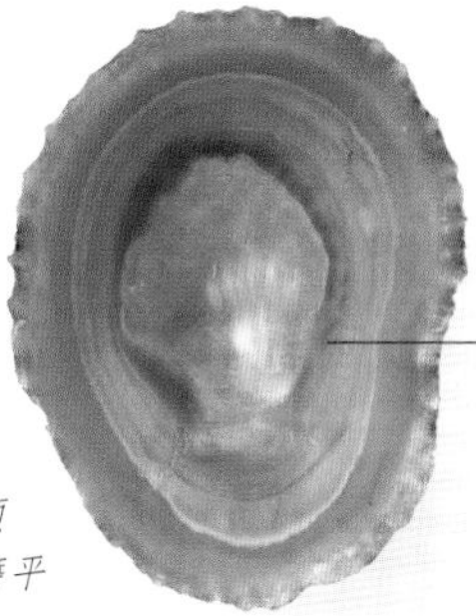

灰白色肌痕有馬蹄形黑色鑲邊

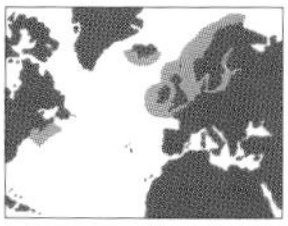

北歐區

分布 歐洲西北部	數量 ●●●●●	尺寸 6公分

超科 笠螺超科	科 笠螺科	種 *Patella logicosta* Lamarck

大星笠螺(Long-ribbed Limpet)

殼堅厚，微高。放射肋粗壯，一直突出殼緣，有如尖銳的長釘。殼表棕色，殼內面白色。

- **棲息地** 海岸岩石上。

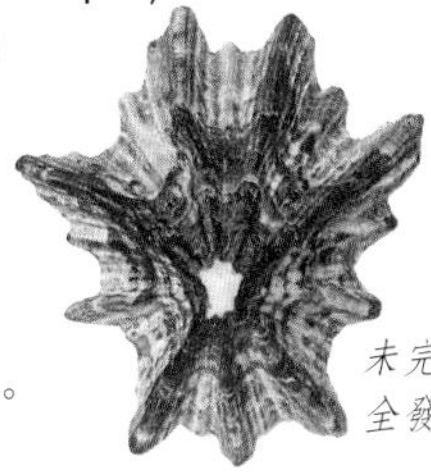

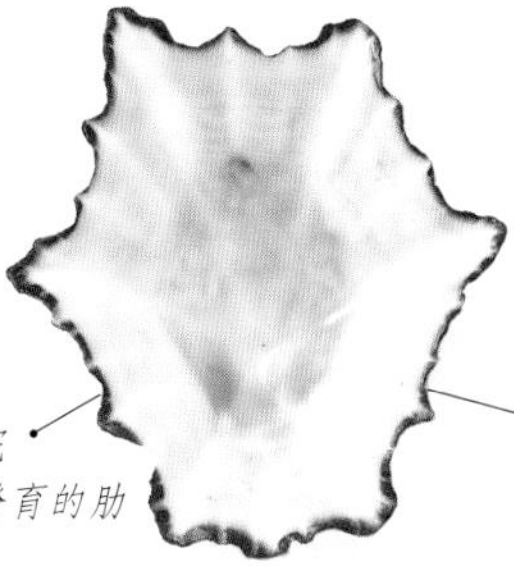

未完全發育的肋

殼緣鑲黑邊

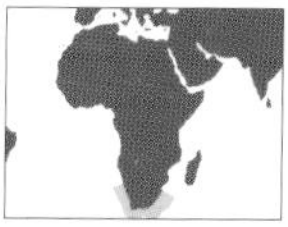

南非區

分布 南非	數量 ●●●●	尺寸 7.5公分

超科 笠螺超科	科 笠螺科	種 *Patella miniata* Born

朱紅笠螺(Cinnabar Limpet)

殼厚中度，扁平。放射肋排列整齊。殼表棕紅色，有淡棕色斑塊。殼內面光滑，有光澤，肌痕白色。殼表常有殼皮。

- **附註** 陽光能改變殼表的色彩。
- **棲息地** 潮間帶的岩石上。

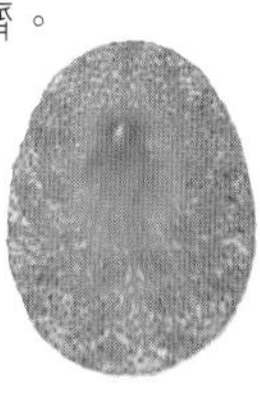

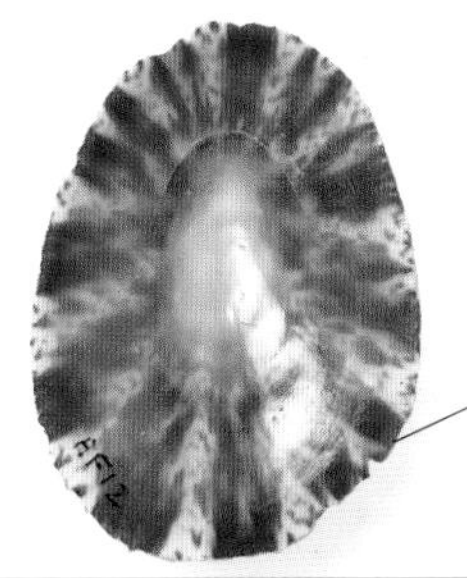

南非區

放射肋在殼緣形成尖角

分布 南非	數量 ●●●●	尺寸 6公分

超科 笠螺超科	科 笠螺科	種 *Helcion pellucidus* Linnaeus

青線笠螺(Blue-rayed Limpet)

殼薄，半透明，平滑，殼底圓形或橢圓形；殼頂靠近前端，指向前方。殼表呈角質色，有灰藍色放射紋，在水中晶瑩耀眼，肌痕炭灰色。

- **附註** 海草莖上的標本無藍色條紋。
- **棲息地** 近海海藻叢。

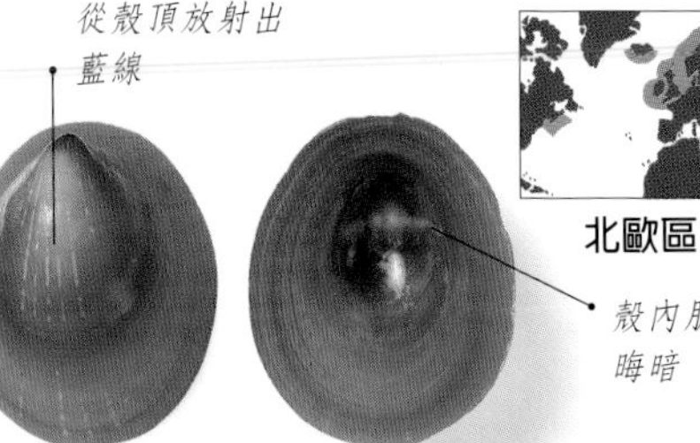

北歐區

分布 大西洋東部	數量	尺寸 2公分

超科 笠螺超科	科 笠螺科	種 *Nacella deaurata* Gmelin

南極笠螺(Golden Limpet)

殼厚中度，堅實，呈深斗笠形，又稱金笠螺、巴塔哥尼亞銅笠螺。殼頂靠近前端，寬窄相間的放射肋與環狀的生長紋交錯。殼表呈灰棕色，殼內面有光澤。

- **棲息地** 近海海藻叢中。

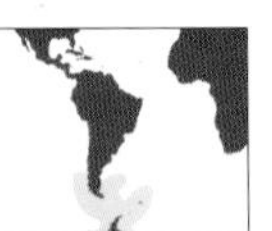

巴塔哥尼亞區
麥哲倫區

紅棕色內壁上有珍珠光澤

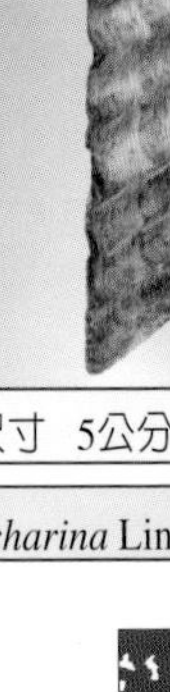

殼緣呈波紋狀

分布 巴塔哥尼亞、福克蘭群島	數量	尺寸 5公分

超科 笠螺超科	科 角青螺科	種 *Patelloida saccharina* Linnaeus

鵜足青螺(Pacific Sugar Limpet)

殼小，堅實；殼頂低，位於中心前方。有7–8條粗壯放射脊，其間分布著較細小的脊，並與不規則環狀生長紋相交。殼表暗灰白色，內面不透明白色，有時稍帶紫色。淺黃色肌痕上常有深褐色斑點，殼緣深褐色。

- **棲息地** 潮間帶岩石上。

印度太平洋區

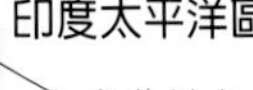

分布 熱帶太平洋	數量	尺寸 3公分

鐘螺

分布於世界各地，達數百種之多。早期的貝類學家比作老式陀螺，因而英文名爲陀螺貝(Top shell)。外表色彩豐富，內面有珍珠光澤。許多種類具有臍孔，口蓋角質，有許多環渦紋。

超科 鐘螺超科	科 笠螺科	種 *Calliostoma zizyphinum* Linnaeus

歐洲鐘螺(European Painted Top)

貝殼堅厚結實，側面及底面平直。體層稜角明顯，有粗螺帶沿著縫合線上方逐層繞至尖殼頂。殼底有些不明顯的螺脊，無臍孔，螺軸微凸。殼表淺黃色或淺紅色，光滑，有光澤。

• **棲息地** 多石的海岸。

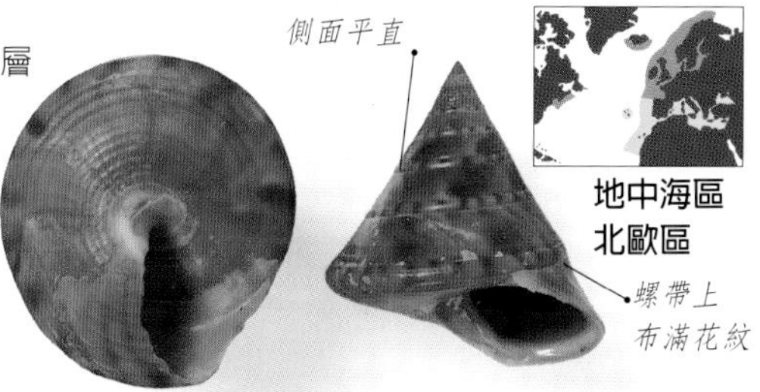

分布 西歐、地中海	數量 ♦♦♦♦	尺寸 2.5公分

超科 鐘螺超科	科 鐘螺科	種 *Cantharidus opalus* Martyn

寶石鐘螺(Opal Jewel Top)

殼薄但堅實，殼高大於殼寬。縫合線淺；生長紋不明顯，隱約可見。螺軸微彎，無臍孔。紫綠色的體層上有「之」字形紅條紋；螺塔顏色較綠，條紋不如體層上的清晰。

• **棲息地** 近海海藻叢中。

分布 紐西蘭	數量 ♦♦♦	尺寸 4公分

超科 鐘螺超科	科 鐘螺科	種 *Maurea tigris* Martyn

虎斑鐘螺(Tiger Maurea)

殼薄但結實，體層大，螺塔陡峭，殼頂尖銳。側面平直，但基部微凸。螺脊不明顯，在放大鏡下能看出其細小的串珠。無臍孔，殼口大，乳白色的殼表幾乎布滿了「之」字形的棕色花紋。

• **棲息地** 潮間帶岩石底。

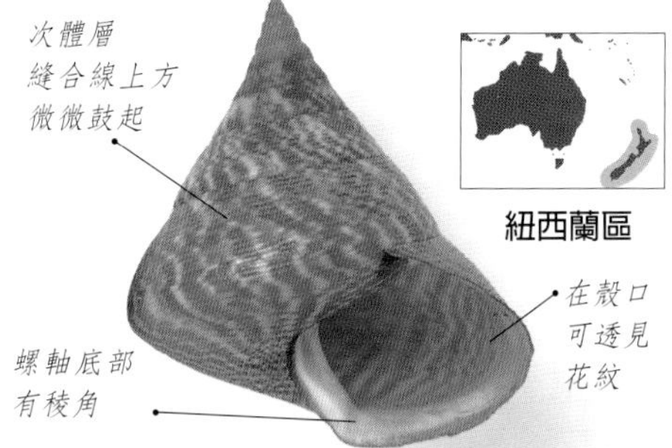

分布 紐西蘭	數量 ♦♦	尺寸 5.5公分

超科 鐘螺超科	科 鐘螺科	種 *Monodonta turbinata* Born

交織鐘螺(Chequered Top)

殼厚重，堅硬。螺層肥圓，縫合線細而深。寬平的螺肋環繞著較低的螺層，體層上縫合線下的肋擠在一起，而與隨後的肋構成角度。傾斜的生長紋在較低螺層比較明顯，殼口邊緣薄。螺軸上有突起的鈍齒，臍孔封塞。殼表灰白色、淺黃色或米色，並有紫色、紅色或黑色螺旋狀碎花斑；殼口和殼軸白色。

- **附註** 殼表常覆有海藻。
- **棲息地** 潮間帶岩石底。

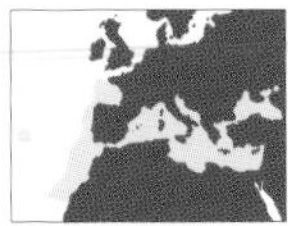

地中海區

分布 地中海	數量 ♠♠♠♠	尺寸 3公分

超科 鐘螺超科	科 鐘螺科	種 *Oxystele sinensis* Gmelin

玫瑰底鐘螺(Rosy-base Top)

殼厚，螺塔低，貝殼較扁，螺層肥圓，縫合線幾乎不存在。螺軸極傾斜，以致與外唇的下部相合。厚厚的黑色殼皮，幾乎包住了整個淺藍色光滑殼體；殼口和螺軸白色。

- **棲息地** 岩礁間潮池。

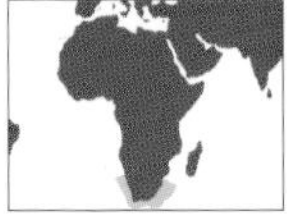

南非區

分布 南非	數量 ♠♠♠♠	尺寸 3.5公分

超科 鐘螺超科	科 鐘螺科	種 *Bankivia fasciata* Menke

彩帶鐘螺(Banded Bankivia)

殼小，細長，殼頂尖銳，側面平直，或螺層微鼓，縫合線淺但清晰可辨。殼口唇薄，常遭破損；螺軸扭曲，內唇側壁僅覆有薄層滑層。殼表具有光澤，有許多彩色花紋。殼底色白色、黃色或粉紅色；花紋有帶狀、垂直線紋和「之」字形紋，大多為褐色。

- **附註** 螺塔細長，是鐘螺中較特別的一種。
- **棲息地** 沿海海藻叢中。

澳洲區

分布 澳洲	數量 ♠♠♠♠♠	尺寸 2公分

超科　鐘螺超科	科　鐘螺科	種　*Umbonium vestiarium* Linnaeus

彩虹蝐螺(Common Buttom Top)

殼小，扁平，光滑，有光澤。體層肩角尖銳，殼口相當小。縫合線極淺，淺灰色大滑層遮蓋著臍孔，因此殼底看起來很醜。殼表在褐色、粉紅色、白色或黃色的底色上，飾有由條紋、斑點或斑塊構成的螺帶。

- **棲息地**　沙質海灘。

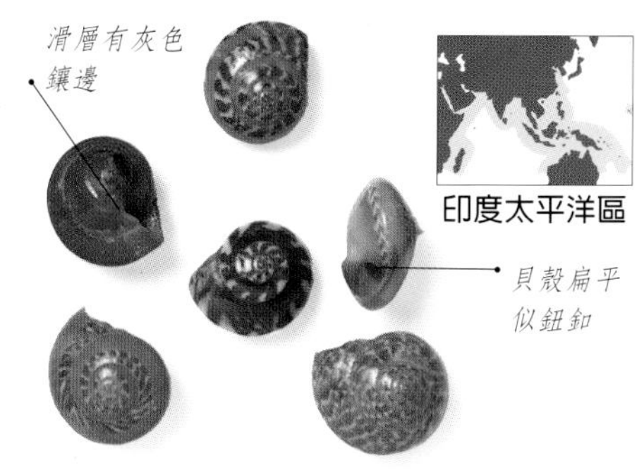

分布　熱帶印度太平洋	數量　●●●●●	尺寸　1.2公分

超科　鐘螺超科	科　鐘螺科	種　*Stomatia phymotis* Helbling

扭廣口螺(Swollen-mouth Shell)

一望即知，此螺在幼貝時期螺塔仍照常規盤捲，後來似乎失去繼續盤捲的功能而發展成大且直伸的體層，使螺塔看起來很小，整個貝殼像一隻小鮑螺。灰白色，夾雜著褐色斑紋。

- **附註**　殼頂常磨損。
- **棲息地**　近海岩石。

印度太平洋區
日本區

內面略帶珍珠光澤

體層周圍有大結節

分布　印度—西太平洋、日本	數量　●●●	尺寸　3公分

超科　鐘螺超科	科　鐘螺科	種　*Tectus conus* Gmelin

紅斑鐘螺(Cone-shaped Top)

殼堅實粗壯，螺塔高而尖，殼頂鈍，殼底肥圓；所有螺層的側面都很平直，縫合線淺而分明。螺脊粗糙，在體層周緣處最為粗壯，傾斜的生長紋不明顯。臍孔大而深，臍邊光滑；螺軸光滑且加厚。底色為白色或淺粉紅色，螺層上有紅色或灰色條紋，殼底有斷線及點狀花斑；殼口略帶粉紅白色或淺灰色。

- **附註**　殼口外唇極鋒利。
- **棲息地**　珊瑚礁附近。

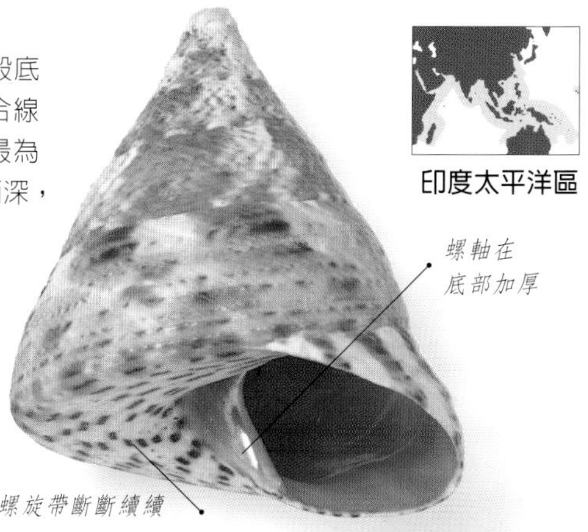

分布　太平洋	數量　●●●●	尺寸　6公分

超科　鐘螺超科	科　鐘螺科	種　*Trochus niloticus* Linnaaeus

馬蹄鐘螺(Commercial Trochus)

鐘螺中個體最大、最重的一種，外形幾乎呈等邊三角形。大多數成貝的螺層除一些細斜紋外，大致光滑；中貝及所有幼貝螺層，都有管狀小結節，有的在淺縫合線處形成凹槽。螺軸上有脊狀齒。殼表淺粉紅白色，有深紅色寬斜條紋。

• **附註**　曾用作製造鈕釦的材料，現今仍有少量用來製作裝飾品。

• **棲息地**　珊瑚礁附近。

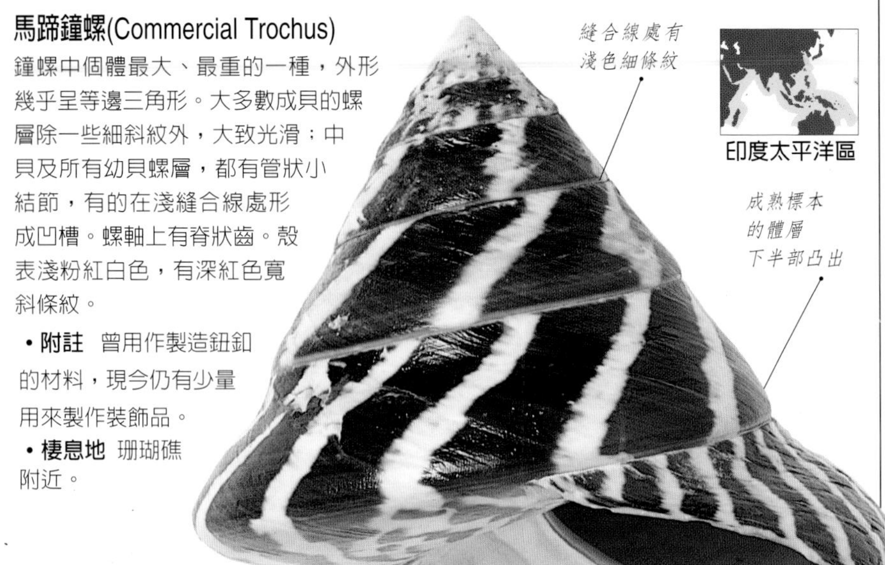

分布　熱帶印度太平洋	數量	尺寸　11公分

超科　鐘螺超科	科　鐘螺科	種　*Trochus maculatus* Linnaeus

花斑鐘螺(Mottled Top)

殼厚、堅實，殼高度大於寬度，殼底近似平坦，體層稜角尖銳。縫合線深度大致與念珠狀螺肋間的凹槽相當。不規則的縱生長脊，不延伸至殼底。臍孔有珍珠色澤，邊緣具4-5個鈍小結節(相當於螺軸)。殼表呈乳白色，有紅色斑紋；殼底具紅色斷線狀斑紋。

• **附註**　本種在色彩和形狀上變異很多。

• **棲息地**　珊瑚礁。

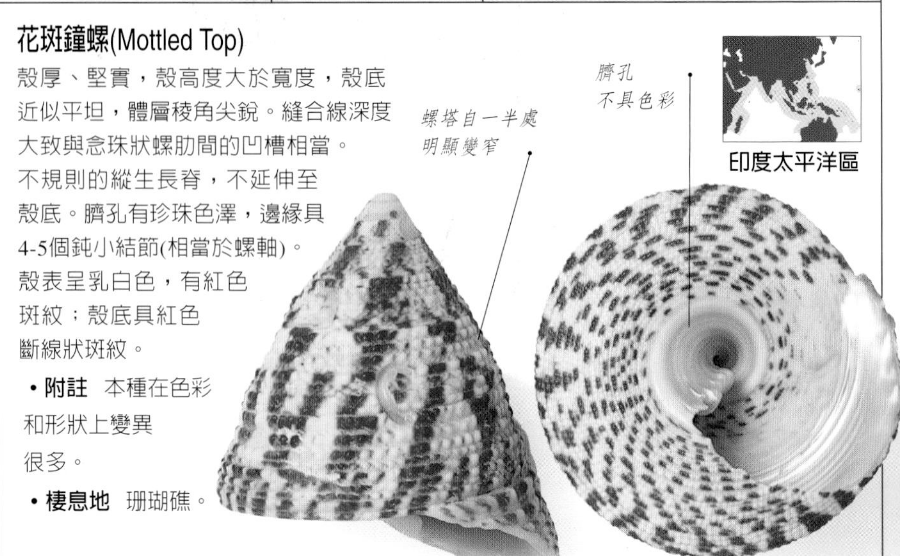

分布　熱帶印度太平洋	數量	尺寸　5公分

蠑螺

這個龐大的族群有幾方面與鐘螺不同，特別是其口蓋厚，屬石灰質，往往凹凸不平，或有彎曲的脊。大多數種類呈球形或陀螺形，殼表或平滑或裝飾繁複；有的還有棘或凹槽。少數蠑螺有臍孔，殼口具珍珠光澤。大部分產於暖海，特別喜居於珊瑚礁附近。

超科 鐘螺超科	科 蠑螺科	種 *Turbo marmoratus* Linnaeus

夜光蠑螺(Great Green Turban)

為蠑螺科中最大的一種。體層非常膨大，相較之下螺塔顯得很小。螺塔各層光滑，長在體層上的2或3條稜脊常形成許多瘤狀突起，最下面的稜脊裙圍繞著臍部。縫合線淺，螺軸光滑。殼表呈灰綠色，有褐色斑紋。

• **附註** 現今仍作經濟性採集，利用其珍珠層製造裝飾品、鈕扣及珠寶。

• **棲息地** 珊瑚礁附近。

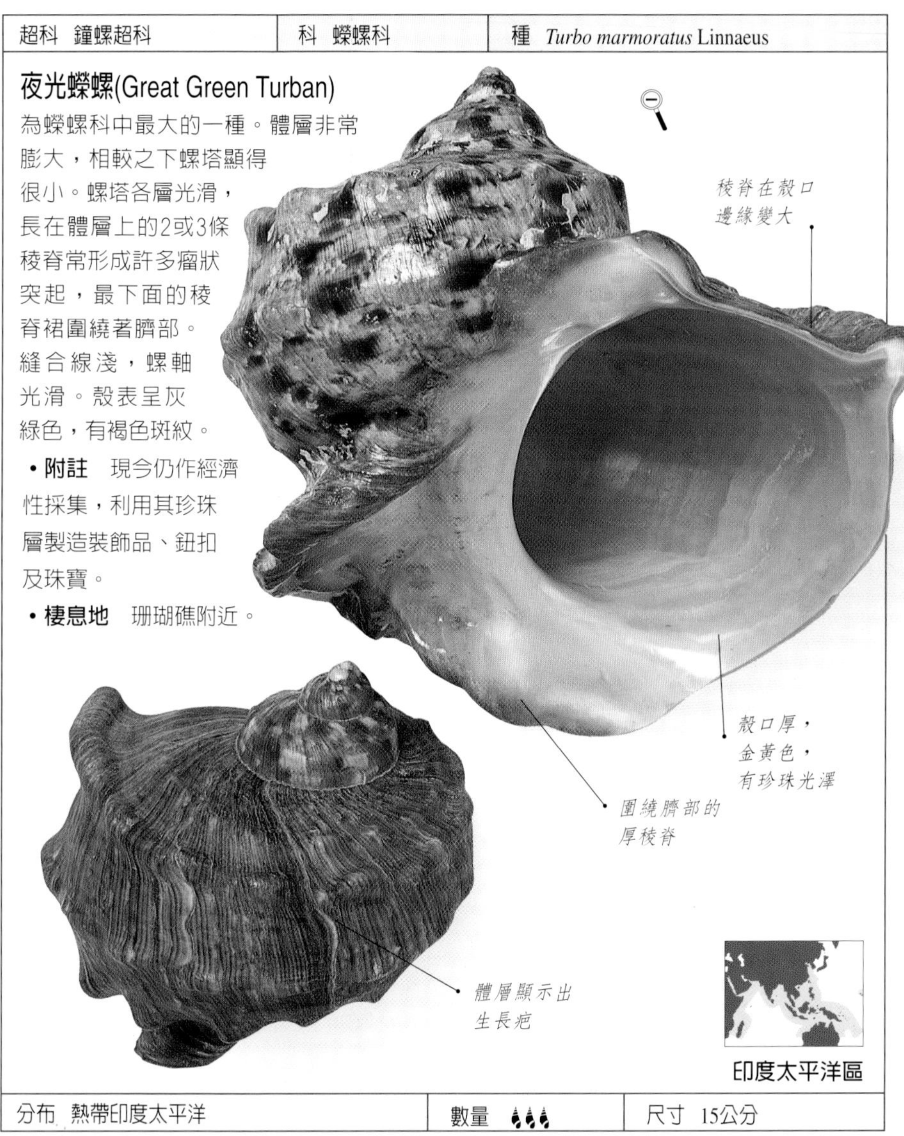

分布 熱帶印度太平洋	數量	尺寸 15公分

超科　鐘螺超科	科　蠑螺科	種　*Turbo petholatus* Linnaeus

貓眼蠑螺(Tapestry Turban)

殼厚重，有光澤，除少數淺紋外，整個殼體平滑。螺塔高，殼頂鈍，縫合線淺。所有的螺層凸圓，但體層在縫合線下附近略微凹陷。殼口圓，外唇的邊緣鋒利。無臍孔，除殼口緣呈黃色或綠黃色以外，殼表色彩豐富和花紋複雜，變化多端。常見深褐色底配深黑色帶狀紋，夾雜白色斑點和條紋；也有綠黃色，而無花紋者。

• **附註**　口蓋外層的中心呈藍綠色，常喻為「貓眼」。

• **棲息地**　淺海珊瑚礁處。

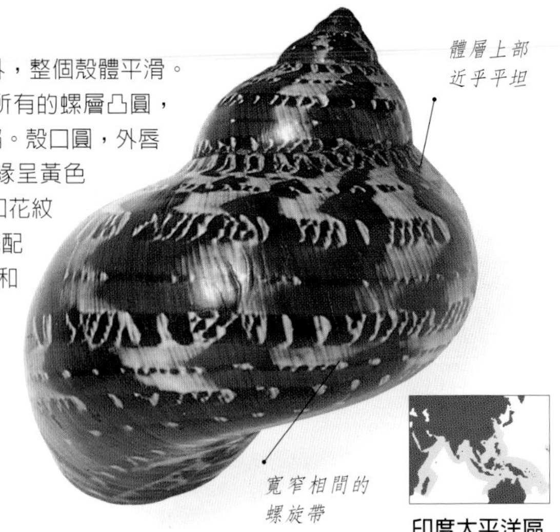

分布　熱帶印度－太平洋	數量	尺寸　6公分

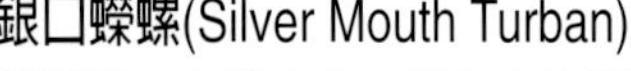

超科　鐘螺超科	科　蠑螺科	種　*Turbo argyrostomus* Linnaeus

銀口蠑螺(Silver Mouth Turban)

殼厚重，中等大小，殼高大於寬度，螺塔不及貝殼總高度的一半。螺塔層肥圓，但體層側面略呈方形。縫合線深，有小臍孔。所有的螺層都有明顯的螺肋，頂面平坦，或有凹槽狀的鱗片。螺肋在殼口邊緣很發達，形成相應的波紋狀摺皺。殼表乳白色，具褐色或綠色斑紋。外唇緣為淺綠色，殼口內及軸唇為銀色。

• **附註**　口蓋外面呈白色和綠色，上有許多疙瘩。

• **棲息地**　潮間帶珊瑚礁附近。

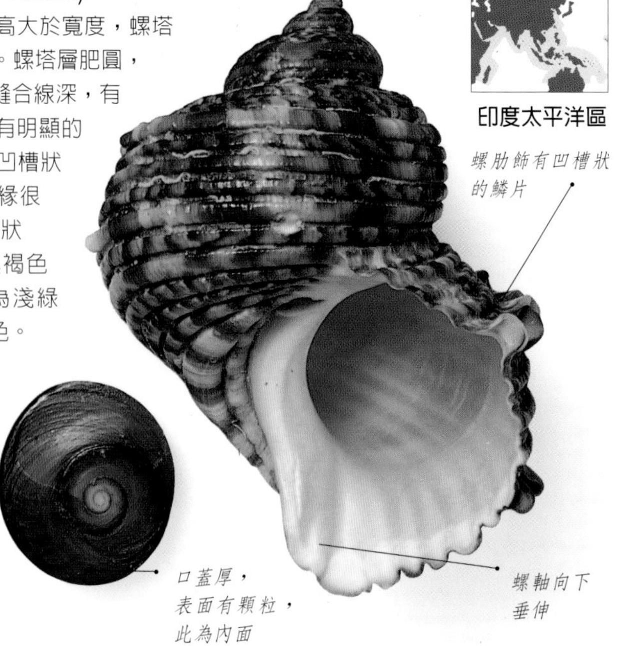

分布　熱帶印度－太平洋	數量	尺寸　7.5公分

超科　鐘螺超科	科　蠑螺科	種　*Turbo sarmaticus* Linnaeus

南非蠑螺(South African Turban)

貝殼大而厚重，螺塔低，螺層少，體層大，殼口大開。螺軸極厚，並延伸至殼口下緣。有3-4行螺旋形排列的瘤，但常遭磨損。貝殼表面覆蓋一層厚厚的紅色殼皮，殼口上方還有一大塊黑斑。

• **附註**　表層經磨損後，露出裏層的珍珠光澤，常令收藏者愛不釋手。

• **棲息地**　近海岩石上。

由背面看

紅色殼皮極厚

由殼口看

凸起的疙瘩覆蓋著厚厚的白色口蓋

磨去殼表後露出下面的珍珠層

外唇內緣呈紅褐色

由殼頂看

磨過的殼面凹槽仍殘留殼皮

南非區

分布　南非	數量	尺寸　7.5公分

星螺

外表獨特，格外引人注目。貝殼厚，常有色澤鮮豔的口蓋。有些種類的周緣具有棘刺，有些則爲鋸齒狀，大多無臍孔。大部分種類棲息於亞潮帶的岩石上，也有一些生活在深海水域。

超科 鐘螺超科	科 蠑螺科	種 *Guildfordia triumphans* Philippi

星螺(Triumphant Star Turban)

貝殼厚度適中，殼質輕，呈扁陀螺形，近似圓盤狀。體層上長有8-9條尖棘，末端常遭折損。縫合線淺，臍孔常被蓋住。螺塔各層上有數排顆粒狀突起，底面的臍部有同樣的顆粒環繞。殼表淡粉紅色，鑲以棕粉紅色暗帶；殼底乳白色，有棕粉紅色的鑲帶環繞臍部，口蓋白色。

- **附註** 此類共有3～4種而已，本種是其中最常見者。
- **棲息地** 深海底。

細棘從螺體成直角突出

螺層頂緣的邊角

最長的棘

日本區
印度太平洋區

分布 日本至菲律賓	數量 ♦♦♦	尺寸 5公分

超科 鐘螺超科	科 蠑螺科	種 *Bolma aureola* Hedley

棕黃星螺(Bridled Bolma)

殼堅實，具有棘刺的螺塔較體層傾斜。有凹槽的短棘盤繞各螺層，體層上每根棘像是從縫合線延伸下來的一系列古怪的鱗片。殼口邊緣薄，殼表紅橙色，螺軸及殼口內面為白色。口蓋白色，帶橙色斑。

- **附註** 品相好的極為罕見。
- **棲息地** 深海底。

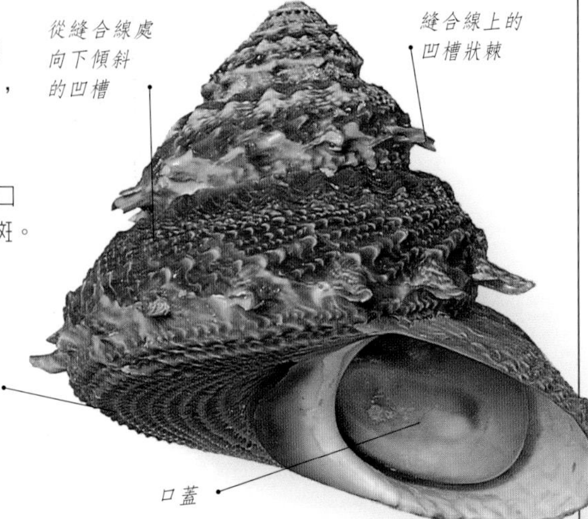

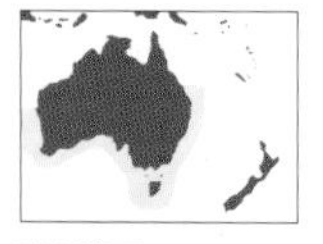

澳洲區

分布 澳洲東北部	數量 ♦♦	尺寸 7.5公分

超科 鐘螺超科	科 蠑螺科	種 *Bolma girgyllus* Reeve

雷神星螺(Girgyllus Star Shell)

殼輕但堅實。肥圓的螺層盤繞數行珠狀細肋，殼底的細肋比較粗壯。螺層間有一條細而深的縫合線，各螺層周緣上下各有一排葉狀棘，使螺層顯得有稜有角。殼表大多呈黃色或綠色，縫合線和棘上有褐色條紋。

- **附註** 白色螺軸的邊緣為橙色。
- **棲息地** 深海底。

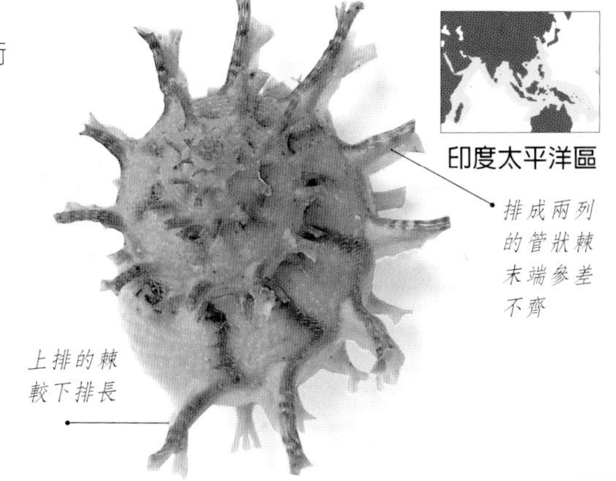

分布 菲律賓、台灣	數量	尺寸 5公分

超科 鐘螺超科	科 蠑螺科	種 *Astraea heliotropium* Martyn

向日葵星螺(Sunburst Star Turban)

殼大型堅實。螺塔高度適中，臍孔大而深。塔螺各層肥圓，但體層底部有稜角。大型凹槽狀鱗片在體層周緣形成鋸齒狀裝飾，並將縫合線遮蓋。數排結瘤呈螺旋狀，覆蓋住所有的螺層，甚至擴展到鱗片上。臍孔邊緣光滑，剛採來的貝殼呈灰白色，臍孔淺黃色，殼口有珍珠光澤；口蓋厚。

- **附註** 庫克船長在其著名的海上航行中發現的珍貴品種。
- **棲息地** 深海底。

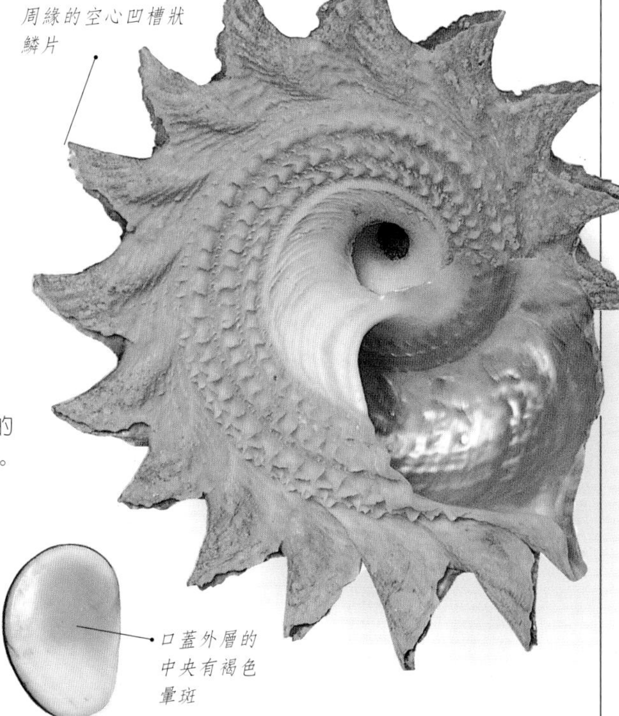

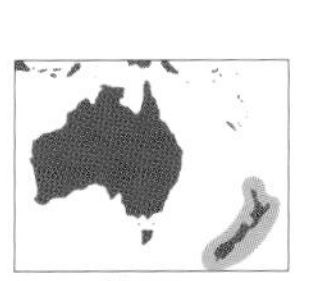

分布 紐西蘭	數量	尺寸 9公分

棘冠螺

棘冠螺種數不多。殼厚，殼表布滿了裝飾物，色彩豐富鮮豔。臍孔大而深，殼口圓，有珍珠光澤；口蓋薄，角質。有些種類具有彎曲的長棘，棲息於珊瑚礁附近，盛產於菲律賓群島。

超科　鐘螺超科	科　蠑螺科	種　*Angaria sphaerula* Kiener

花棘冠螺(Kiener's Delphinula)

殼堅實，殼表變異極大。體層大，螺塔扁平。臍孔大而深，頂部各螺層縫合線不明顯。一列扁平而彎曲的棘旋繞於較下面的螺層。體層下半部有短棘，呈螺旋狀排列，螺旋帶為橄欖綠色和紅色。

• **附註**　19世紀期間很少發現完整的標本。

• **棲息地**　珊瑚礁間。

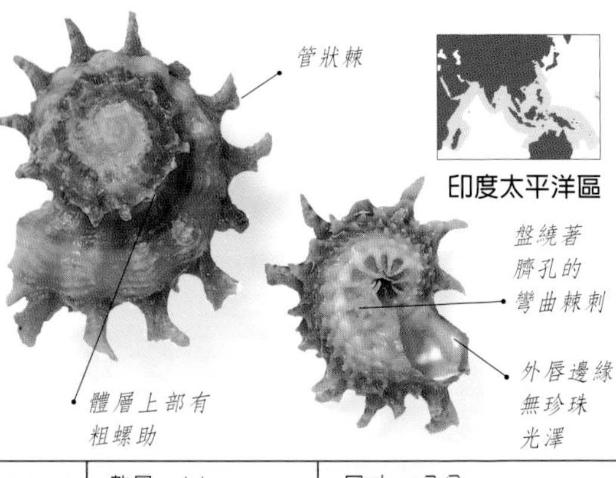

分布　菲律賓	數量	尺寸　6公分

超科　鐘螺超科	科　蠑螺科	種　*Angaria vicdani* Kosuge

宏凱棘冠螺(Victor Dan's Delphinula)

殼堅實，體層大，螺塔小。體層底部平坦，各螺層周緣長有棘刺，較頂部各層有薄而扁的直棘，愈接近殼口的棘愈長，愈彎曲，管狀也愈明顯。臍孔深而大，並有兩排短棘盤繞。較下面各螺層的肩部有粗螺肋，體層底部的螺肋明顯。殼表呈淺紅橙色，有綠色光彩，底部肋灰白色。

• **附註**　以菲律賓一位貝類收藏家的名字命名。

• **棲息地**　深海底。

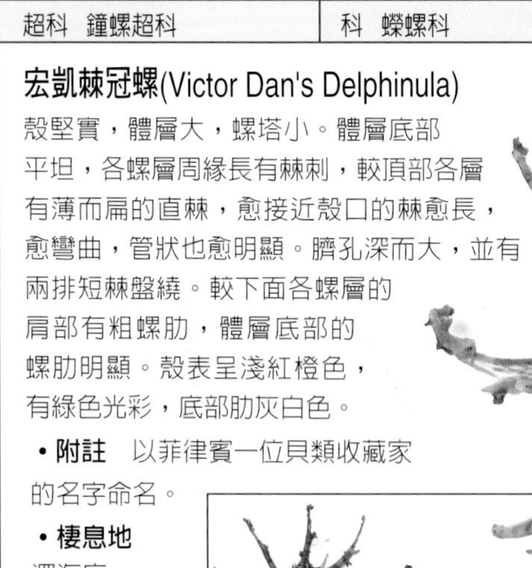

由殼頂看

從殼頂俯視，可以看出棘的排列極有規律。

分布　菲律賓	數量	尺寸　7公分

雉螺

雉螺大部分呈卵形，表面有光澤，無臍孔。螺層平滑而渾圓，具豔麗的色彩、多姿的花紋，如雉雞的羽衣；殼口呈梨形，有白堊色口蓋。廣泛分布於溫暖海域。

超科　鐘螺超科	科　雉螺科	種　*Phasianella variegata* Lamarck

多變雉螺(Variegated Pheasant)

殼小，平滑，光澤適中；螺塔高，殼頂圓，螺層凸，縫合線淺。殼口呈梨形，螺軸平滑，微彎。殼表呈淺褐色、淺紅色或乳白色，有褐色斑點及褐、白斷線花紋。

- **附註**　色彩和花紋變化繁多。
- **棲息地**　淺海的海藻叢中。

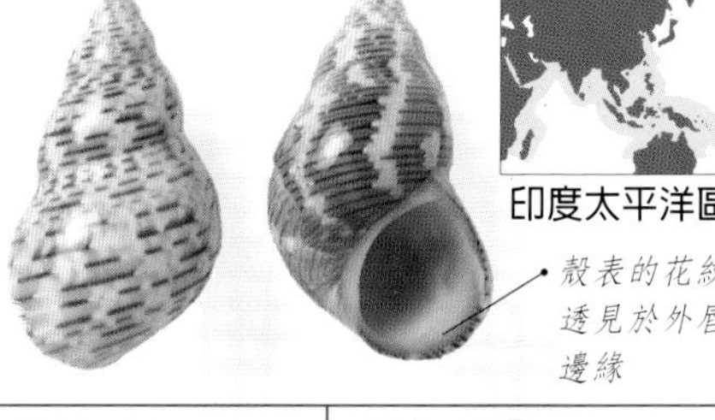

分布　印度西太平洋	數量　♠♠♠	尺寸　2公分

超科　鐘螺超科	科　雉螺科	種　*Phasianella australis* Gmelin

澳洲雉螺(Painted Lady)

殼厚度適中，光澤明亮，殼高將近殼寬的兩倍，殼頂尖，螺層凸圓，縫合線明顯。體層較螺塔略長，殼口呈梨形，殼口下緣在螺軸底部之下方，外唇上端微向內彎曲。殼口內色澤暗淡，無珍珠光澤。最常見的色彩為斑駁的粉紅色上飾有淡紅色斑紋、人字形條紋及縱走條紋構成的螺旋帶。有的標本呈現褐色縱走條紋，並與灰白色螺旋線相交錯，也有布滿了矩形褐色斑點組成的螺旋帶。

- **附註**　此為雉螺類中最大的一種，花紋變化多端，美不勝收。
- **棲息地**　淺海底。

頂螺層不具花紋

澳洲區

白色螺旋線

縫合線正下方有短直條紋

外唇上方邊緣略厚

螺軸底部

分布　澳洲南部、塔斯馬尼亞	數量　♠♠♠♠	尺寸　7.5公分

蜑螺

蜑螺的殼厚，螺塔小。外唇甚厚，通常有齒，軸唇或呈齒狀，或呈皺褶狀。石灰質口蓋表面粗糙，有些種類色彩豐富多變化，無臍孔，盛產於多岩石的海岸及紅樹林中。

超科 蜑螺超科	科 蜑螺科	種 *Nerita peloronta* Linnaeus

血齒蜑螺(Bleeding Tooth)

蜑螺科中較大型的一種。殼厚，螺塔小，殼表有微微凸起的螺脊。暗紅色口蓋內面有顆粒，殼表黃色、淺紅色或乳白色，具條狀或「之」字形深色花紋。

- **附註** 以唇齒的特徵命名。
- **棲息地** 沿海岩石間。

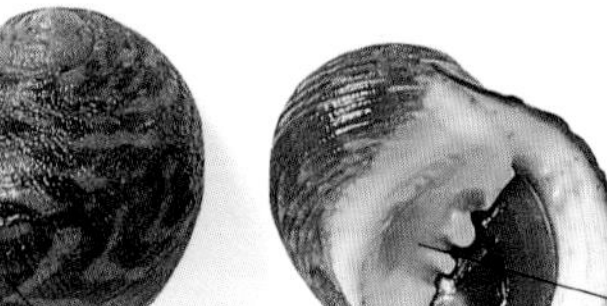

加勒比亞區

略呈方型的齒上染有紅橙色

在淡的底色上，有「之」字形的花紋

分布 西印度群島、佛羅里達西部、百慕達	數量 ♦♦♦♦♦	尺寸 3公分

超科 蜑螺超科	科 蜑螺科	種 *Nerita polita* Linnaeu

玉女蜑螺(Polished Nerite)

殼頂扁平，殼厚且重，體層扁，縫合線很淺。除幾枚不規則或呈方形的齒外，滑層寬而平滑，滑層和殼口呈乳白色，常有黃色鑲邊。殼表其他部位呈粉紅色或灰白色，有白、黑或紅色雲斑。

- **棲息地** 沿海岩石上。

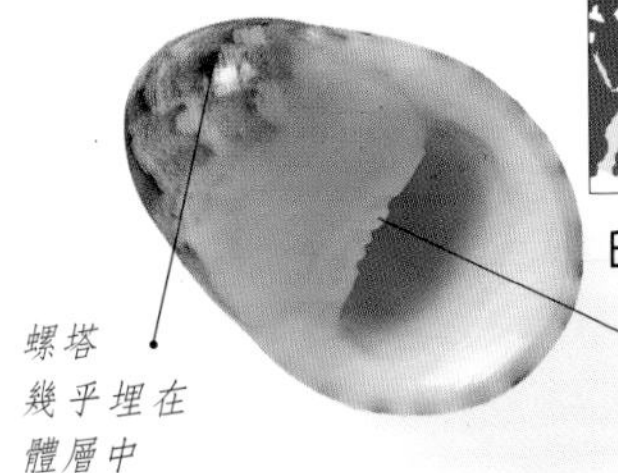

印度太平洋區

螺塔幾乎埋在體層中

唇齒呈方形

分布 熱帶印度太平洋	數量 ♦♦♦♦♦	尺寸 3公分

超科 蜑螺超科	科 蜑螺科	種 *Neritina communis* Quoy & Gaimard

紅斑蜑螺(Zigzag Nerite)

殼薄但堅實，螺塔適中，體層明顯膨大。殼表非常平滑，有光澤，僅有一些不明顯的縱痕。殼頂或尖或圓，縫合線極淺，軸唇上的齒微細。殼表紅色、粉紅色、黑色或黃色，常排列成「Z」字形和帶狀。

- **棲息地** 紅樹林沼澤地。

體層朝殼口膨脹

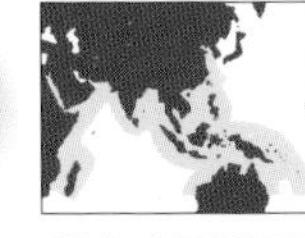

印度太平洋區

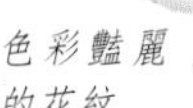

色彩豔麗的花紋

分布 太平洋西南部	數量 ♦♦♦♦♦	尺寸 2公分

玉黍螺

殼體結實，在溫暖和寒冷的海域均有分布，喜群聚於岩石及港灣護堤上。有的殼表花紋明顯，色彩多變化。通常縫合線比較淺，不具臍孔。口蓋薄，而且有角質。

超科 玉黍螺超科	科 玉黍螺科	種 *Littorina littorea* Linnaeus

歐洲玉黍螺 (Common Winkle)

螺殼厚，螺塔短小，縫合線細，螺層中度膨圓，殼頂尖。殼表光滑，螺脊弱，縱走的生長線不明顯。大多呈深褐色或灰色，常有螺旋帶，偶爾也會出現橙色或淺紅色的標本。

- **附註** 已發現左旋的標本，但極稀少。
- **棲息地** 潮間帶岩石。

北歐區

螺脊和螺溝纖細

殼口外唇尖銳

分布 歐洲西部、美國西北部	數量 ▲▲▲▲▲	尺寸 3公分

超科 玉黍螺超科	科 玉黍螺科	種 *Littorina scabra* Linnaeus

粗紋玉黍螺(Mangrove Winkle)

殼薄但堅實，螺塔高，螺層圓，有螺肋，縫合線明顯。筆直的螺軸與外唇底部形成明顯的稜角。殼表底色為淺黃或灰白，夾雜著黑色和淺褐色條紋。

- **附註** 亦稱紅樹林玉黍螺。
- **棲息地** 紅樹林中。

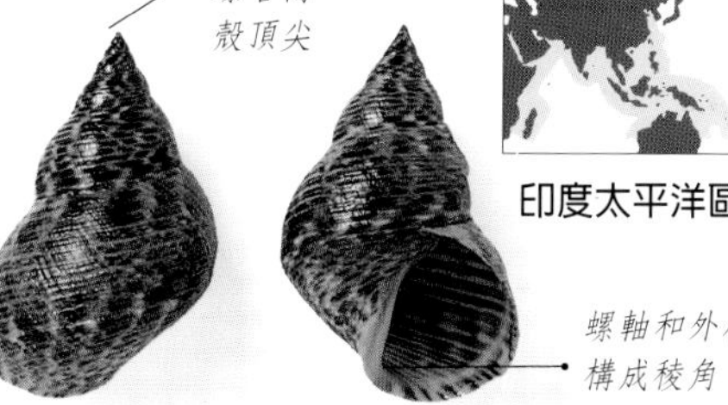

印度太平洋區

分布 印度太平洋、南非	數量 ▲▲▲▲▲	尺寸 3公分

超科 玉黍螺超科	科 玉黍螺科	種 *Tectarius coronatus* Valenciennes

金塔玉黍螺(Crowned Prickly winkle)

殼體側面平直，縫合線埋在由小結節組成的螺肋內，愈靠近體層周緣，小結節愈大。螺塔由乳白色漸變為橙黃色；殼底近白色，外唇有褐色污點。

- **附註** 玉黍螺中，殼表極不平的一種。
- **棲息地** 潮間帶岩石底。

縫合線下有深褐色紋帶

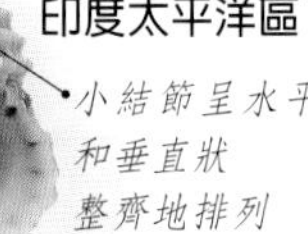

印度太平洋區

小結節呈水平和垂直狀整齊地排列

分布 菲律賓	數量 ▲▲▲	尺寸 3公分

錐螺

錐螺的殼體勻稱修長，比其色彩更引人注目，主要的特徵表現在與眾不同的螺旋飾紋。縫合線明顯，沒有臍孔，很少有完整的外唇。全世界的沙質海底均有分布。

超科 蟹守螺超科	科 錐螺科	種 *Turritella communis* Risso

歐洲錐螺(European Screw Shell)

殼薄而輕，螺層圓，縫合線深，殼頂尖銳。螺脊粗，並與纖細的縱紋相交，偶爾也與參差不齊但較明顯的生長脊相交。殼表通常為淺紅或淺黃褐色，但螺軸為白色。

- **棲息地** 深海和淺海的砂底。

螺層中間的螺脊較明顯

殼口邊緣參差不齊

北歐區
地中海區

分布 歐洲西部、地中海	數量	尺寸 6公分

超科 蟹守螺超科	科 錐螺科	種 *Turritella terebra* Linnaeus

錐螺(Tower Screw Shell)

殼修長精緻，約有30層凸圓的螺層，從小到大依序排列。螺軸和殼口均為圓形；外唇薄，殼口完整。主螺肋多達6條，其間有數條細肋，並與細縱紋相交。

印度太平洋區

螺塔極高，呈塔台狀

螺層最寬的部分在縫合線上方

殼口圓形，唇薄而鋒利

凹陷的殼底有螺溝，殼表淺褐色至深褐色，不具花紋或圖案。有些標本的螺層膨脹，縫合線較深，但螺肋較淺。

- **附註** 錐螺中最大的一種，其拉丁文種名係取自筍螺科中與之相似的屬名。
- **棲息地** 泥砂海底。

螺軸緣白色

分布 熱帶印度太平洋	數量	尺寸 14公分

蛇螺

所有的蛇螺，正如其名，就像蛇一樣呈不規則盤繞。在生長階段的早期，有些蛇螺與錐螺幾乎難以區別；從構造上來看，牠們之間關係密切。有些蛇螺生長較爲隨意，常是盤繞成一團。

超科　蟹守螺超科	科　錐螺科	種　*Vermicularia sprirata* Philippi

蚯蚓錐螺(West India Worm Shell)

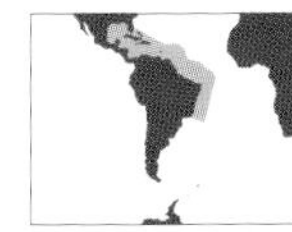

加勒比亞區

螺殼頂部呈密集盤繞，外表與錐螺很相似。早期的螺層光滑，沿著縫合線規則地接合；而後期螺層就互不相屬。在螺殼停止盤繞的部位，有2-3條主肋開始發達，而後逐漸消失。完全不盤捲的部分，除少數幾條螺肋外，看上去幾乎是光滑的。殼口圓而薄；最初長成的殼呈深褐色，一旦殼管開始伸展，顏色就越來越淡。

殼頂部呈密集盤繞狀

螺肋不規則

螺肋以外的殼管表面平滑

- **附註**　儘管與其他蛇螺歸為一類，但事實上是屬於不盤繞的錐螺。如果仔細觀察殼内的軟體，就能證明這一點。
- **棲息地**　砂底或海綿體中。

分布　西印度群島	數量　●●●●	尺寸　8.5公分

超科　蟹守螺超科	科　蛇螺科	種　*Serpulorbis imbricata* Dunker

大蛇螺(Scaly Worm Shell)

正如大多數的蛇螺一樣，固著在堅硬的物體上，沒有一定或容易分辨的外形。早期螺殼完全埋於後期生長的螺殼裏，殼表布滿了不規則的螺脊。

日本

殼口圓形，邊緣薄

- **附註**　兩枚貝殼可能連在一起。
- **棲息地**　岩石海岸。

分布　日本	數量　●●●●	尺寸　6公分

壺螺

壺螺種類稀少，性喜溫暖的淺海，外表酷似小蠑螺。殼堅硬，呈球形，殼口寬大，螺軸的底部有一枚小而鈍的齒。螺塔扁平或者是呈圓錐形；有時具有小臍孔。

超科　蟹守螺超科	科　壺螺科	種　*Modulus tectum* Gmelin

壺螺(Covered Modulus)

殼堅實，螺塔扁平，周緣的斜縱褶看上去像疙瘩。螺肋粗糙，螺軸光滑，底部有明顯的齒。殼表乳白色或淺黃色，帶有褐色斑點；螺軸可能呈深褐色。

• **棲息地**　有海藻的砂底。

縫合線不明顯

軸齒彎向殼口

印度太平洋區

分布　熱帶印度太平洋	數量 ♦♦♦	尺寸　2.5公分

海蜷

現生種類不多，但是有些種類在紅樹林沼澤及泥灘上的數量非常可觀。殼堅硬，色彩單調，螺層多，通常有螺肋和結節裝飾；外唇底部向前水管溝的方向彎曲。

超科　蟹守螺超科	科　海蜷科	種　*Telescopium telescopium* Linnaeus

望遠鏡螺(Telescope Snail)

殼重，螺塔高，側面平直，外表似拉長的鐘螺。深槽將平整的殼底與螺軸分開。從側面看，不平整的殼口邊緣向下方彎曲突出於底部。縫合線淺，有時很難與盤繞著螺層的平滑螺肋區別，每層螺層有1條窄肋和3條寬肋。殼表深褐色，偶爾有1條淺褐色、白色或灰色紋帶，使它不那麼單調。

• **附註**　螺塔很高，但很少有超過16層的標本。

• **棲息地**　紅樹林沼澤地。

分布　熱帶印度太平洋	數量 ♦♦♦♦	尺寸　9公分

超科　蟹守螺超科	科　海蜷科	種　*Cerithidea cingulata* Gmelin

栓海蜷(Girdled Horn Shell)

殼堅硬，螺層側面平直，縫合線深，殼頂常破損。所有螺層上的縱肋突出，但在體層上變得不明顯；各螺層上的縱肋，被3道螺旋溝分割成數個小節。外唇增厚，呈弓形。殼表深褐色，各螺層上有2—3條褐色或白色條紋。

• **棲息地**　紅樹沼澤地。

分布　熱帶印度－太平洋	數量　♦♦♦♦	尺寸　4公分

蟹守螺

蟹守螺是淺海底數量最多的腹足類之一。通常色彩不華麗，但有些具有迷人的色帶。許多種類在體型和裝飾上變異很大，很難鑑定。一般棲息於潮間帶，尤好珊瑚礁附近的砂底。

超科　蟹守螺超科	科　蟹守螺科	種　*Cerithium vulgatum* Bruguiere

歐洲蟹守螺(European Cerith)

殼堅實，殼頂尖銳，螺層陡峭傾斜，縫合線淺。中間螺層的螺溝最強；結瘤呈螺旋狀排列，有的形成短棘；螺軸彎曲，在內唇上端增厚。外唇邊緣呈波浪形，下端有一短水管溝。殼表灰色或淺褐色，有較深的褐色斑紋。

• **棲息地**　砂質海底

地中海區

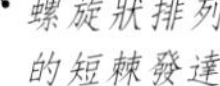

分布　地中海	數量　♦♦♦♦	尺寸　4.5公分

超科　蟹守螺超科	科　蟹守螺科	種　*Rhinoclavis asper* Linnaeus

皺蟹守螺(Rough Cerith)

蟹守螺中較修長的一種。殼頂尖銳，縫合線深，各螺層發展均勻。內唇明顯與體層分離，內唇上端增厚。前水管溝短，從殼口向外極度彎曲。縱肋明顯，有的具有小尖棘，從殼頂至殼底呈傾斜狀排列。殼表白色，有褐色螺旋紋。

• **棲息地**　砂質海底。

印度太平洋區

較下面各層的螺肋呈傾斜狀

分布　印度—太平洋	數量　♦♦♦♦	尺寸　5公分

芝麻螺

芝麻螺的種類極少。螺殼厚，呈圓錐形。有的螺殼光滑，有的具螺肋；殼口常有脊，螺軸具單齒，前水管溝明顯可見。有角質薄口蓋，主要棲息於潮間帶的岩石上。

超科　蟹守螺超科	科　芝麻螺科	種　*Planaxis sulcatus* Born

芝麻螺(Furrowed Planaxis)

體層佔整個殼高的三分之二；螺肋寬平，有時不明顯。內唇滑層膨脹，螺軸底端形成溝槽。色彩呈紫褐色和灰色，排列成條紋和斑點。

- **附註**　殼表有不透明殼皮。
- **棲息地**　潮間帶岩石上。

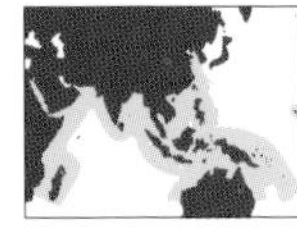

印度太平洋區

分布　熱帶印度太平洋	數量	尺寸　2.5公分

車輪螺

車輪螺種類少。殼表裝飾艷麗，生活在溫暖海域，有時也稱「螺旋梯螺」。在扁平圓形的貝殼底面階梯般的折褶，環繞著又寬又深的大臍孔。殼口邊緣常缺損；口蓋角質。

超科　車輪螺超科	科　車輪螺科	種　*Architectonica perspectiva* Linnaeus

黑線車輪螺(Clear Sundial)

殼堅硬，螺層膨脹均勻，縫合線深。螺溝和縱溝構成網格狀圖案。縫合線上、下的螺脊有如扁平的串珠，螺底外緣盤繞著兩道平頂肋。殼表介於灰色和黃褐色間，有白色和深褐色相間的螺旋帶；臍孔邊緣有深褐色斑紋。

- **附註**　臍孔內部的脊，呈螺旋階梯狀。
- **棲息地**　砂質海底。

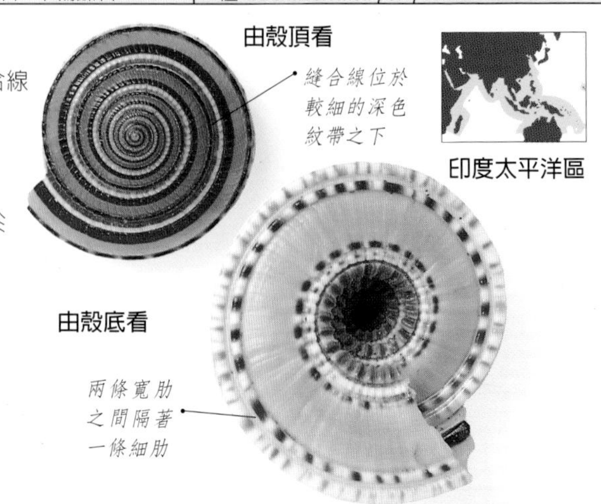

印度太平洋區

分布　熱帶印度太平洋	數量	尺寸　5公分

海蛳螺

其英文名稱出自荷蘭語，意爲「螺旋樓梯」。殼表精緻迷人，殼口圓而平滑，臍孔或敞開或封閉。殼質薄而呈潔白色。生活於砂質海域或海葵群中，多數棲息於潮間帶。

超科 海獅螺超科	科 海獅螺科	種 *Epitonium scalare* Linnaeus

綺螄螺(Precious Wentletrap)

殼質輕，8-9層肥圓的螺層，中間由數根類似縱脹肋的薄肋連接。各螺層間完全分離，沒有縫合線。臍孔既寬又深。殼表淺粉紅色或灰褐色，縱肋和殼口為白色。

- **附註** 十九世紀時還相當罕見，最近30年才有大量的發現。
- **棲息地** 亞潮帶的砂底。

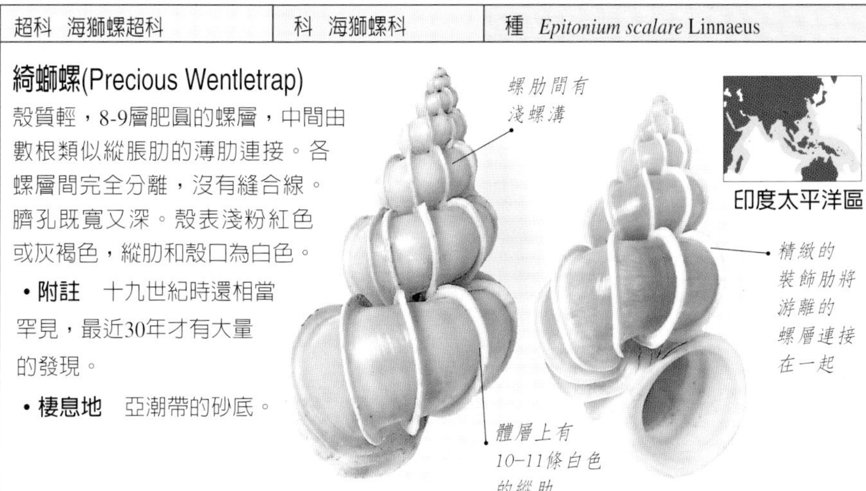

分布 熱帶印度太平洋	數量 ▲▲▲	尺寸 5.7公分

紫螺

紫螺種類較少，大多數呈紫色或紫羅蘭色，殼薄易碎。在海洋中浮游生活，長出外裹黏液的「孵囊」，使其中的卵飄在水面。在遭到侵犯時，能釋放出紫羅蘭色液體。

超科 海獅螺超科	科 紫螺科	種 *Janthina janthina* Linnaeus

紫螺(Common Purple Sea Snail)

殼薄而脆，約有5層螺層，早期的螺層凸圓，縫合線明顯。殼口邊緣渾圓，螺軸微扭曲，縱生長紋與螺旋溝紋相交。除殼頂、縫合線和殼底外，紫羅蘭色的殼表上泛著白色。

- **附註** 倒立浮游。
- **棲息地** 在海面過自由浮游生活。

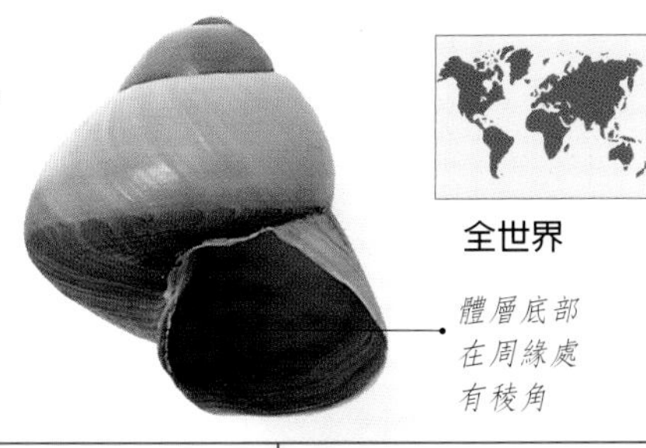

分布 全世界	數量 ▲▲▲	尺寸 4公分

偏蓋螺

儘管外形與笠螺相似，但螺殼不如笠螺堅實。有時殼頂捲曲或靠近後端。殼表光滑，有縱肋或螺溝，無口蓋。吸附在堅固的物體上；有些寄生在其他軟體動物上。

超科　舟螺超科	科　偏蓋螺科	種　*Capulus ungaricus* Linnaeus

歐洲偏蓋螺(Fool's cap)

殼薄，呈帽狀，輪廓及高度變異多，通常殼寬大於殼高。殼頂向後捲曲，略微地懸垂在後緣上。縱紋及輪狀生長脊細緻，殼內壁光滑，呈白色或粉紅色；殼表為沒有光澤的灰白色。

• **棲息地**　吸附於堅固物体上。

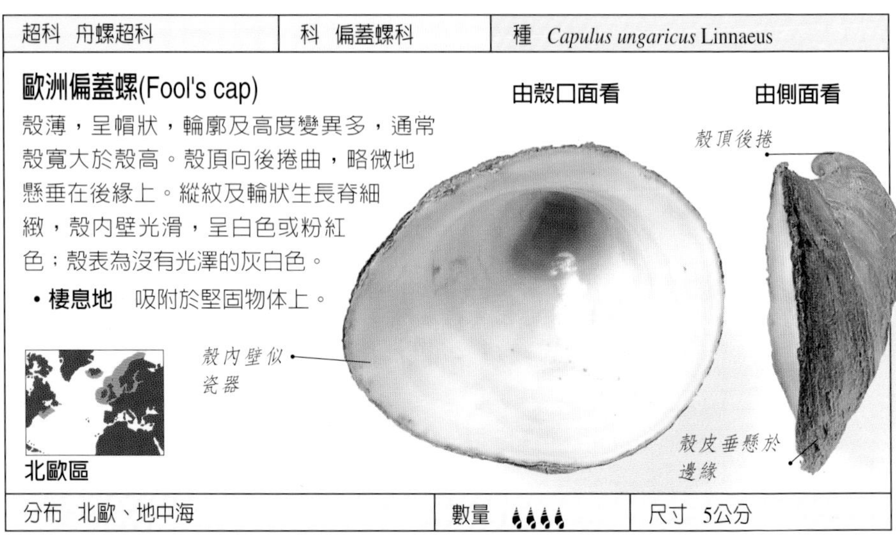

分布　北歐、地中海	數量　4	尺寸　5公分

舟螺

由殼頂看，外形與笠螺相似，但具有寬大的內隔板，或呈杯狀結構，以保護其軟體部位。殼扁平，殼頂位於中央或向後，殼表或光滑，或具有種種裝飾；無口蓋。

超科　舟螺超科	科　舟螺科	種　*Crepidula fornicata* Linnaeus

大西洋舟螺(Atlantic Slipper)

殼扁平，呈卵形。殼頂微捲曲，在後端微露。殼口由薄殼質的隔板半封閉。殼表或光滑，或有皺紋，呈乳白色、黃色或淺褐色，並有淺紅褐色的斑紋和條紋。內面白色，可透見殼表的顏色；隔板邊緣呈淺紅褐色。

• **棲息地**　近海水域，附著於堅固物體，或彼此的貝殼上。

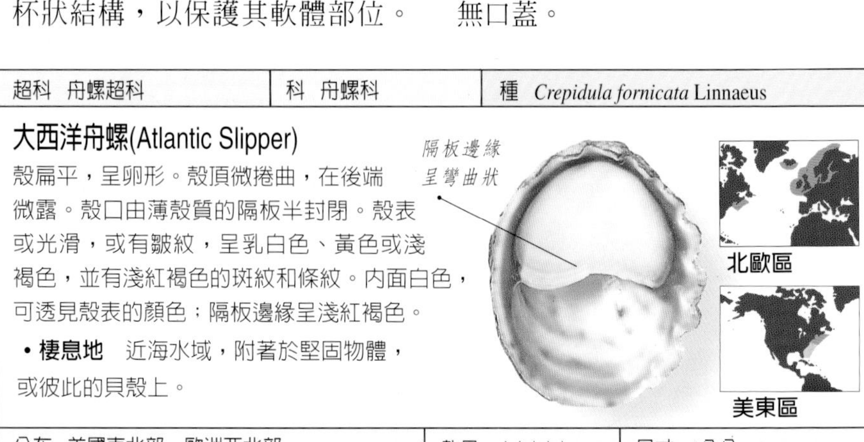

分布　美國東北部、歐洲西北部	數量　5	尺寸　4公分

綴殼螺

呈陀螺狀，外形精緻。習性獨特，時常將貝殼、砂石以及其他的海底雜物黏在自己的殼表。有一片角質的薄口蓋，但不一定有臍孔；大部分的種類生活在熱帶海域裡。

超科 綴殼螺超科	科 綴殼螺科	種 *Xenophora pallidula* Reeve

綴殼螺(Pallid Carrier)

殼薄，螺塔高度適中。臍孔小，常被貝殼質封閉。殼面有斜縱肋，並覆蓋著貝殼和雜物；殼表呈白色或黃白色。

• **附註** 附著的物體，包括各種長型貝殼，會在四周緣呈放射狀排列。

• **棲息地** 深海底。

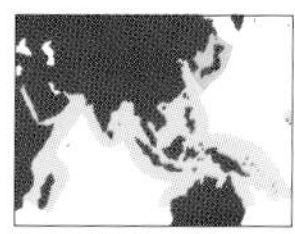

日本區
印度太平洋區

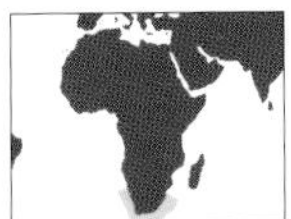

南非

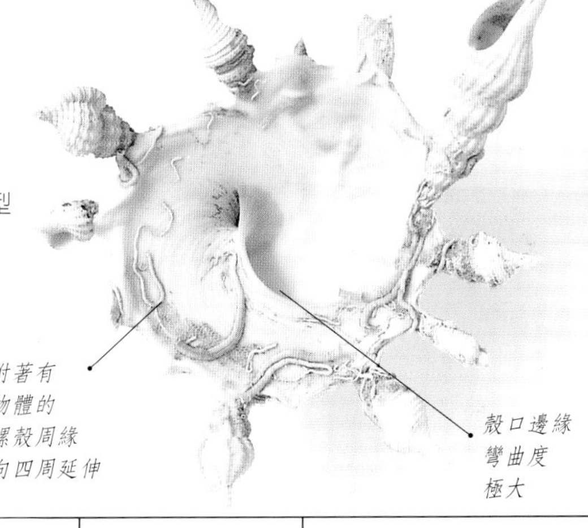

分布 印度太平洋、南非、日本	數量 ♠♠♠	尺寸 7.5公分

超科 綴殼螺超科	科 綴殼螺科	種 *Stellaria solaris* Linnaeus

扶輪螺(Sunburst Carrier)

螺塔低，所有螺層的周緣，長有長管狀、末端鈍且向上微彎的長棘。除了體層上的棘之外，所有的棘緊貼在接續的螺層上。殼面有斜行細肋紋，殼底有明顯波狀放射肋。臍孔深陷，能看清其中所有的螺層。殼表乳白色，早期的棘顏色較淡。

• **附註** 只有早期的螺層有他物依附。

• **棲息地** 近海砂底。

印度太平洋區

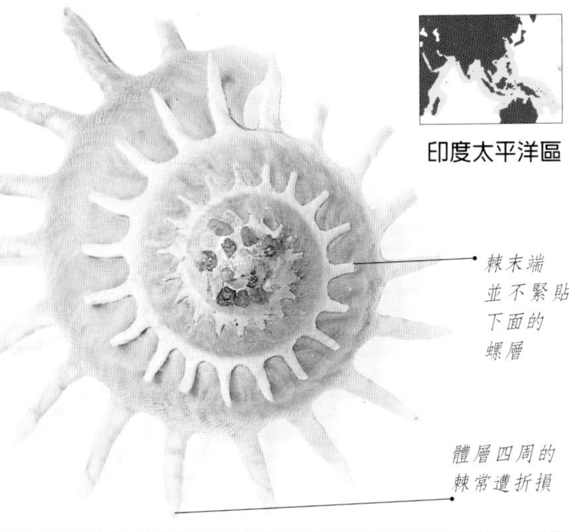

分布 熱帶印度太平洋	數量 ♠♠♠	尺寸 9公分

鴕足螺

螺殼堅實，大小中等，縫合線明顯，無臍孔。殼口大，前水管溝短，螺層上通常有結節，而螺軸和內唇則有厚的滑層。有一片角質的口蓋，種類比較稀少。

超科 鳳凰螺超科	科 鴕足螺科	種 *Struthiolaria papulosa* Martyn

大鴕足螺(Large Ostrich Foot)

殼厚而重，螺塔高，縫合線明顯。所有的螺層肩角分明，並有一列明顯的瘤盤繞在其周緣。螺脊平且薄，平均地分布在瘤上下方。高度彎曲的外唇和螺軸上的滑層，為其最大的特徵。殼表淡白色，有褐色縱條斑。

- **棲息地** 近海及潮間帶的砂底。

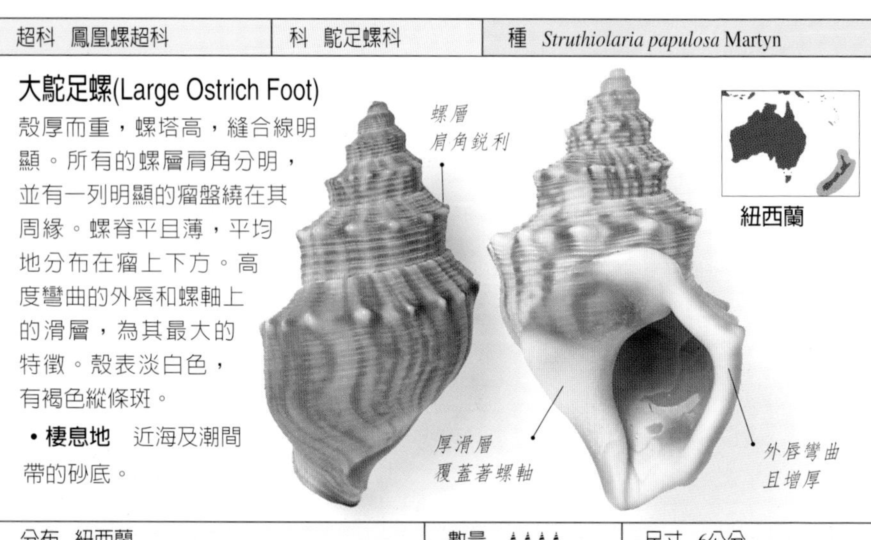

分布 紐西蘭	數量	尺寸 6公分

鵜足螺

成貝殼口唇部扁平，有「蹼足」狀的突起物；幼貝的外表則大相徑庭。同一種螺的外形，與指狀突起的數量變化並不一樣。種類少，生活在冷水以及溫水的海域中。

超科 鳳凰螺超科	科 鵜足螺科	種 *Aporrhais peslecani* Linnaeus

鵜足螺(Common Pelican's Foot)

螺塔肩角明顯的螺層上，具有鈍瘤和纖細的螺溝。縫合線明顯，上方有螺肋。扁平外唇的四條指狀突起物上有肋，內面有溝槽。殼表呈淡褐色，殼口白色。

- **棲息地** 泥礫底。

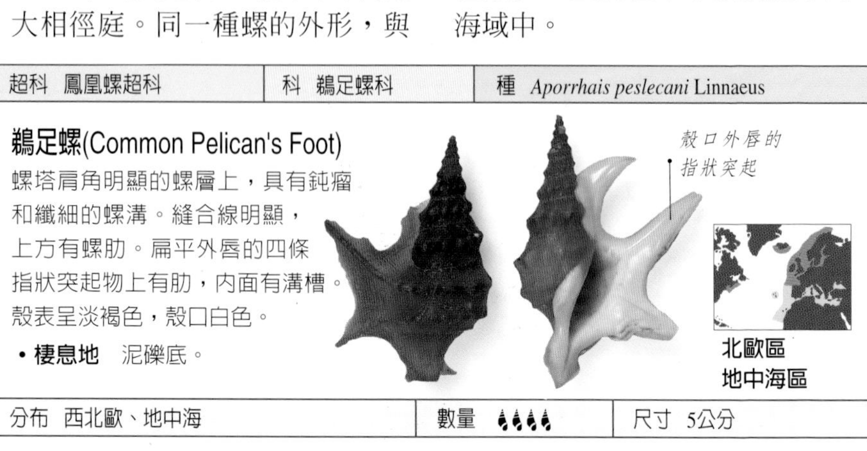

分布 西北歐、地中海	數量	尺寸 5公分

鳳凰螺

鳳凰螺科分六屬，生活在熱帶海域，外形上都有自己的特色及各自的俗名。外表差異大，但彼此間血緣密切。鳳凰螺外唇向外張開，蜘蛛螺有數根長指狀突起物，長鼻螺呈紡錘狀，前水管溝長。許多鳳凰螺色彩鮮豔，大多數螺殼厚重。口蓋長且曲，可幫助運動。最明顯的特徵是：外唇前端有「鳳凰螺缺刻」，這個缺口，可以讓牠伸出具有眼柄的左眼。大多數生活在淺海沙底，有些喜歡泥質或礫質海底，有些則生活在珊瑚上。

超科　鳳凰螺超科	科　鳳凰螺科	種 *Strombus gigas* Linnaeus

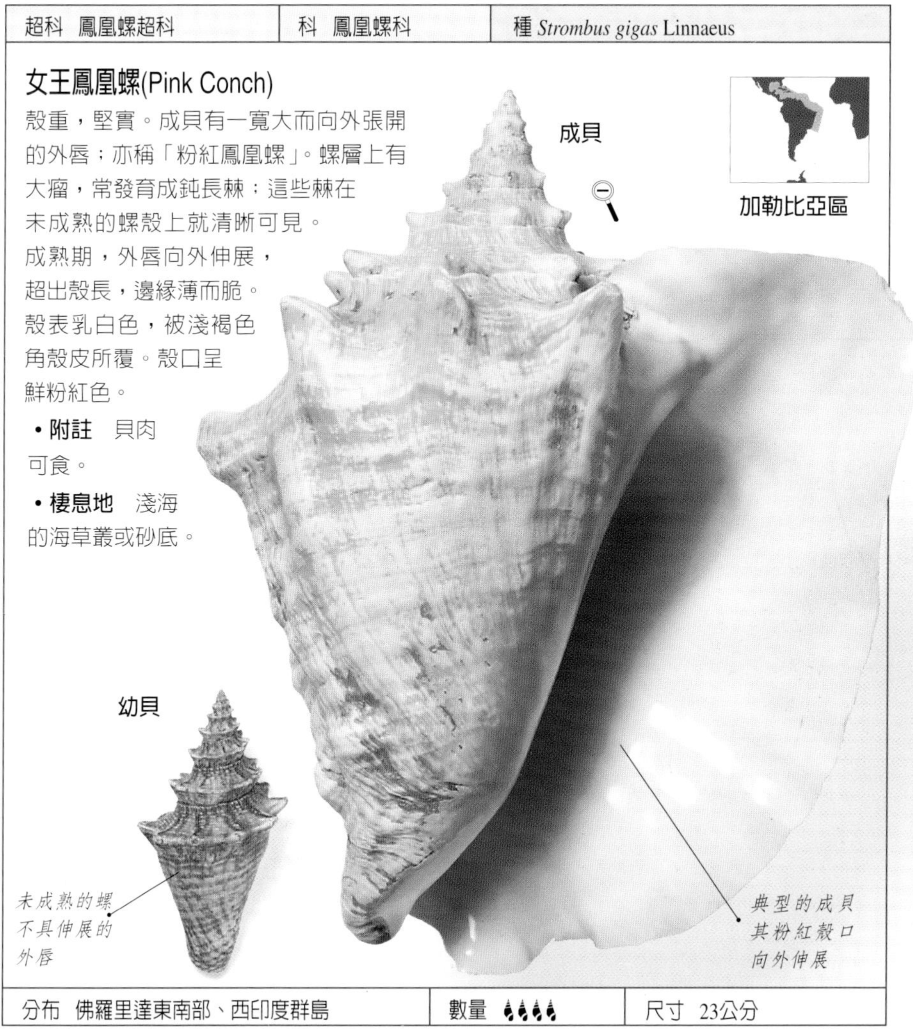

女王鳳凰螺(Pink Conch)

殼重，堅實。成貝有一寬大而向外張開的外唇；亦稱「粉紅鳳凰螺」。螺層上有大瘤，常發育成鈍長棘；這些棘在未成熟的螺殼上就清晰可見。成熟期，外唇向外伸展，超出殼長，邊緣薄而脆。殼表乳白色，被淺褐色角殼皮所覆。殼口呈鮮粉紅色。

- **附註**　貝肉可食。
- **棲息地**　淺海的海草叢或砂底。

分布　佛羅里達東南部、西印度群島	數量	尺寸　23公分

超科　鳳凰螺超科	科　鳳凰螺科	種　*Strombus sinuatus* Lightfoot

紫袖鳳凰螺(Sinuous Conch)

殼堅實，中等大小，螺塔高，呈階梯狀，有結節，外唇上有翼狀突出。唇上端邊緣薄，有四個圓形，呈指甲狀的突出物。殼表乳白色，有黃褐色波浪形條紋，殼口紫色。

- **附註**　許多個體有五個突出物。
- **棲息地**　淺海的珊瑚砂底。

印度太平洋區

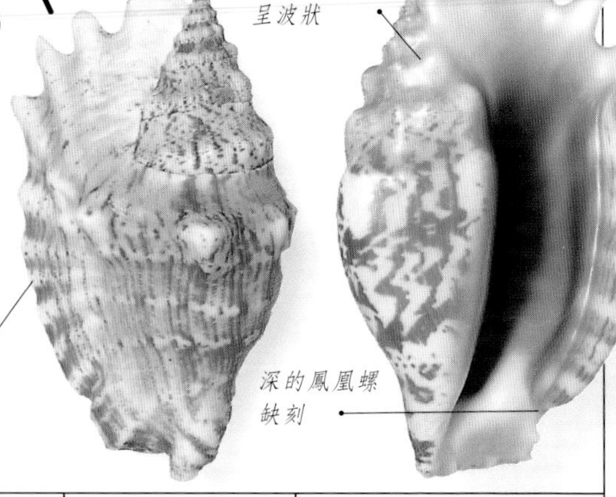

海域　太平洋西南部	數量	尺寸　10公分

超科　鳳凰螺超科	科　鳳凰螺科	種　*Strombus gallus* Linnaeus

雄雞鳳凰螺(Rooster Tail Conch)

螺塔高，殼堅實，以體積來說，重量顯得較輕。向外伸展的殼口突出物與螺塔成一角度，看起來恰與向下延伸的前水管溝形成平衡。所有的螺層在細而深的縫合線之下都環繞有明顯的鈍結節。體層和外伸的突出物上有扁平的脊。鳳凰螺缺刻深，殼表呈乳 白色，有褐色條紋；殼口金褐色。

- **附註**　底色有時為紫色。
- **棲息地**　近海砂底。

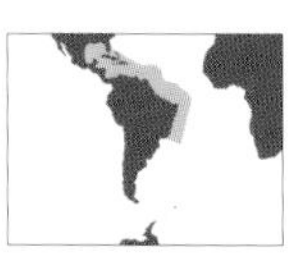

加勒比亞區

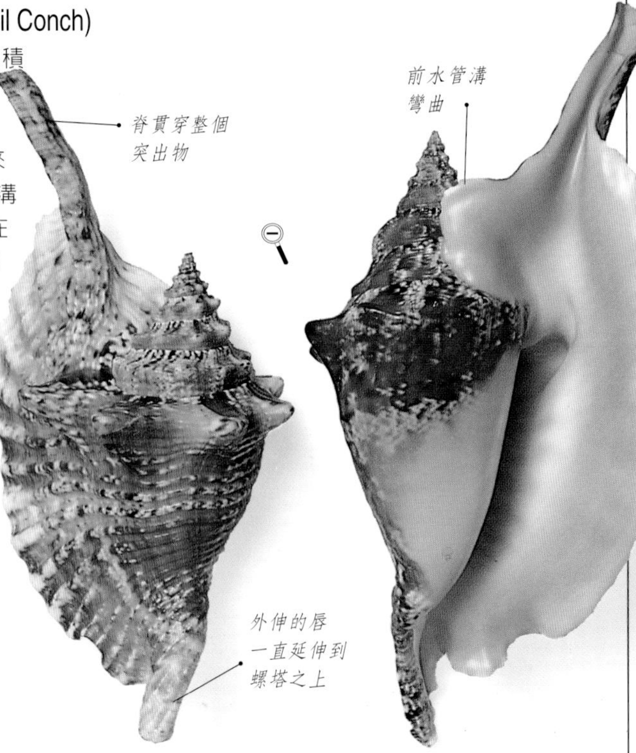

海域　西印度群島	數量 	尺寸　13公分

超科 鳳凰螺超科	科 鳳凰螺科	種 *Strombus listeri* T.Gray

金斧鳳凰螺(Lister's Conch)

殼薄且輕，螺塔修長，體層超過總殼高的一半。早期螺層圓凸；後期螺層開始傾斜，然後垂直下傾，縫合線淺。體層光滑彎曲；殼唇向外擴展，其外緣與螺軸平行，末端有一指狀突出。螺軸上的內唇滑層薄。螺塔的各層上具明顯縱肋，並與較細的螺肋相交。殼表白色，有褐色條紋和斑紋。

• **附註** 往昔視為稀世珍品；而今較為常見。

• **棲息地** 深海底。

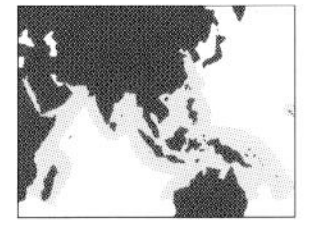

印度太平洋區

分布 印度洋	數量 ♦♦♦	尺寸 13公分

超科 鳳凰螺超科	科 鳳凰螺科	種 *Strombus pugilis* Linnaeus

金拳鳳凰螺(West Indian Fighting Conch)

殼重而堅實，螺塔短，殼頂尖，體層大。外唇加厚，末端有寬大的鳳凰螺缺刻。早期螺層光滑，或有鈍結節盤繞。後期螺層上的結節較尖，通常在次體層上結節發育的最強。除體層中部光滑，所有螺層上都有螺肋和螺溝。殼表呈淡褐色或黃橙色；殼口和螺軸紅色。

• **附註** 因殼內軟體活力充沛，故有「戰鬥螺」的英文名字。該貝在向前突進時，常用口蓋挖掘沙石。

• **棲息地** 沿海砂底。

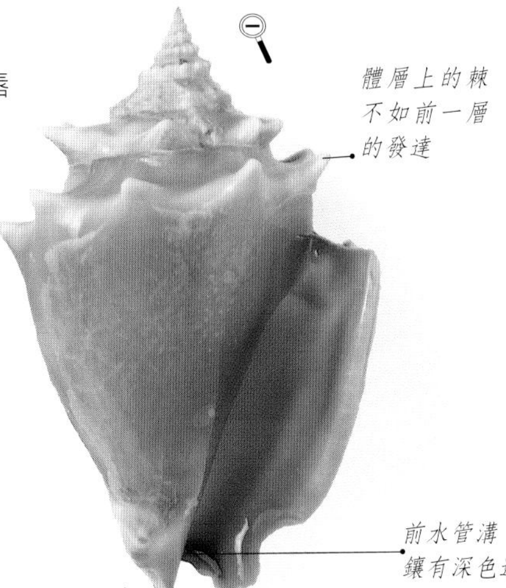

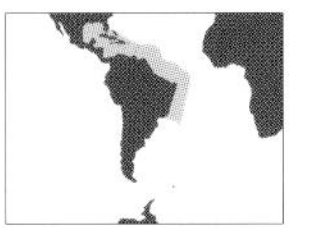

加勒比亞區

分布 加勒比海	數量 ♦♦♦♦♦	尺寸 7.5公分

超科　鳳凰螺超科	科　鳳凰螺科	種　*Strombus urceus* Linnaeus

黑嘴鳳凰螺(Little Bear Conch)

殼體長型，形狀和色彩變異多。體層比螺塔長兩倍多。殼口的上、下兩端窄小，內緣直而圓滑。鳳凰螺缺刻或深或淺。螺塔各層有的光滑，有的具縱肋或瘤。殼口刻有強溝紋。光滑的體層下半部有螺旋溝。殼表白色、米色或褐色，有淺褐色斑紋和斑點。

- **棲息地**　砂底。

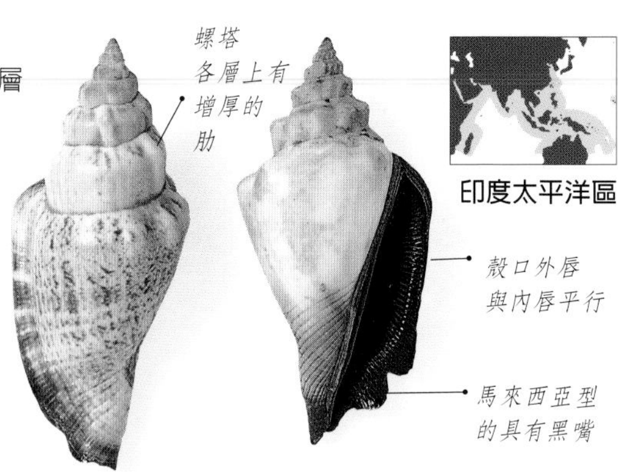

分布　太平洋西部	數量 ♦♦♦♦	尺寸　5公分

超科　鳳凰螺超科	科　鳳凰螺科	種　*Strombus mutabilis* Swainson

花瓶鳳凰螺(Changeable Conch)

殼堅實，矮胖；外形、色彩因產地不同而有變異。體層寬大，長度超過螺塔的兩倍。殼頂尖銳，螺塔各層的縱肋常彎厚或呈瘤狀。體層在肩部有圓形的突出物。外唇加厚，殼口和螺軸有脊。螺殼白色或奶油色，有褐色斑點。

- **棲息地**　沿海砂底。

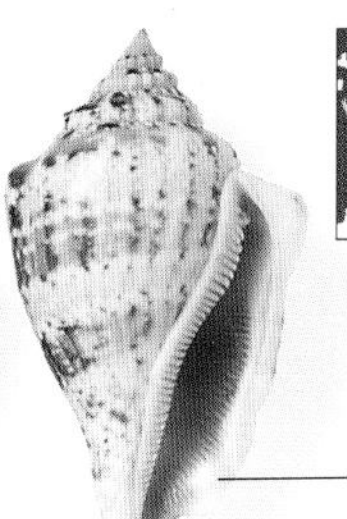

分布　熱帶印度太平洋	數量 ♦♦♦♦	尺寸　3.5公分

超科　鳳凰螺超科	科　鳳凰螺科	種　*Strombus dentatus* Linnaeus

三齒鳳凰螺(Samar Conch)

殼表有光澤；體層膨大，高度超過螺塔的兩倍。縫合線淺。所有螺層平滑，縱肋圓鼓，但延伸到體層中間時逐漸消失。殼口只有體層高度的一半，在殼底部呈切開狀。外唇薄；鳳凰螺缺刻淺。螺軸平滑有光澤。殼表米黃色，有褐色斑紋。

- **附註**　殼口下部有時呈紫褐色。
- **棲息地**　珊瑚礁附近。

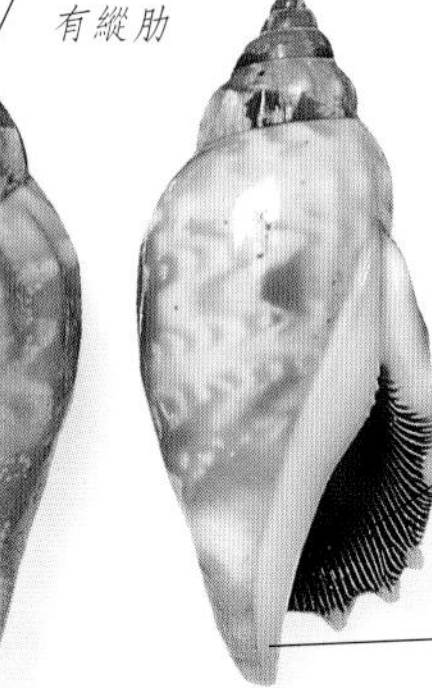

分布　熱帶太平洋	數量 ♦♦♦	尺寸　4公分

超科　鳳凰螺超科	科　鳳凰螺科	種　*Strombus latissimus* Linnaeus

潤唇鳳凰螺(Broad Pacific Conch)

殼大，厚而重，體層膨大。外唇向外張開，向上伸展，超出短小的螺塔，遮蓋了殼口側邊。每螺層均具稜脊，並有小而鈍的結節。從殼背面可以看到：體層肩部下方有一大而圓的瘤，在外唇上部有數根螺脊。唇內緣加厚，形成寬大的脊。螺軸上滑層厚。殼表乳黃色，有褐色斑紋。

• **附註**　鳳凰螺缺刻或者窄而深，或者寬而淺。

• **棲息地**　珊瑚礁外圍的砂底。

印度太平洋區

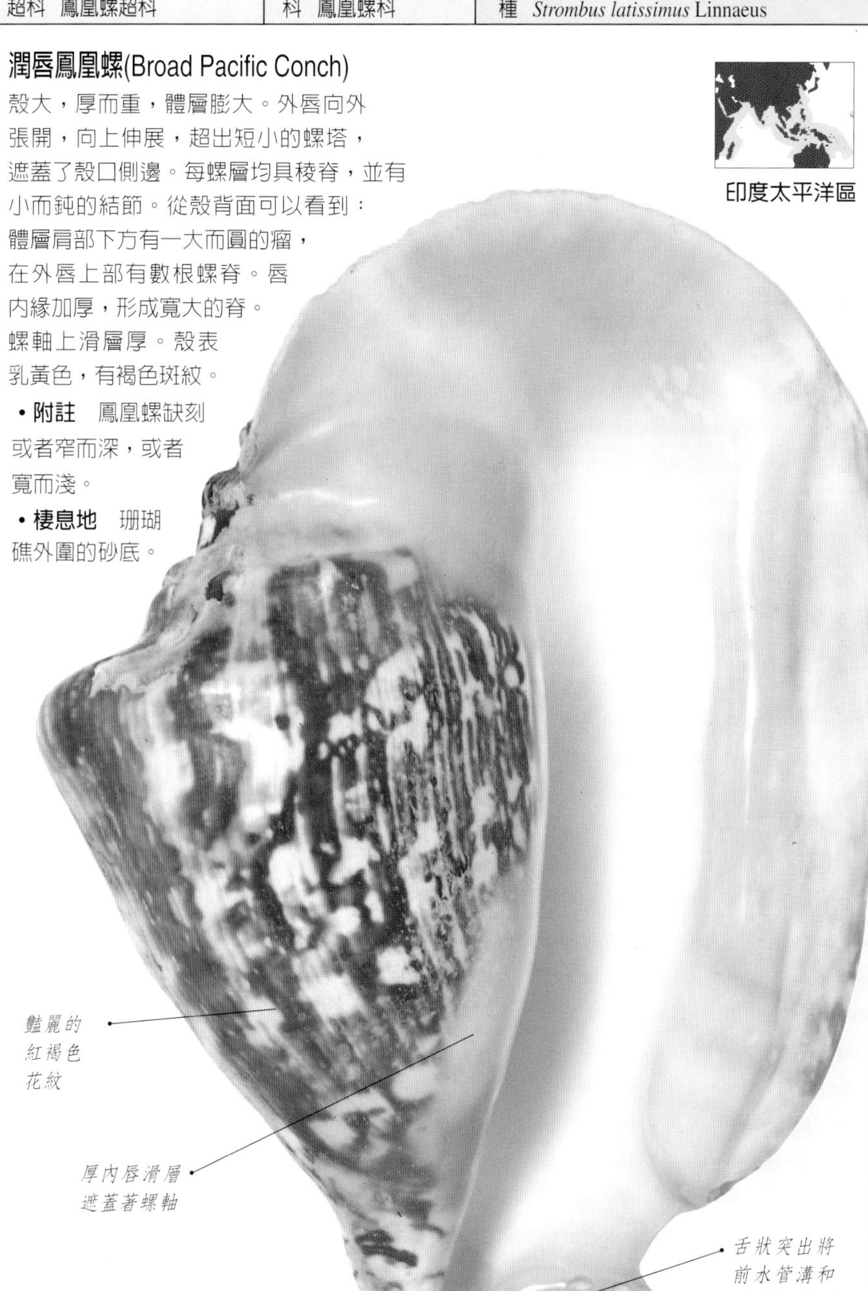

分布　太平洋西部	數量	尺寸　15公分

超科　鳳凰螺超科	科　鳳凰螺科	種　*Strombus lentiginosus* Linnaeus

粗瘤鳳凰螺

殼堅實，體層膨大，輪廓略呈方形，螺塔短而尖。外唇加厚，邊緣反捲，並向外擴展，幾乎和殼頂一樣高。鳳凰螺缺刻深。前水管溝短而寬。縫合線深，呈波紋狀。體層上有五排螺旋狀結節，最上面一排的結節明顯突出，呈關節狀。所有螺層上的螺旋紋明顯。殼口及螺軸光滑。內唇上覆有透明滑層。殼表呈乳黃色，有橙褐色條紋和塊斑；殼口呈粉紅橙色。

- **附註**　就體積來說，殼相當重。
- **棲息地**　淺海的珊瑚砂底。

印度太平洋區

分布　熱帶印度太平洋	數量	尺寸　7.5公分

超科　鳳凰螺超科	科　鳳凰螺科	種　*Strombus canarium* Linnaeus

水晶鳳凰螺(Dog Conch)

就體積而言，殼相當重，體層呈梨形，外唇張開。螺塔短，殼頂尖銳。螺塔各層圓膨，有的光滑，有的具螺溝和螺脊；體層光滑，但底部有螺溝。外唇邊緣加厚，鳳凰螺缺刻淺。螺軸直，內唇滑層厚。殼表白色、米色或褐色，有較深色的條紋。

- **附註**　體型大小變異很大。
- **棲息地**　海砂底。

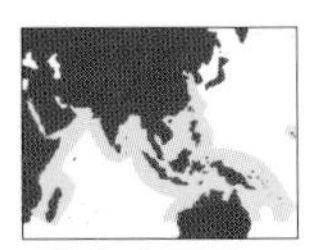

印度太平洋區

分布　熱帶印度太平洋	數量	尺寸　6公分

超科　鳳凰螺超科	科　鳳凰螺科	種　*Lambis lambis* Linnaeus

蜘蛛螺(Common Spider Conch)

殼大，堅實，螺塔與體層高度相當。殼口向外伸張，有六根管狀長棘，一側開裂，大都向上彎曲。前水管溝與最上端的棘對稱而相似；鳳凰螺缺刻深。體層上具有鈍結節，最靠近唇的結節最大。殼表螺肋不發達。每一螺層均內凹。內唇滑層遮蓋住殼口的側邊。殼表呈肉色，有褐色斑紋。

- **附註**　雌性貝殼上的突出比雄性的長。
- **棲息地**　沿海砂底。

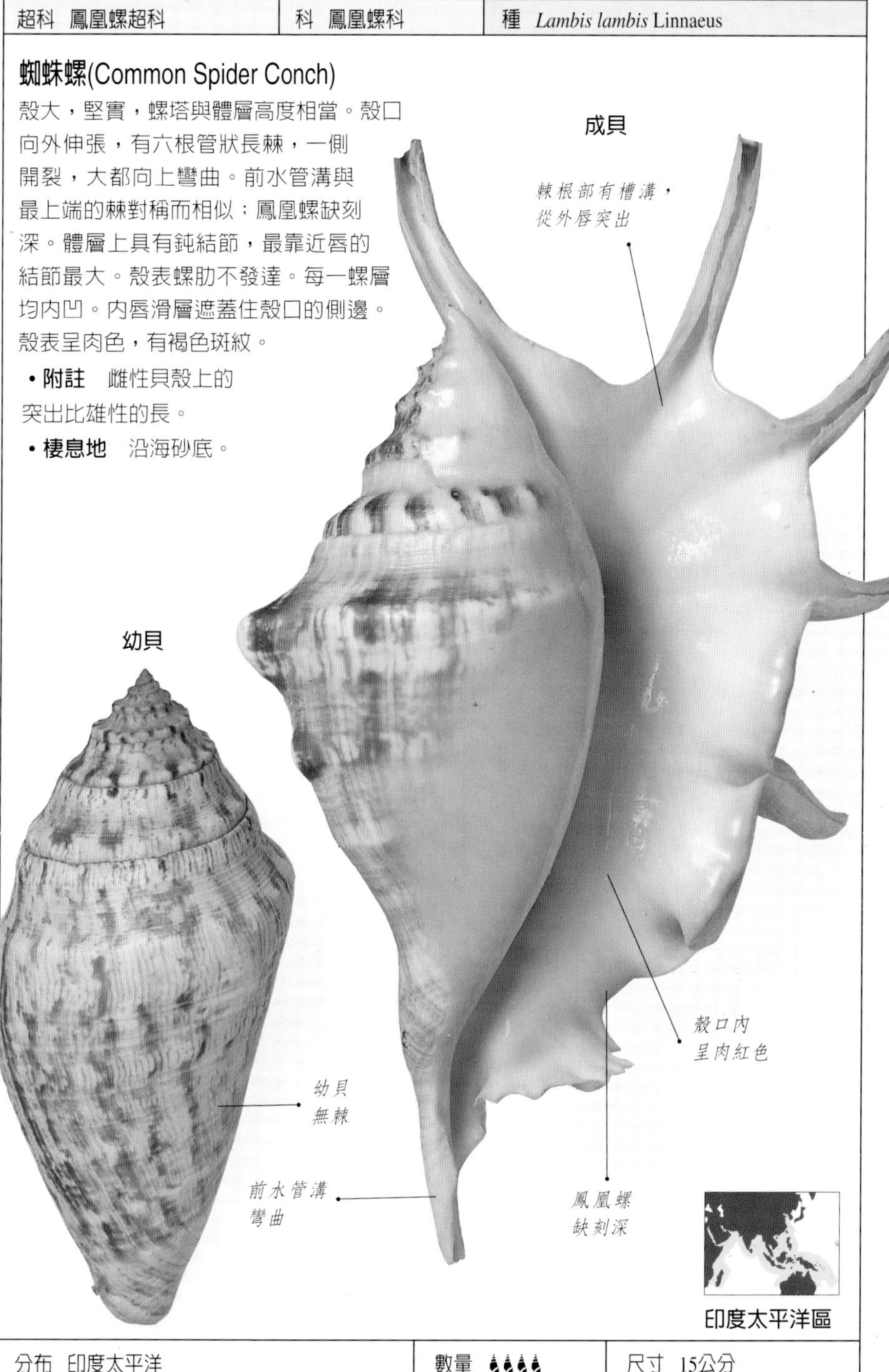

分布　印度太平洋	數量	尺寸　15公分

超科　鳳凰螺超科	科　鳳凰螺科	種　*Lambis violacea* Swainson

紫口蜘蛛螺(Violet Spider Conch)

殼體膨大，外唇擴張，有15－17根突出物。前水管溝長，朝後彎向殼口；鳳凰螺缺刻寬而深。螺肋自殼頂旋繞至殼底，後期螺層上的螺肋不規則地分布著小結節。殼口有細緻的脊，殼表為白色，有褐色斑點和條紋；殼口深紫色，外唇上有橙色斑塊。

- **棲息地**　中度深海底。

印度太平洋區

殼上端突出物
較下端長且扁平
突出物上
的肋最強
因殼口
豔麗的
紫色而得名

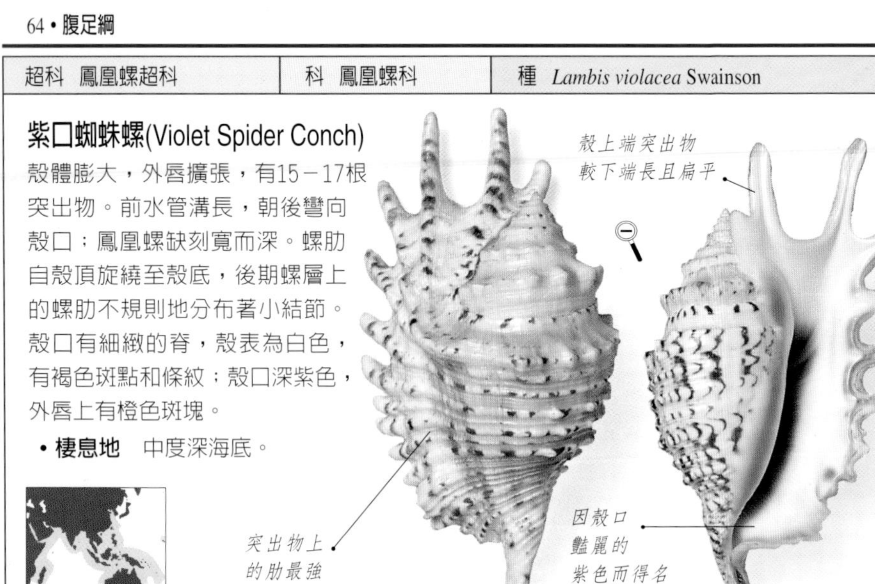

分布　印度洋西部	數量 ▲	尺寸　9公分

超科　鳳凰螺超科	科　鳳凰螺科	種　*Lambis chiragra* Linnaeus

水字螺(Chiragra Spider Conch)

殼大而厚重，體層膨大，螺塔短。殼口邊緣角狀的突出極發達，甚至遮蓋了螺塔。殼頂尖銳，所有的螺層均有稜角。體層上的有不規則呈瘤狀螺肋，最厚的螺肋的末端形成彎曲突出。外唇的5根突出(第6根位於螺軸底部為前水管溝)通體開裂。殼表白色，有棕色斑紋；殼口粉紅、紅色或褐色。

- **附註**　雌性殼較大，螺軸上的脊也較強。
- **棲息地**　沿海砂底。

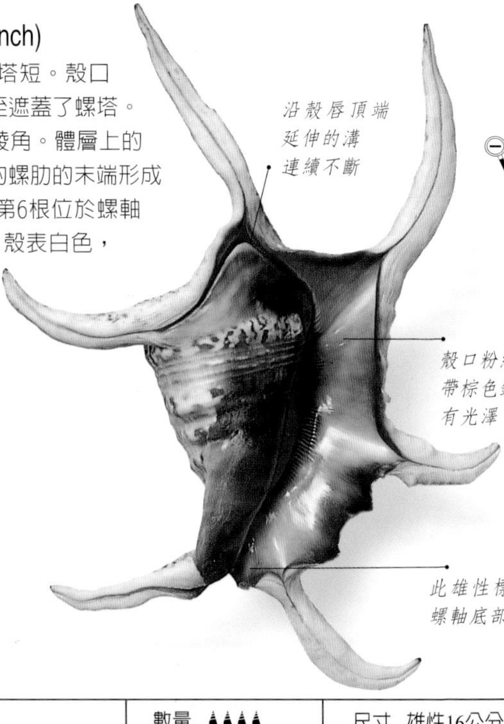

沿殼唇頂端
延伸的溝
連續不斷
殼口粉紅橘色
帶棕色鑲邊，
有光澤
此雄性標本的
螺軸底部無脊

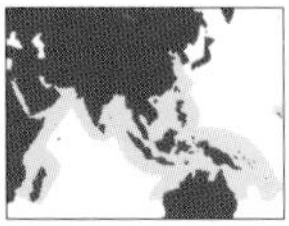

印度太平洋區

分布　熱帶印度太平洋	數量 ▲▲▲▲	尺寸　雄性16公分

超科 鳳凰螺超科	科 鳳凰螺科	種 *Tibia insulaechorab* Roding

阿拉伯長鼻螺(Arabian Tibia)

印度太平洋區

殼重，螺塔側面平直，體層膨大。螺軸內唇滑層厚，始於次體層的下部，終於前水管溝。殼口上下端窄。從背面看，外唇有一道明顯的鑲邊，一直延伸到前水管溝底端；在其下半部有5–6枚鈍齒，鈍齒的下面為淺鳳凰螺缺刻。殼表呈淺褐色，殼口及內唇滑層為白色。

- **附註**　本種有一型在縫合線處有深褐色帶紋。
- **棲息地**　近海砂底地區。

早期螺層上有縱肋

螺軸上有鈍齒

縫合線處有白線紋

分布 印度洋、紅海	數量 ♠♠♠♠	尺寸 14公分

超科 鳳凰螺超科	科 鳳凰螺科	種 *Tibia fusus* Linnaeus

長鼻螺(Shinbone Tibia)

印度太平洋區

殼修長，螺塔高窄而伸長；前水管溝直而長，呈針狀，長度幾乎與殼體相當。早期的螺層上有縱肋和纖細螺脊。體層底部有螺旋溝，其他螺層則光滑。所有螺層明顯凸圓，縫合線深刻。螺軸內唇滑層上端有一鈍齒，下端與長前水管溝融合。外唇厚度中等，其後水管溝與內唇滑層會合；有一排5枚鈍突齒，長度由上而下漸增。殼表呈淺褐色，縫合線處較淡；外唇和螺軸為乳白色。角質口蓋呈卵形，微曲，在頂端。

- **附註**　收藏者視修長水管溝完整無損的貝殼為極品。
- **棲息地**　深海底。

早期螺層的刻紋較明顯

殼口外唇的突出愈靠近前端者愈長

口蓋一端尖銳，可幫助腹足抓住海床

前水管溝的尖端有時微曲

分布 太平洋西南部	數量 ♠♠	尺寸 20公分

超科 鳳凰螺超科	科 鳳凰螺科	種 *Tibia martini* Marrat

馬丁長鼻螺(Martin's Tibia)

殼薄而輕，光澤如絲綢。螺塔高，殼頂尖，體層膨圓；棘狀前水管溝微彎。縫合線淺，其下方有一明顯的螺溝。外唇邊緣加厚，有6–7根短棘。殼表乳褐色，外唇邊緣和螺軸下部為白色，中間螺層為深褐色。

- **附註** 最初於1877年發現和命名，而後將近一百年很難獲得。
- **棲息地** 深海底。

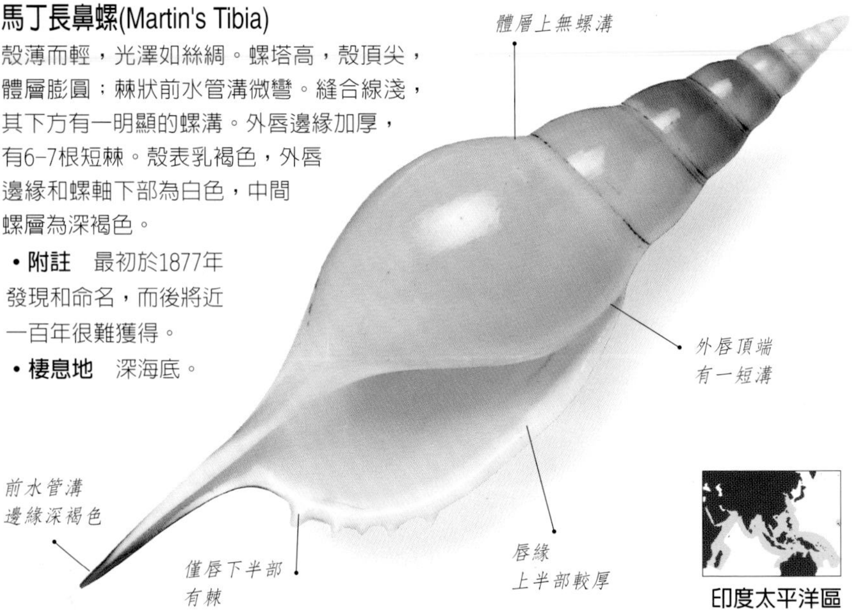

體層上無螺溝

外唇頂端有一短溝

前水管溝邊緣深褐色

僅唇下半部有棘

唇緣上半部較厚

印度太平洋區

分布 菲律賓、台灣	數量	尺寸 13公分

超科 鳳凰螺超科	科 鳳凰螺科	種 *Tibia delicatula* Nevill

優美長鼻螺(Delicate Tibia)

殼堅實，光滑有光澤。微凸出的螺塔各層由淺縫合線隔開，殼頂尖。體層肥圓，下半部向內極度彎曲，在末端形成一短尖而微捲曲的前水管溝。外唇共有5枚明顯的鈍棘。殼表淺黃色或灰褐色，有不明顯的深褐色縱紋，以及寬間隔的白色螺旋線；外唇內緣白色，外緣為褐色。

- **附註** 我們大都難得到深海中採集這種貝殼。但如果有幸，只要一網就能捕獲許多種深水貝類，以滿足貝殼迷的需要。
- **棲息地** 深海底。

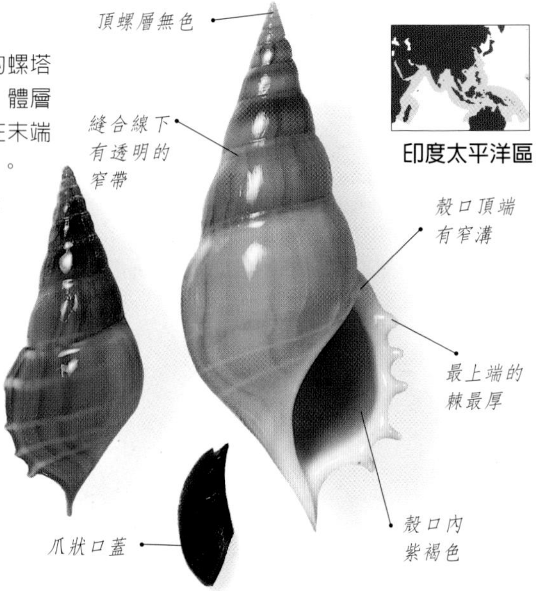

頂螺層無色

縫合線下有透明的窄帶

印度太平洋區

殼口頂端有窄溝

最上端的棘最厚

爪狀口蓋

殼口內紫褐色

分布 阿拉伯海	數量	尺寸 7公分

超科　鳳凰螺超科	科　鳳凰螺科	種　*Tibia powisi* Petit

包氏長鼻螺(Powis's Tibia)

個體小，殼厚而修長。螺層微臌，縫合線深，殼頂尖銳，前水管溝短而直，末端尖。螺塔高度大於體層與前水管溝的總和。體層的殼口側邊被壓縮。殼口小；外唇加厚向後反捲，並有5根粗壯的鈍棘；螺軸光滑，內唇滑層厚。後期螺層上有螺肋，其間有不明顯的縱脊。殼表呈淺褐色，外唇和螺軸白色；外唇後方有褐色斑紋。

• **棲息地**　近海底。

分布　太平洋西南部	數量	尺寸　6公分

超科　鳳凰螺超科	科　鳳凰螺科	種　*Variospira cancellata* Lamarck

網紋長鼻螺(Cancellate Beak Shell)

殼厚，長型。殼口窄；加厚的外唇有波狀邊緣；螺軸向上延伸成為彎曲的後水管溝的一部分；光滑的縱肋間有很深的螺溝。殼表褐色，殼口紫色，外唇和螺軸白色。

• **附註**　殼口上端修長彎曲的溝很獨特。

• **棲息地**　近海水域。

分布　印度西太平洋	數量	尺寸　3公分

超科　鳳凰螺超科	科　鳳凰螺科	種　*Terebellum terebellum* Linnaeus

飛彈螺(Terebellum Conch)

殼體修長，螺塔很短，螺層側面平直，由明顯的縫合線隔開。縫合線上方有窄帶盤繞螺層。體層長度大於螺塔，逐漸變尖，形成平行側邊，末端成寬大的水管溝槽。殼口窄；螺軸長，內唇滑層厚；外唇光滑，微厚。色彩和花紋變化多，常呈乳白色，有螺狀排列的梨形褐斑。

• **附註**　似魚雷，貝類中僅此一種。

• **棲息地**　沿海砂底。

分布　熱帶印度太平洋	數量	尺寸　6公分

寶螺

幾個世紀以來，寶螺以其瑰麗的色彩、奪目的光澤及討人喜愛的外形，普遍受到人們的青睞和賞識，被奉爲珍品，而多加收藏。寶螺科約兩百種的種類；有些寶螺盛產於熱帶地區。

—— • ——

寶螺生長的初期，會發育出短錐形的螺塔及膨大的體層；隨後體層逐漸包住螺塔，同時唇緣加厚；最後狹窄殼口兩邊長出齒。

—— • ——

形狀基本上相同，但體型大小、色彩、花紋、殼口齒的安排及殼緣的差異大。貫穿貝殼背部常有條紋路，稱爲外套線，是貝類外套膜交會處。寶螺晝伏夜出；棲息於珊瑚礁附近，以海藻爲食。

超科 寶螺超科	科 寶螺科	種 *Cypraea helvola* Linnaeus

紅花寶螺(Honey Cowrie)

殼小，堅硬，呈卵圓形，底部凸圓。唇緣加厚並凹陷，和兩側分開。殼口兩側齒發達，螺軸側的齒大約長到殼緣中途。殼表淡紫色或灰藍色，有大塊褐色斑紋和小塊淺色斑點；殼緣有褐色斑點聚結。底部紅褐色，殼緣兩端淡紫色。

- **附註** 殼表色彩很快會消褪。
- **棲息地** 珊瑚礁間。

分布 熱帶印度太平洋	數量	尺寸 2.5公分

超科 寶螺超科	科 寶螺科	種 *Cypraea caputserpentis* Linnaeus

雪山寶螺(Snake's Head Cowrie)

殼厚重，背部隆起，卵形，底部扁平。兩側張開，形成稜角的緣。殼口兩側有短齒；殼口兩端水管溝無齒。駝起的背部褐色，並有大小不一的白色斑點；殼緣覆著深赭褐色帶，殼口兩端背面為奶油色，齒與相鄰的底部為白色。

- **附註** 幼貝呈藍色。
- **棲息地** 岩石及珊瑚間。

印度太平洋區

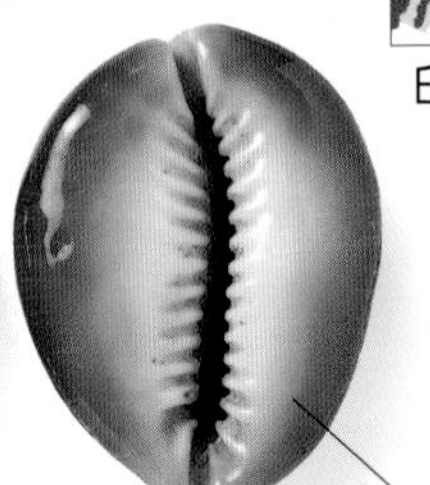

分布 熱帶印度太平洋	數量	尺寸 3公分

超科　寶螺超科	科　寶螺科	種　*Cyprara ocellata* Linnaeus

眼斑寶螺(Ocellate Cowrie)

殼中等厚度，卵形，膨大，殼兩端溝上翹。殼緣窄，和兩側明顯地分開，中間有凹陷：位於螺軸一側的殼緣較厚，並稍向殼背方延伸。底部極膨圓；外唇緣齒較長且厚。殼表黃褐色，散布無數白色圓點，和少數有細白邊的大黑圓點，殼底乳白色。

- **附註**　外套線淡藍色。
- **棲息地**　有岩石的泥底。

有白邊的黑點，像殼表上的「眼」

染有褐色的殼齒端

印度太平洋區

分布　印度洋	數量　▲▲▲	尺寸　2.5公分

超科　寶螺超科	科　寶螺科	種　*Cypraea lamarckii* Gray

拉馬克寶螺(Lamarck's Cowrie)

殼厚，呈卵形，殼緣不很發達。殼底圓膨，齒短而強。殼表咖啡色，散落著間隔相等的白圓點；許多圓點有藍灰色圓心。殼緣及兩端色較淺，有深褐色斑紋，殼底白色。

- **棲息地**　沿海泥質的岩石底。

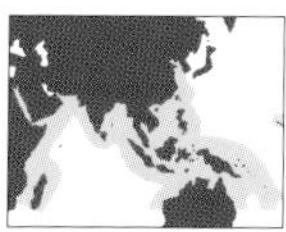

印度太平洋區

水管溝側邊上有褐色條紋

分布　印度洋	數量　▲▲▲	尺寸　4公分

超科　寶螺超科	科　寶螺科	種　*Cypraea moneta* Linnaeus

黃寶螺(Money Cowrie)

這是常見的貝殼中形狀變化最多的一種，因此，很難作出廣泛性的描述。大致是：殼厚，微扁平，有稜角。殼緣有時會有很厚的滑層，特別是位於背部；有時滑層薄，幾乎沒有稜角。殼口窄，唇齒不多，但短而強。殼表底色為淡黃色，三條灰藍色帶橫貫殼體，殼緣殼底和齒為白色，通常稍帶黃色。

- **附註**　曾在熱帶地區作為貨幣。
- **棲息地**　珊瑚礁間。

有稜角的貝殼最寬處

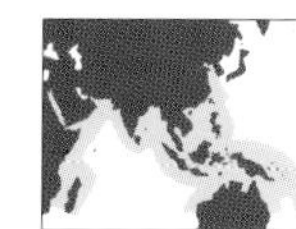

印度太平洋區

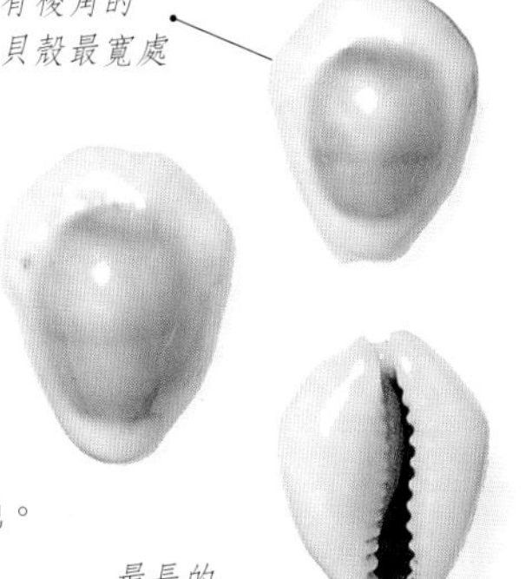

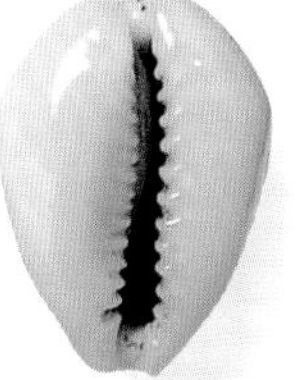

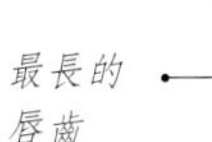

最長的唇齒

分布　熱帶印度太平洋	數量　▲▲▲▲▲	尺寸　2.5公分

超科　寶螺超科	科　寶螺科	種　*Cypraea aurantiurm* Gmelin

黃金寶螺(Golden Cowrie)

殼大而重，呈卵形，殼底微皺，前後水管溝的上下兩端殼緣極發達。外唇齒比軸唇齒更大、更長，間隔更遠。殼表深橙色，殼緣淺灰白，殼底白色。在強光照射下，發出深桃紅色或金黃色的光澤。

• **附註**　曾為稀有種，現仍為世界上最珍貴的海貝之一。

• **棲息地**　珊瑚礁外側。

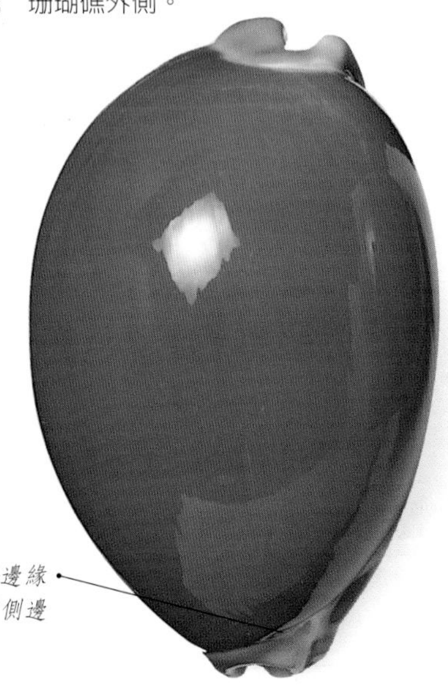

溝槽將邊緣與螺層側邊隔開

殼底乳白色，而唇齒呈鮮橙色

水管溝極窄

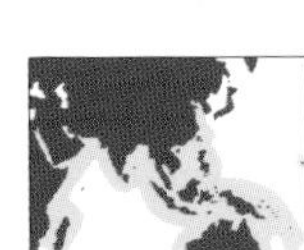

印度太平洋區

分布　太平洋西南部	數量	尺寸　9公分

超科　寶螺超科	科　寶螺科	種　*Cypraea vitellus* Linnaeus

白星寶螺(Pacific Deer Cowrie)

殼堅實，卵形或橢圓形，殼底微皺，殼緣略凹凸不平。齒短而厚。殼表乳褐色，有深褐色的寬帶，並布滿瓷質斑點。殼緣上有模糊的條紋；殼底和齒白色，染有淡灰褐色。

• **棲息地**　珊瑚板之下。

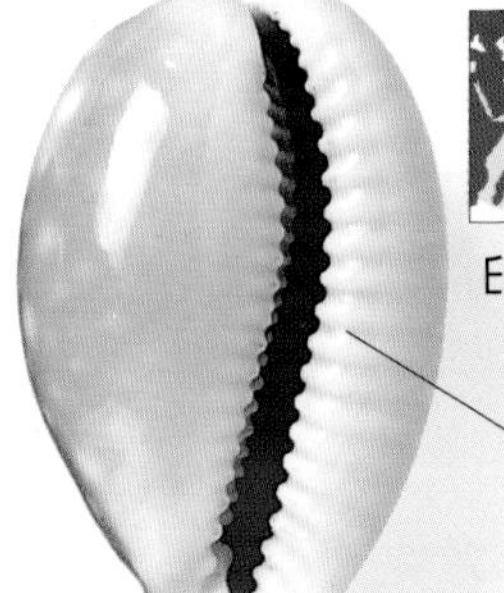

印度太平洋區

外唇齒比內唇齒更厚，數量更多

分布　熱帶印度太平洋	數量	尺寸　5公分

超科　寶螺超科	科　寶螺科	種　*Cypraea tigris* Linnaeus

黑星寶螺(Tiger Cowrie)

殼大而重，背圓膨，底部扁平或微凹。殼緣在殼上半部呈長型隆起。外唇齒短而寬；內唇齒較細而長，但最下端四枚齒則大而短。殼表底色為白色，花紋圖案分兩層：下層為淺藍灰色；上層介於淺紅和深褐色之間。雙層的構圖使殼表斑點顯得擁擠，且常常融合在一起；上層圓點周圍常為黃橙色。

• **附註**　已發現殼體全黑，及巨大型的種類。

• **棲息地**　珊瑚板之下。

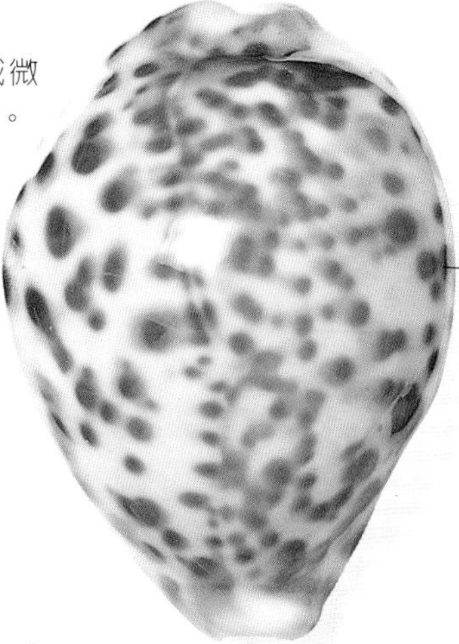

此側殼緣不發達

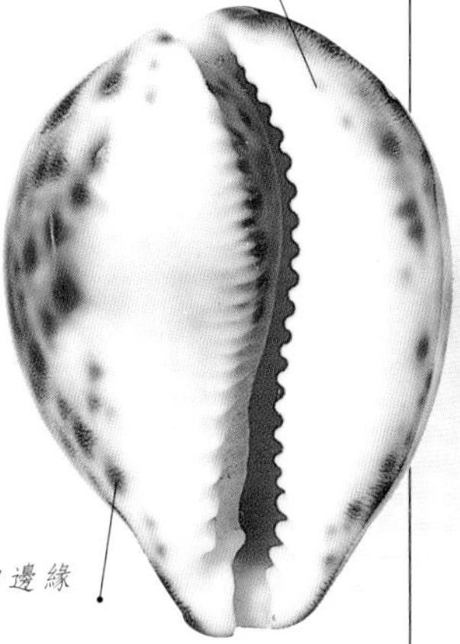

殼底無花紋

斑紋的邊緣模糊

幼貝的殼頂

外套線顯示外套膜相遇處

印度太平洋區

分布　印度太平洋	數量　♠♠♠♠	尺寸　9公分

超科 寶螺超科	科 寶螺科	種 *Cypraea mus* Linnaeus

鼠寶螺(Mouse Cowrie)

殼厚，膨大，殼底凸圓，輪廓略呈方形。殼緣常極度加厚，使得殼表走樣。外唇齒發達，軸唇齒發育不全。殼表淡黃褐色有深褐色的圓斑。

• **附註** 唐·摩爾亞種，體個較大且較重。

• **棲息地** 近海岩石底。

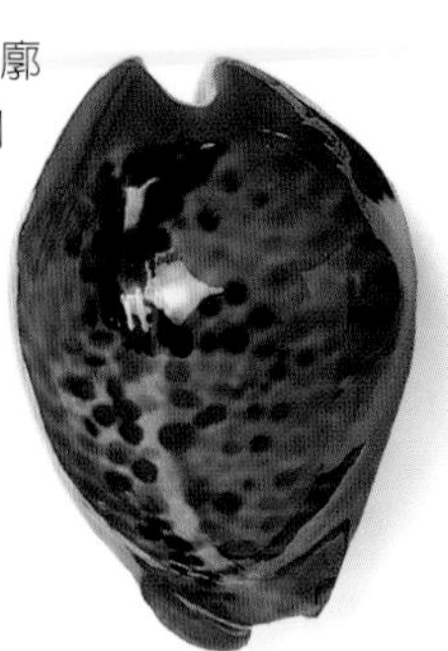

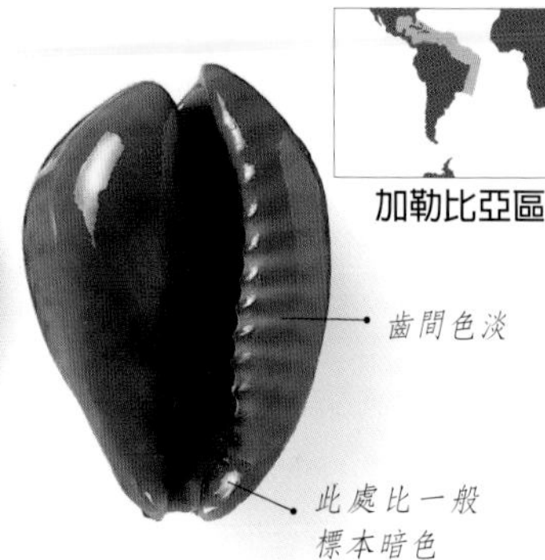

分布 哥倫比亞北部、委內瑞拉西部	數量 ♠♠	尺寸 4公分

超科 寶螺超科	科 寶螺科	種 *Cypaea mauritiana* Linnaeus

龜甲寶螺(Humpback Cowrie)

殼厚而重，顯著駝背；殼底外唇側扁平，螺軸側凸出。殼緣的兩端較為明顯，但與兩側並沒有清楚隔開。殼口極度彎曲，下端比上端寬得多。殼口下端有朝下長出的鈍突出。外唇齒特別發達。殼表乳色，覆著稠密的褐色層，但留有淡色，常融合在一起的圓斑。殼緣、殼底和齒為深褐色，齒間色較淺。

• **附註** 外唇齒比軸唇齒多。

• **棲息地** 岩礁下。

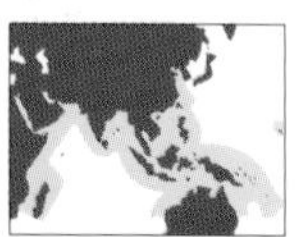

分布 熱帶印度太平洋	數量 ♠♠♠♠	尺寸 7.5公分

超科　寶螺超科	科　寶螺科	種　*Cypraea mappa* Linnaeus

地圖寶螺(Map Cowrie)

殼大而重，呈圓胖形，殼底圓凸，殼緣有滑層。殼口大部分直，僅在頂端彎曲。齒小，數量多；外唇齒比軸唇齒明顯。殼表呈灰白或淡褐色，有深褐色塊斑和條紋；外套線很特別，像一條帶有支流的河，因而得名。

- **棲息地**　珊瑚下。

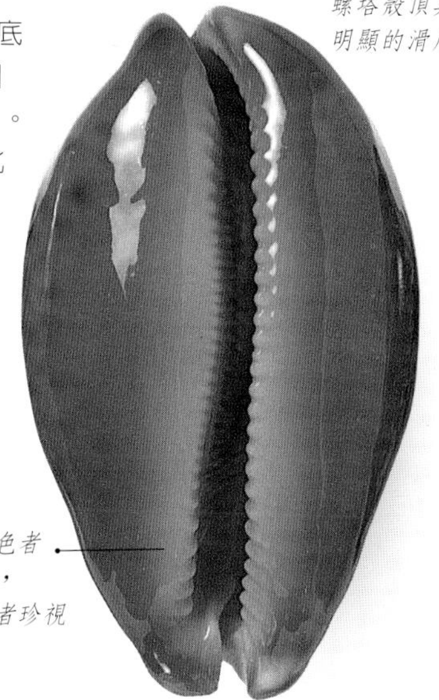

印度太平洋區

分布　印度太平洋	數量	尺寸　7.5公分

超科　寶螺超科	科　寶螺科	種　*Cypraea argus* Linnaeus

百眼寶螺(Eyed Cowrie)

殼重，呈寬圓柱形，殼底微凸。螺軸側的殼緣有薄滑層；另一側殼緣窄，形成一明顯的擱板。齒長而薄，在殼口最寬處的外唇上有數枚最長的齒。底色為淺褐色，有四條寬大的深褐色帶，背上散落著褐色圓環；殼底淡褐色，有兩條暗色帶橫貫。

- **附註**　殼頂扁平，約有三層螺層。
- **棲息地**　珊瑚礁。

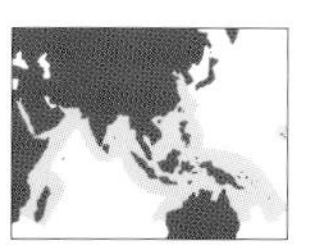

印度太平洋區

分布　印度太平洋	數量	尺寸　7.5公分

海兔螺

海兔螺是寶螺的近親，大多數殼薄而輕，殼口狹窄，邊緣光滑，兩端向外延伸。殼表有白色、粉紅色、紅色或黃色。殼內軟體具鮮麗的帶狀、斑點狀或塊斑狀花紋；無口蓋。

超科　寶螺超科	科　海兔螺科	種　*Cyphoma gibbosum* Linnaeus

袖扣海兔螺(Flamingo Tongue)

此螺的近緣種約有六種。殼堅實，光滑，長型。有一隆起的脊橫貫殼背中央，將之一分為二，但並未延續至底面。殼口兩邊平滑，殼表橙色，有光澤，底面色較淺。

- **附註**　殼內軟體有長頸鹿般的斑紋
- **棲息地**　柳珊瑚叢。

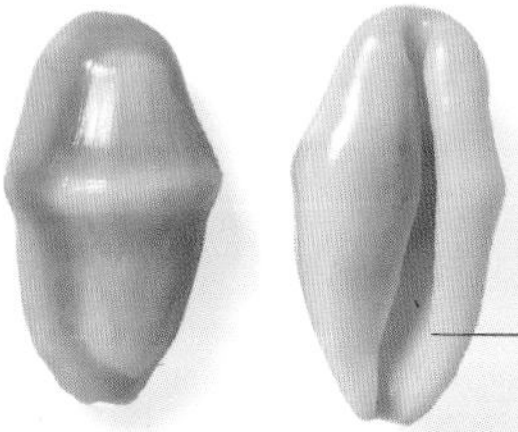
殼口前端
最寬

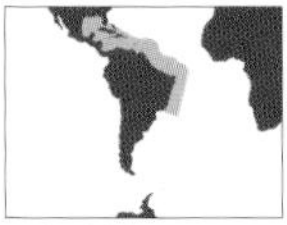

加勒比亞區

分布　佛羅里達東南部至巴西	數量 ♠♠♠	尺寸　2.5公分

超科　寶螺超科	科　海兔螺科	種　*Volva volva* Linnaeus

菱角螺(Shuttle Volva)

殼形極特殊，使人不會誤認，像捲起的薄麵皮，而後從中間膨脹起來。前後兩端延伸物極長，中空且開裂，兩端殼極薄。外唇加厚且光滑，殼表有淺而細的螺溝，呈粉紅色或淡褐色。

- **附註**　因其外形酷似織工手中的梭，故英文名為梭螺。
- **棲息地**　珊瑚礁。

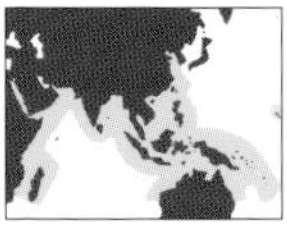

印度太平洋區

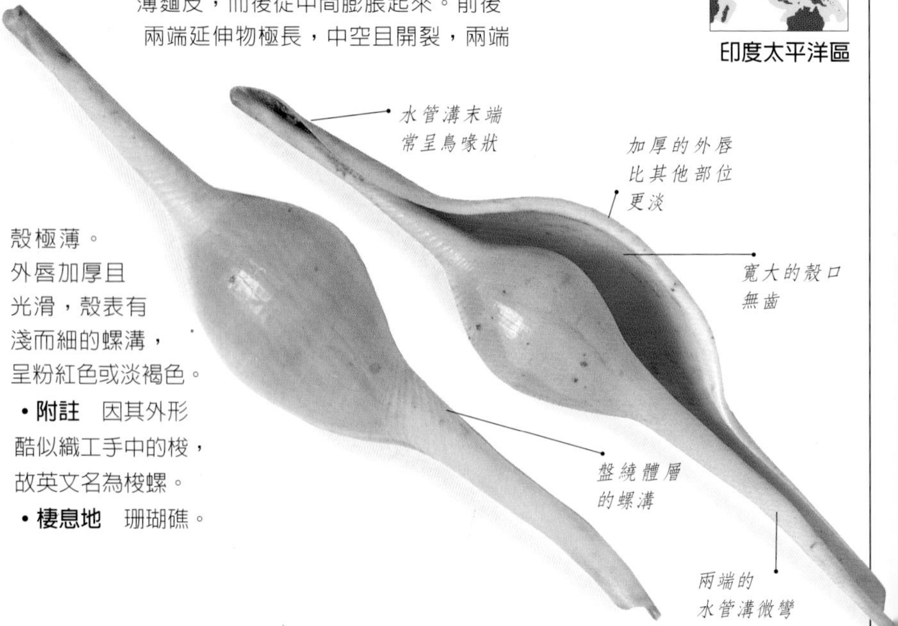
水管溝末端
常呈鳥喙狀
加厚的外唇
比其他部位
更淡
寬大的殼口
無齒
盤繞體層
的螺溝
兩端的
水管溝微彎

分布　印度太平洋	數量 ♠♠♠♠	尺寸　10公分

超科 寶螺超科	科 海兔螺科	種 *Ovula ovum* Linnaeus

海兔螺(Common Egg Cowrie)

殼厚，呈卵形，比其他許多種海兔螺大得多。殼表面平滑，有光澤。仔細觀察較老的標本，可以看出細緻的螺脊與不規則縱生長脊相交。外唇加厚，內緣有折褶，自頂端分布至末端的齒參差不齊。從背面看，外唇有殼緣且凹凸不平。上水管溝突出，並極度扭曲，下水管溝亦突出，但較直。殼表白色，殼口內深咖啡色。

• **附註** 曾被太平洋地區的人們作為首飾，並用以裝飾獨木舟船首。

• **棲息地** 黑海綿上。

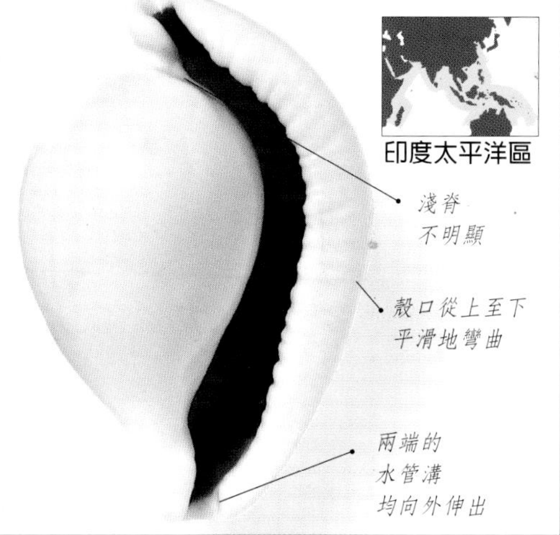

分布 印度太平洋	數量 🐚🐚🐚🐚	尺寸 7.5公分

異足類

異足類是一種生活在海洋上層水域的動物，四處浮游不定，殼脆且透明。大多數種體型很小，呈盤狀或帽狀。扁平的外殼上有細小的口蓋。較大的異足類其，殼內軟體比殼大，使得這類動物以上下顛倒的方式游動。

超科 異足類	科 龍骨螺科	種 *Carinaria cristata* Linnaeus

龍骨螺(Glassy Nautius)

為四種同屬中最大的一種。殼極薄，透明，有韌性(活螺)，呈尖帽狀，兩側扁平，殼頂尖而細，向後端捲曲。殼身被平滑、呈波浪狀的肋盤繞，並會合在龍骨脊上，龍骨脊貫穿於有稜角的前緣。

• **附註** 起初被歸於頭足綱，以為是船蛸的近親。

• **棲息地** 浮游於海面。

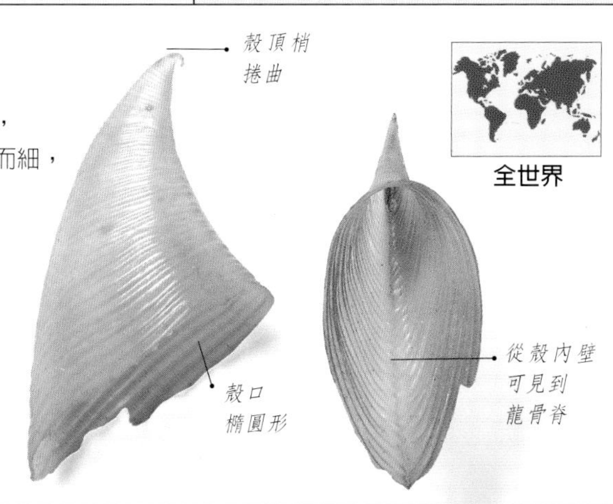

分布 全世界溫暖海域	數量 🐚	尺寸 7.5公分

玉螺

玉螺外表呈球狀，殼口為半月形。內唇滑層厚，有時呈肋狀，幾乎把臍孔遮掩住，口蓋角質或鈣質。喜在其他軟體動物殼表鑽洞，並以其殼內的軟體為食。廣分布於全世界各地。

超科 玉螺超科	科 玉螺科	種 *Natica maculata von* Salis

歐洲斑玉螺(Hebrew Moon)

殼厚重堅實，螺塔扁平，螺層少，體層大。螺層凸圓，但在淺縫合線下較平。臍孔大而深，有纖細的縱溝，局部被肋狀內唇滑層遮掩。螺軸直而平滑。殼表乳色，有紅褐色大小斑紋；殼口紫色或褐色。

- **附註** 同種螺體型變異極大。
- **棲息地** 近海砂底。

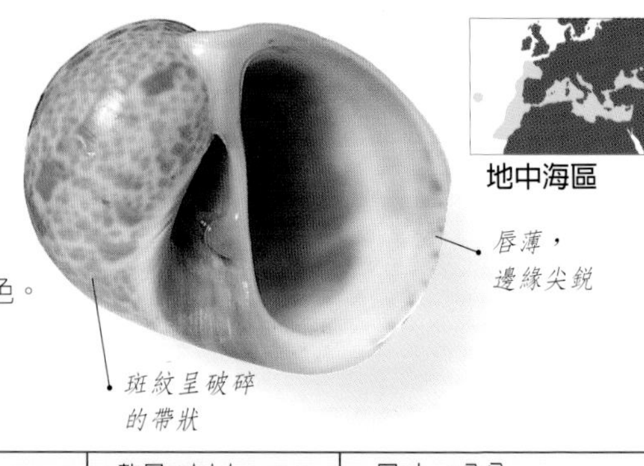

地中海區

分布 地中海	數量 ♠♠♠	尺寸 4公分

超科 玉螺超科	科 玉螺科	種 *Lunatia lewisi* Gould

路易氏玉螺(Lewis's Moon)

殼大而重，圓形，縫合線下的體層上有一明顯的肩部。體層表面有細斜溝紋，最後消失在圓又深的臍孔內。殼口軸唇緣，有小的鈍形突出遮住臍孔。外唇圓，與肩部相應處，微呈波浪狀。口蓋角質，蓋核靠近下緣。殼表褐色或灰褐色，殼頂深褐色，殼口乳色。

- **附註** 玉螺中最大的一種。
- **棲息地** 淺海砂底。

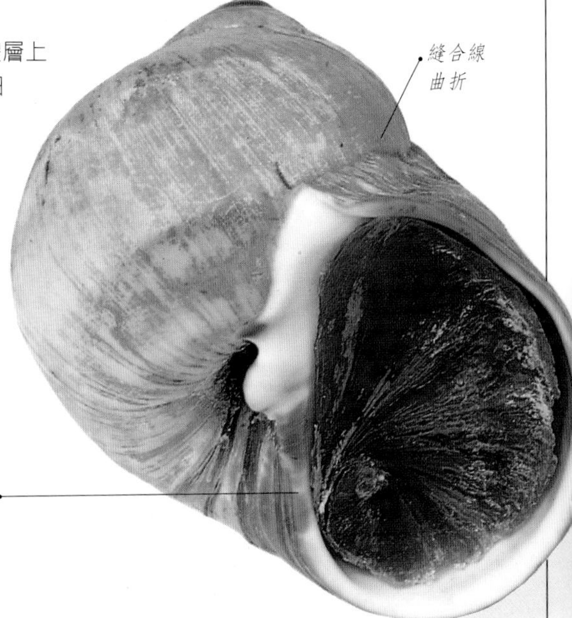

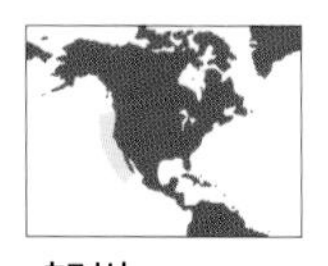

加州

分布 美國加州	數量 ♠♠♠♠	尺寸 9公分

超科 玉螺超科	科 玉螺科	種 *Neverita albumen* Linnaeus

扁玉螺(Egg-white Moon)

殼厚，扁平，有光澤，輪廓近似圓形。殼頂幾乎平坦；體層非常寬大，螺塔很小且殼表光滑，但在體層上有細生長紋。體層深褐色，螺塔和殼底面為白色。

• **棲息地**　近海砂底。

分布 太平洋	數量 ♦♦♦	尺寸 5公分

超科 玉螺超科	科 玉螺科	種 *Natica stellata* Hedley

星光玉螺(Starry Moon)

殼堅實，螺塔短，縫合線深，體層大。殼表光滑，有層細網目的反光。臍孔深，被滑層半遮掩，殼表呈橙色，有兩排白色塊斑；殼口為白色但染有粉紅色。

• **棲息地**　近海砂底。

殼頂紫色

殼底部的白色塊斑最大

印度太平洋區

分布 太平洋	數量 ♦♦	尺寸 4公分

超科 玉螺超科	科 玉螺科	種 *Mammilla melanostoma* Gmelin

黑唇玉螺(Black-mouth Moon)

殼堅實，不十分厚，呈卵形；螺塔短，殼頂尖；縫合線呈波狀而很不明顯。膨大的體層上有一梨狀薄邊的殼口。內唇滑層從螺軸突出，蓋住深臍孔。殼表呈白色或灰色，有三條淺褐色的螺旋帶，螺軸和臍孔為深褐色。

• **棲息地**　淺海底。

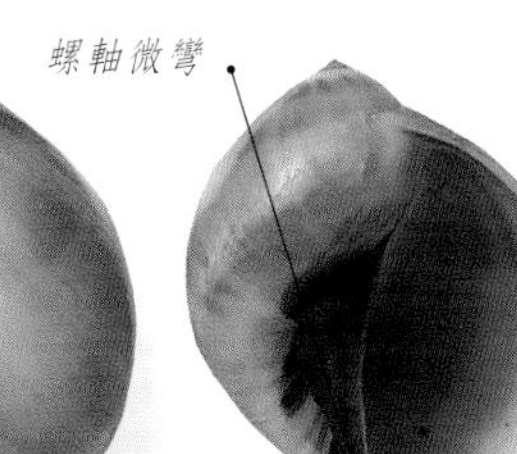

分布 印度太平洋	數量 ♦♦♦♦	尺寸 4公分

超科　玉螺超科	科　玉螺科	種　*Euspira poliana* Chiaje

波麗氏玉螺(Poli's Necklace Shell)

殼小，螺塔短，體層極大。縫合線淺，螺塔有4-5層。生長紋細，不整齊，但清晰可見。殼口呈半月形；外唇薄，軸唇加厚且直。軸唇上有滑層，並半遮著窄臍孔，殼表呈米黃色或黃色，有數列「人」字形花紋；螺軸褐色。

• **棲息地**　近海砂底。

地中海區
北歐區

分布　地中海、西北歐	數量　♠♠♠♠	尺寸　1.2公分

超科　玉螺超科	科　玉螺科	種　*Eunaticina papilla* Gmelin

乳頭玉螺(Papilla Moon)

殼質堅實而輕；體層豐滿，呈梨形；螺塔短，圓錐形。螺塔光滑，體層密布著40-60條排列整齊的窄溝，延伸至臍部稍紛亂，偶爾與生長紋相交。全殼呈白色，活殼上覆蓋著淺黃色殼皮。口蓋薄，角質。

• **棲息地**　近海砂底。

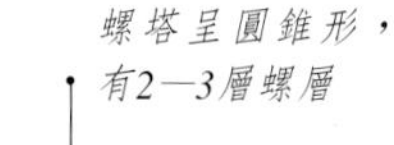

印度太平洋區

分布　印度太平洋區	數量　♠♠	尺寸　2.5公分

超科　玉螺超科	科　玉螺科	種　*Sinum cymba* Menke

寬耳扁玉螺(Boat Ear Moon)

殼薄而輕，螺塔低，體層豐滿，殼底構成稜角，縫合線隨著螺層的生長由淺變深。殼口極寬，與大多數玉螺相反，外唇薄，在螺軸處無滑層連結。各螺層有細螺溝盤繞。早期螺層表面呈紫褐色，體層為淡褐色，殼口為深咖啡色。

• **棲息地**　淺海底。

秘魯區
麥哲倫區

分布　美洲西南部、加拉巴哥群島	數量　♠♠♠	尺寸　5公分

唐冠螺

唐冠螺類現存八十多種。通常螺塔低，體層豐滿，可能具有結節、肋或縱脹肋。外唇增厚，常有齒；有些大型唐冠螺外唇極度外展，螺軸也常增厚。雌雄形態有別，喜棲息於砂底。大多數以海膽爲食；口蓋小而薄，角質。

超科 鶉螺超科	科 唐冠螺科	種 *Cassis fimbriata* Quoy & Gaimard

薄唐冠螺(Fringed Helmet)

殼厚，球狀，螺塔低，殼頂呈球狀。體層極膨大；臍孔窄而深，前水管溝呈窄槽狀。早期螺層上有波浪形縱肋和螺旋線，體層上有不規則的縱肋，前水管溝上方有螺旋肋。螺塔各螺層上常有2-3個縱脹肋，有時體層上也會有1個。軸盾寬大但薄，通常平滑，但有時有螺旋褶。外唇光滑，有時有齒。殼表為乳白色，有褐色螺旋線和縱紋。

• **附註** 澳洲西北部出產的螺，殼表常為粉紅色。

• **棲息地** 近海砂底。

分布 澳洲西部	數量 ▲▲▲	尺寸 10公分

超科 鶉螺超科	科 唐冠螺科	種 *Cassis flammea* Linnaeus

火焰唐冠螺

螺塔低，殼堅實，有七層螺層，在早期螺層上每環繞三分之二圈就有一縱脹肋。從殼口面可以看出，軸盾呈三角形，盾的角較圓鈍。殼表有縱走的生長紋，肩角有一列大結節，其下方有3-4列較稀疏的結節，缺乏螺旋裝飾。螺軸上約有20條凸起的橫走長脊，唇加厚，在內緣約有十枚明顯的鈍齒。殼表白色，有褐色雲斑，深褐色花紋縱向曲折地排列在殼表。外唇約有六個褐色斑。

- **附註** 軸盾可透見花紋。
- **棲息地** 淺海砂底。

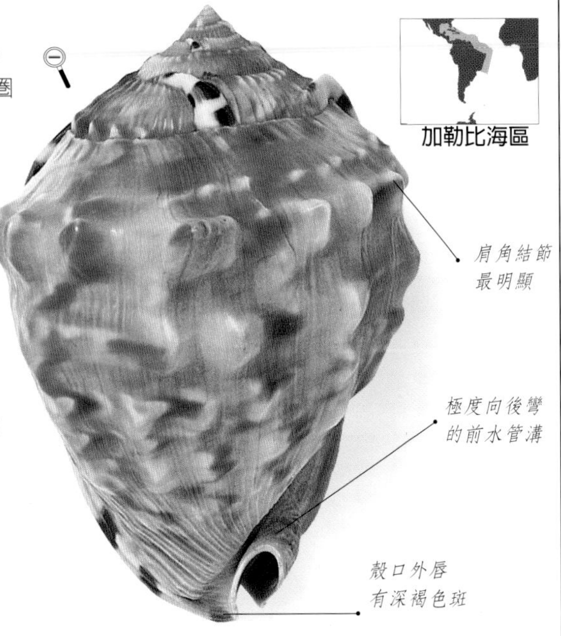

分布 西印度群島、佛羅里達南部	數量 ♠♠♠♠	尺寸 10.8公分

超科 鶉螺超科	科 唐冠螺科	種 *Cassis nana* Tenison-Woods

侏儒唐冠螺(Dwarf Helmet)

殼薄而輕，肩部寬，向前端逐漸縮小。有5-6層螺層，並可見早期縱脹肋，螺塔低，殼頂平滑而臌圓。肩角有兩列排列整齊的尖結節，其下方有2-3列弱結節。軸盾薄，螺軸上有一排強齒。外唇增厚，有鈍齒。殼表呈淡褐色，有深褐色圓斑，結節和齒色較淡。

- **附註** 現生唐冠螺中最小的一種。
- **棲息地** 近海砂底。

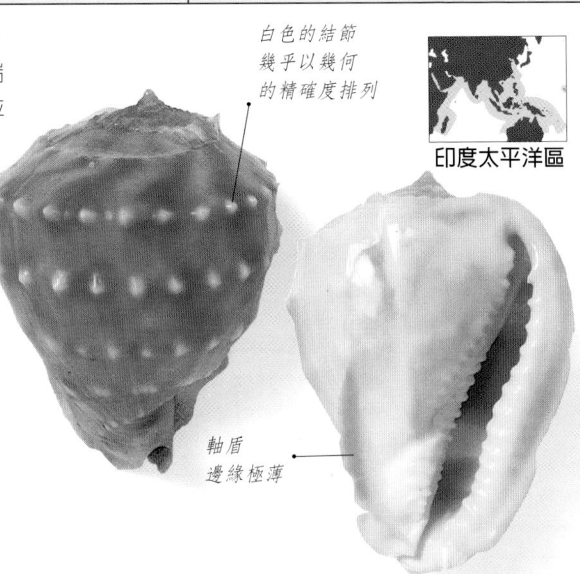

分布 澳洲東部	數量 ♠♠	尺寸 5.7公分

超科 鶉螺超科	科 唐冠螺科	種 *Cassis cornuta* Linnaeus

唐冠螺(Horned Helmet)

殼重，有大而厚的軸盾，螺塔低，縱脹肋彼此成直角排列。肩角有一列大結節，下面有三條隆起的螺肋。殼表布滿了成列的小凹陷。外唇極厚，中間有幾枚大齒。螺軸有一些波浪形的強褶襞。殼面呈灰色或白色，外唇後面有褐色條帶。外唇齒和螺軸呈桔色。

• **附註** 雄貝較小而結節呈角狀。

• **棲息地** 珊瑚砂底。

印度太平洋區

由殼口看

軸盾一般很大，足以遮蓋住體層的殼口側面

軸盾和殼唇為橙色或粉紅色

外唇齒之間為橙褐色

由背面看

前水管溝大，向上彎曲。

分布 印度太平洋區	數量	尺寸 22公分

超科　鶉螺超科	科　唐冠螺科	種　*Cypraecassis rufa* Linnaeus

萬寶螺(Bull's-mouth Helmet)

殼厚而重，螺塔低，殼口大，末端的前水管溝小且上翹。殼表有3—4列鈍瘤，越向前端越小，列間有較小的瘤和凹槽。在前水管溝的上方有分散而明顯的縱肋，並被同樣強度的螺肋一分為二。沿外唇內緣有22-24枚齒，體層和螺塔上有紅色或褐色斑紋，縱肋和螺肋白色。軸唇褶白色，褶間深褐色。

- **附註**　螺塔無縱脹肋。
- **棲息地**　珊瑚礁附近。

有時齒列沿整個唇邊成對排列

軸盾和外唇為橙紅色

印度太平洋區

分布　熱帶印度太平洋	數量　♠♠♠♠	尺寸　15公分

超科　鶉螺超科	科　唐冠螺科	種　*Galeodea echinopora* Linnseus

棘瘤鬘螺(Spiny Bonnet)

殼輕，螺塔高。軸盾薄，前水管溝短且上翹。體層上有5-6列螺肋，螺肋上有鈍結節。殼表灰褐色，結節間深褐色，殼口白色。

- **附註**　結節通常較尖。
- **棲息地**　近海泥砂底。

地中海區

分布　地中海	數量　♠♠♠♠	尺寸　6公分

超科　鶉螺超科	科　唐冠螺科	種　*Phalium areola* Linnaeus

棋盤髻螺(Chequered Bonnet)

殼厚適中，體層呈卵形，螺塔低而尖。在增厚的外唇對面有縱脹肋。體層平滑，有光澤，縫合線下有細刻紋。軸盾薄，上半部透明。殼頂部分有2-3層光滑螺層。外唇約有20枚尖齒，軸唇褶位於體層下半部，體層上有深褐色的斑紋，形狀不一，但通常呈長方形，成五排螺狀排列。前水管溝外邊緣為深褐色；外唇及軸盾下半部為白色。

• **附註**　尖頂狀的螺塔有特別的方格裝飾。

• **棲息地**　泥砂底。

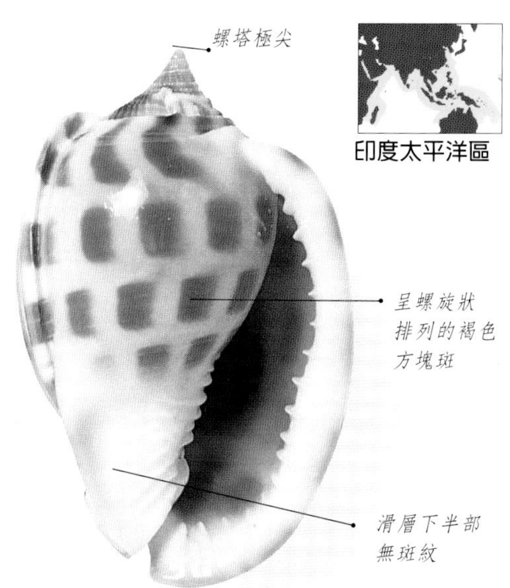

分布　熱帶印度太平洋	數量　♦♦♦	尺寸　7公分

超科　鶉螺超科	科　唐冠螺科	種　*Phalium saburon* Bruguiere

歐洲斑帶髻螺(Sand Bonnet)

殼厚，堅實，呈圓胖形，螺塔低，縫合線淺。前水管溝極短，但較寬。臍孔小而深。螺肋扁平，肋間有較窄的溝槽，構成特有的裝飾。不規則的縱生長紋布滿殼表，塔螺層上細縱紋清晰可見。外唇增厚，整個唇邊都有小齒。軸壁上有滑層，螺軸或厚、或薄，螺軸下部有褶襞。殼表黃褐色，有深褐色的間斷螺帶，外唇和螺軸白色。

• **附註**　縱脹肋有時出現在體層上。

• **棲息地**　近海泥砂底。

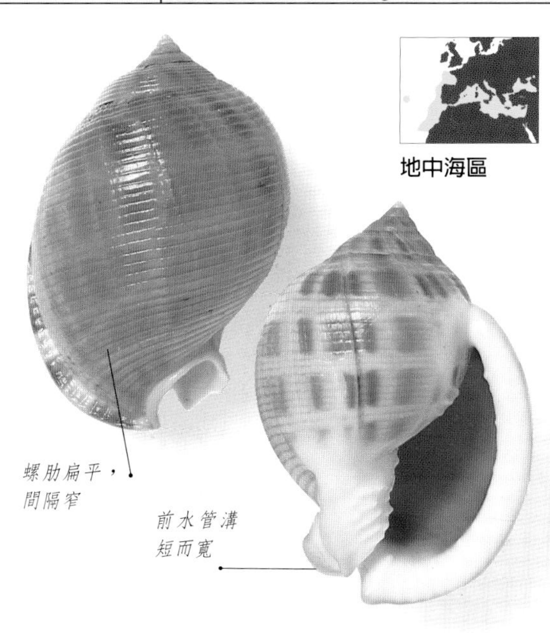

分布　地中海	數量　♦♦♦	尺寸　6公分

超科　鶉螺超科	科　唐冠螺科	種　*Morum cancellatum* Sowerby

方格皺螺(Lattice Morum)

殼厚，堅實，螺塔低，體層長型，縫合線邊緣呈波浪形。體層有強縱脊；從側面看，每根脊都呈鋸齒狀，肩部的脊向上後彎。外唇有不規則齒和瘤狀突起，軸唇滑層有疣和皺褶層。殼表呈黃白色，有褐色螺旋帶。

- **附註**　目前認為所有的皺螺與楊桃螺(參閱170頁)關係密切。
- **棲息地**　中等深度海底。

分布　中國海域	數量	尺寸　4公分

超科　鶉螺超科	科　唐冠螺科	種　*Morum grande* A. Adams

大皺螺

殼厚重而堅實；體層長型，長度超過螺塔的兩倍，縫合線微呈溝狀。塔螺各層都有強肩角，體層肩角較弱，殼口長而窄，外唇增厚，內緣有明顯、分布均勻的齒。軸唇滑層薄而寬，布滿了褶襞和疣。螺肋強，並與由凹槽狀鱗片構成的縱肋相交。殼表黃白色，有四條褐色的螺帶，外唇上有相應的深色斑，殼口及軸唇滑層為白色。

- **附註**　此屬中最大的一種。
- **棲息地**　深海底。

塔螺各層的肩角明顯

軸唇滑層邊緣薄而銳利

前水管溝小，位於前端

印度太平洋區

分布　西太平洋	數量	尺寸　5.7公分

枇杷螺

種類稀少。殼薄而光滑，外形呈枇杷狀。螺塔短小，體層極大，前水管溝拉長。螺層上有螺肋，但殼口和螺軸光滑；沒有口蓋。所有的種類都生活在近海砂底。

超科 鶉螺超科	科 枇杷螺科	種 *Ficus gracilis* sowerby

大枇杷螺(Graceful Fig Shell)

在大型海貝中，本種屬於最脆弱的一類，外形(其他枇杷螺也一樣)變異很小。體層膨大，長型，相較下，螺塔顯得低而扁，外唇在頂端處略加厚。由殼頂看，螺塔是擴得很寬的螺旋體，縫合線深刻。螺軸直或微彎。扁平的強螺肋與弱肋交替，並與縱細紋相交錯；螺頂層和殼口平滑並有光澤。殼表底色為橙褐色，有縱條紋和「之」字紋；殼口橙褐色，外唇較淡。

• **附註** 此為世界上最大型的枇杷螺。

• **棲息地** 深海底。

分布 東亞、日本南部	數量 ♠♠♠♠	尺寸 14公分

超科　鶉螺超科	科　枇杷螺科	種　*Ficus ventricosa* Sowerby

膨肚枇杷螺(Swollen Fig Shell)

殼薄而輕，螺塔低，縫合線淺，體層呈梨形。螺肋明顯似繩索，薄螺脊與細縱脊相交，形成網格裝飾。殼表淡褐色，螺肋色較淺而有深褐色斑點，從殼口能透見殼面螺肋。

- **附註**　體層圓膨，因此而得名。
- **棲息地**　近海砂底。

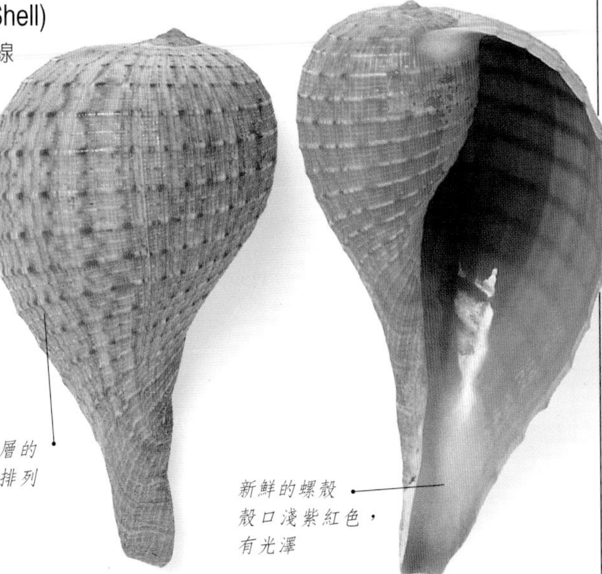

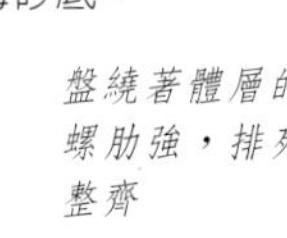

盤繞著體層的螺肋強，排列整齊

新鮮的螺殼殼口淺紫紅色，有光澤

巴拿馬區

分布　墨西哥西部至秘魯	數量　♠♠♠♠	尺寸　9公分

超科　鶉螺超科	科　枇杷螺科	種　*Ficus Subintermedia* Orbigny

小枇杷螺(Underlined Fig Shell)

殼薄但堅實，螺塔低，殼口幾乎和整個體層等長。薄縱脊與忽強忽弱的螺脊相交，形成殼表的網格。前水管溝和螺軸彎曲。殼表淺紅褐色，有褐色塊斑；4-5條淡色螺帶上綴著深褐色斑，殼口顏色介於灰白和紫色及褐色之間。

- **附註**　縫合線深。
- **棲息地**　近海泥砂底。

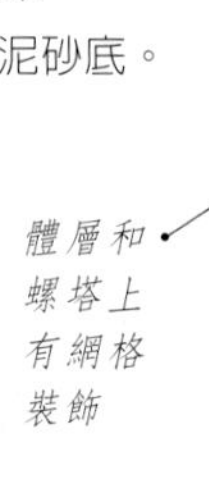

體層和螺塔上有網格裝飾

螺軸和前水管溝彎曲

印度太平洋區

分布　印度太平洋	數量　♠♠♠	尺寸　10公分

鶉螺

鶉螺科種類較少。大型，呈球狀，螺塔低，體層膨大，殼質薄。前水管溝通常深；有些種類具一小臍孔。殼表有螺肋，並且一直延伸至殼口，所以殼口的邊緣呈現波浪起伏狀。有些種類具有軸盾；沒有口蓋。大多數的種類生活在珊瑚礁的外緣地帶。

超科　鶉螺超科	科　鶉螺科	種　*Tonna cepa* Roding

平凹鶉螺(Channelled Tun)

殼相當大，易碎，外表呈球形，螺塔適中，縫合線呈深溝狀。殼表被寬間隔的溝槽盤繞，螺塔各層上介於溝槽之間的肋顯得平滑而圓凸，而體層上的肋較扁平，約有16條之多。殼表的縱紋細，分布不規則。殼口大，邊緣薄呈波狀；殼口可透見殼表的螺溝；臍孔小。殼表淺褐色、乳白色或黃色，有不規則分布的褐色鑲白邊的條紋和塊斑，尤其是在肩部。殼口褐色，邊緣較白，螺軸白色。

• **棲息地**　潮間帶的砂底。

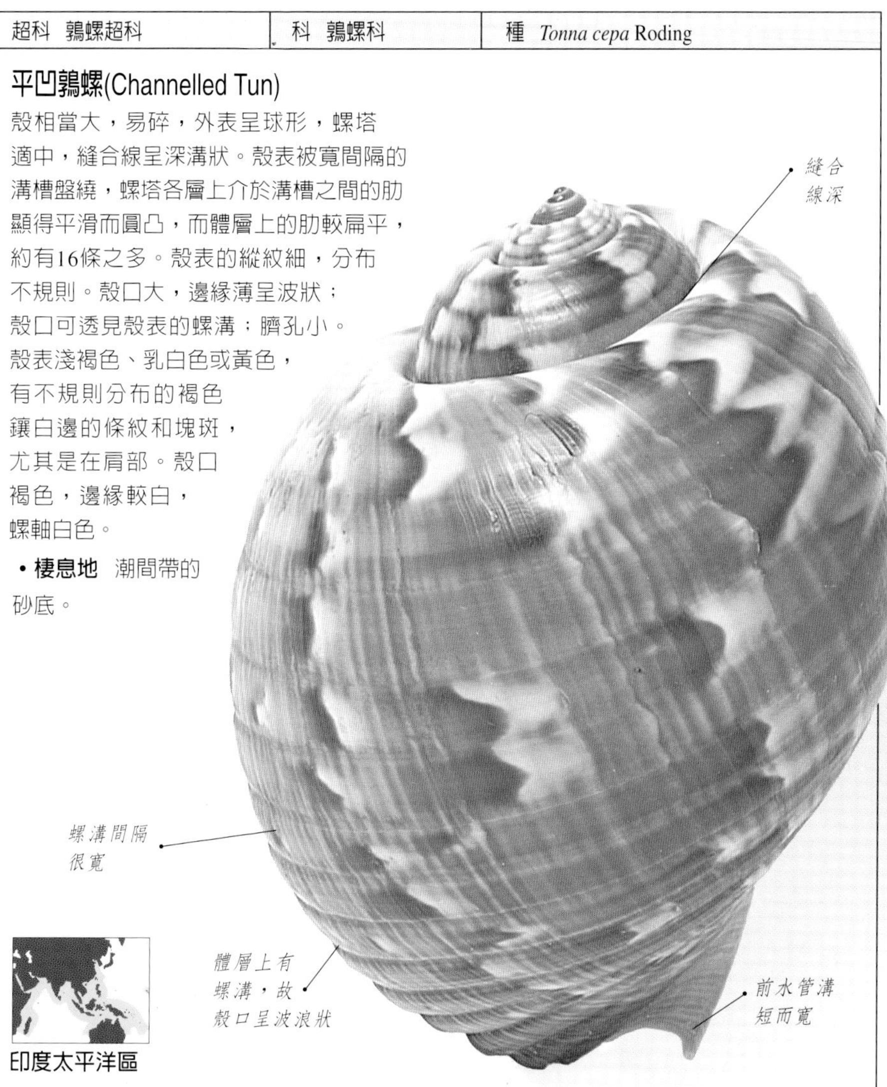

分布　印度太平洋區	數量	尺寸　10公分

超科　鶉螺超科	科　鶉螺科	種　*Tonna galea* Linnaeus

栗色鶉螺(Giant Tun)

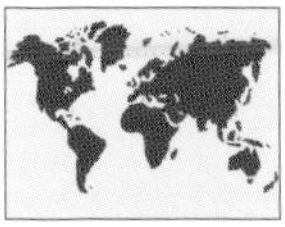

個體大，殼質輕又薄。塔螺各層間的縫合線深，臍孔極窄。體層有15-20條扁平而寬的螺肋，上半部的螺肋間夾有較小的肋，螺肋在外唇上形成相應的凹刻。殼表為栗色，縱紋色較淺，殼頂為紫色，殼口外唇白色，邊緣褐色。

• **附註**　因幼生期較長，並且是自由浮游，所以分布的海域極廣。

• **棲息地**

深海底。

全世界

螺塔低而下陷，殼頂呈紫色

縫合線呈深溝狀

螺軸極度扭曲

與螺肋末端相應的褐色斑紋

分布　全世界海域	數量	尺寸　15公分

超科 鶉螺超科	科 鶉螺科	種 *Tonna allium* Dillwyn

寬溝鶉螺(Costate Tun)

中等大小，螺塔突出，體層卵形。縫合線雖深，但不呈溝狀。螺軸扭曲，覆蓋著薄滑層；臍孔窄而深，外唇邊緣向外後彎，寬間隔的強螺肋在底部顯得較密集。殼表淺褐色，並染有紫色，肋為深褐色；殼口內透出殼表上各種色彩。螺頂為紫色，外唇白色。

• **附註** 對於鶉螺來說，螺塔相當高。

• **棲息地** 近海沙底。

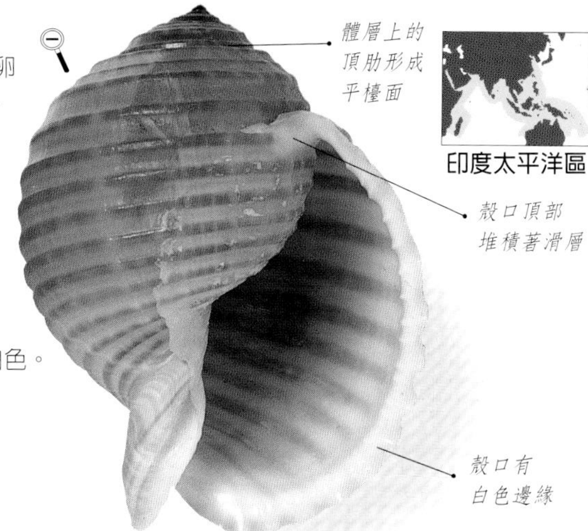

分布 西太平洋	數量	尺寸 9公分

超科 鶉螺超科	科 鶉螺科	種 *Tonna perdix* Linnaeus

鶉螺(Pacific Partridge Tun)

殼大型而脆薄，螺層肩部明顯傾斜。螺塔很高，體層膨大。縫合線深，不呈溝狀。由於螺軸被一層從內唇延伸下來的薄軸盾滑層遮蓋，故臍孔較小。外唇微加厚，無齒。螺肋寬而平，並被淺螺溝分隔開。殼表褐色，螺肋有乳白色新月形和斷線形花紋；殼口淺褐色，外唇白色。

• **附註** 殼表色彩酷似歐洲鷓鴣羽色。

• **棲息地** 近海砂底。

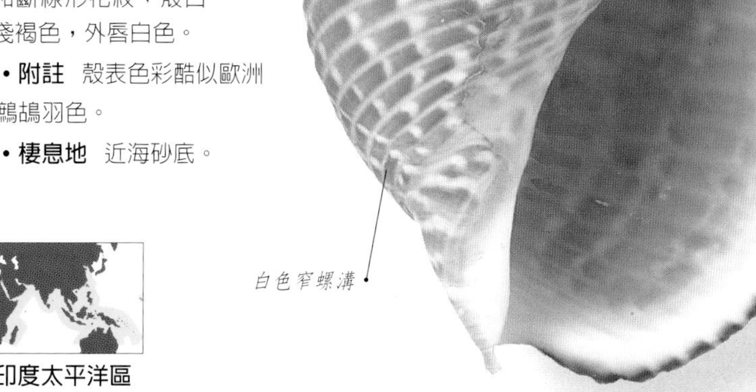

印度太平洋區

分布 熱帶印度太平洋	數量	尺寸 13公分

超科 鶉螺超科	科 鶉螺科	種 *Tonna dolium* Linnaeus

花點鶉螺(Spotted Tun)

殼大型易碎，呈球形，螺塔低，縫合線明顯，呈槽溝狀。外唇邊緣波浪狀，末端與淺前水管溝的凹口相接，螺軸下半部極度扭曲。次體層有2—4條螺肋；體層有10-12條螺肋。殼表呈白色、乳白色或淺褐色，肋上有近似方形的斑紋；殼頂褐色。

• **附註** 在台灣發現的標本，殼表螺肋數最多；而馬來西亞的螺肋最少。

• **棲息地** 近海沙底。

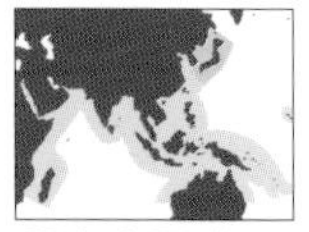

印度太平洋區
日本區

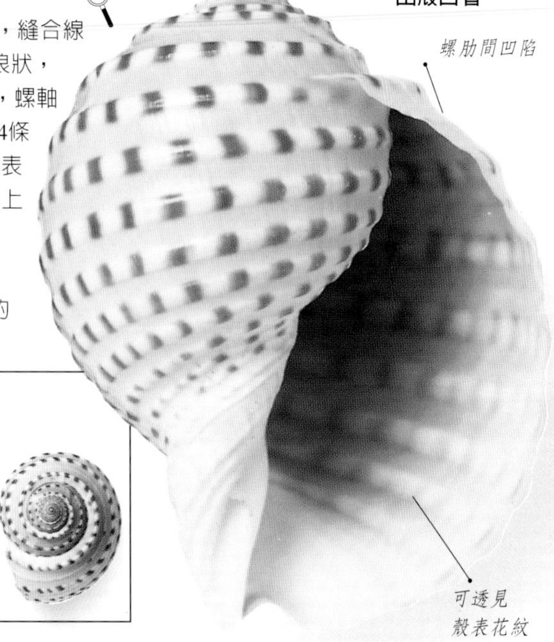

分布 印度太平洋、日本、紐西蘭	數量 ♦♦♦	尺寸 13公分

超科 鶉螺超科	科 鶉螺科	種 *Tonna sulcosa* Born

褐帶鶉螺(Banded Tun)

殼薄而堅實，呈球形，體層相當小。約有七層螺層，縫合線明顯，呈溝狀。外唇翻捲，邊緣呈波浪狀，有17對小齒；末端與淺而寬的前水管溝口相接。螺軸向底端極度扭曲；內唇有薄滑層。早期螺層上有細螺肋；次體層上有4-6條強螺肋，體層上的螺肋有21條之多。殼表乳白色，體層上有3-4條深褐色螺旋帶；殼口和外唇為白色，殼頂紫色。

• **附註** 活貝的外殼上有一層不透明的、深褐色殼皮。

• **棲息地** 近海沙底。

印度太平洋

分布 熱帶印度太平洋	數量 ♦♦	尺寸 11公分

超科　鶉螺超科	科　鶉螺科	種　*Malea ringens* Swainson

凹槽鶉螺(Grinning Tun)

殼大型而厚，呈球形，螺塔低，約有七層螺層，縫合線淺。外唇翻捲，極度增厚，邊緣內側有一排大尖齒。在螺軸的中央有圓而深的缺刻，下方有三條脊狀突出，上方有二條較弱的脊狀突起，整個殼表被寬大扁平的螺肋盤繞。殼表呈黃褐色，殼口內面為深褐色。

• **附註**　此螺命名於19世紀，當時正是人類認識自然的高潮時期。

• **棲息地**　潮間帶砂底和岩礁底。

前水管溝口寬且後彎

體層上約有18條螺肋

內唇滑層寬大

外唇邊緣呈波浪狀

巴拿馬海域

分布　墨西哥西側至秘魯	數量 ♦♦♦♦	尺寸　15公分

超科　鶉螺超科	科　鶉螺科	種　*Malea pomum* Linnaeus

粗齒鶉螺

殼堅實，有光澤，螺塔低，約有七層螺層，體層呈球狀，縫合線淺。殼口窄，外唇增厚，唇緣有朝裏長的尖長齒，底部的齒較密集。螺軸下半部微凹，下方有不規則扭曲的褶襞，上方有4-5個小褶襞；前水管溝缺口寬，並向後略彎。殼表乳褐色，有淺褐色和白色斑，唇和螺軸白色。

• **附註**　臍孔常被發達的內唇滑層所遮蓋。

• **棲息地**　近海沙底。

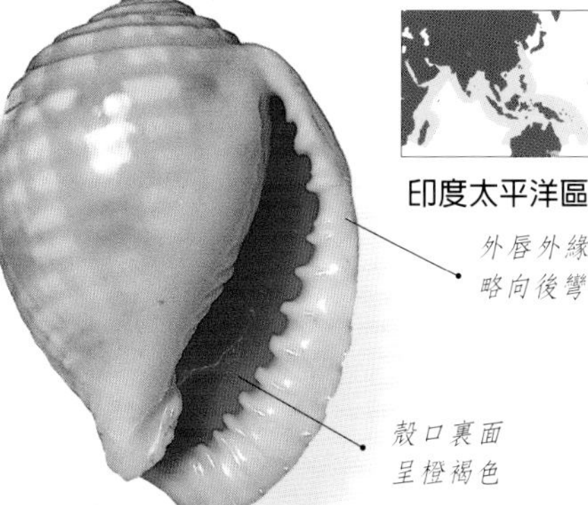

分布　熱帶印度太平洋	數量 ♦♦♦	尺寸　6公分

法螺

法螺個體大或適中；殼厚，一般殼表裝飾極豐富。有些法螺殼型高，體層膨大。大多數有軸唇褶，縱脹肋明顯，外唇有齒或折褶。許多法螺的外表裹有一層毛茸的殼皮；有角質厚口蓋。有些法螺在生長的過程中，經歷了漫長的浮游型幼生階段，因此，牠們廣泛地分布在暖水海域中，特別是在熱帶海域。法螺爲食肉性，常常以其他軟體動物和海膽爲食。

超科 鶉螺超科	科 法螺科	種 *Charonia tritonis* Linnaeus

大法螺(Trumpet Triton)

螺塔高而尖，高度低於總殼高的一半，螺頂常缺損。寬大的體層常有兩條明顯的縱脹肋(每層螺層都是如此)。體層上的螺肋光滑、寬大而且低平，其間有較深的螺溝及少數細肋。縫合線深刻，各螺層在縫合線下的螺肋常呈波狀並有縐紋。前水管溝寬大而短，沿螺軸壁有折褶。殼表為乳白色，有深褐色斑紋和新月形斑紋。殼口橙褐色，外唇齒間有白色溝槽。軸齒白色，齒間為深褐色。

- **附註** 可作號角。
- **棲息地** 珊瑚礁。

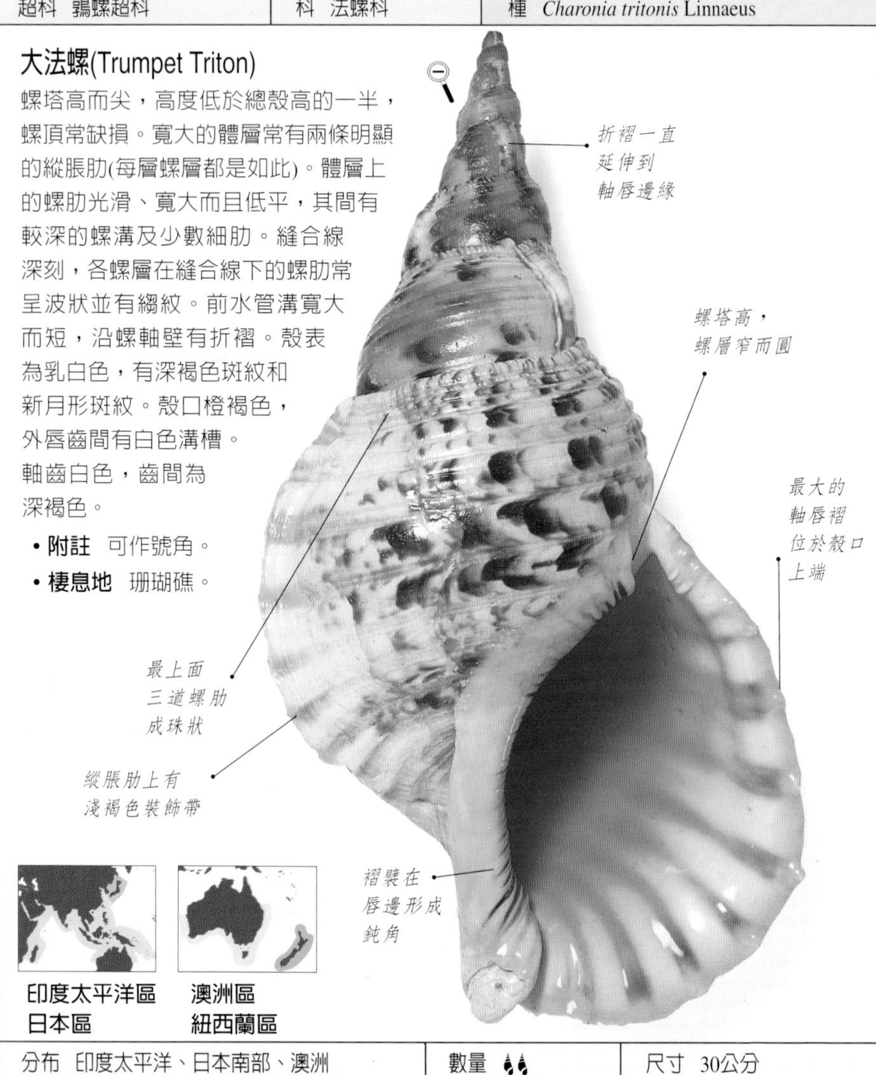

分布 印度太平洋、日本南部、澳洲	數量 ♦♦	尺寸 30公分

超科 鶉螺超科	科 法螺科	種 *Gyrineum pusillum* Broderip

紫端翼法螺(Purple Gyre Triton)

殼小，呈箭頭狀，縫合線深，每一螺層的兩側有鰭狀縱脹肋，螺脊與縱脊相交錯。外唇厚，有7-8枚圓齒狀突出，螺軸上有3-4枚分散的小齒。前水管溝短，有白、褐色裝飾帶，螺脊與縱脊交錯點為白色；殼口唇紫色。

• **棲息地** 珊瑚屑間。

印度太平洋區

外唇有白色小齒

縱脹肋明顯，有褐色紋帶

殼口小，有紫色鑲邊

分布 熱帶印度太平洋	數量	尺寸 2.5公分

超科 鶉螺超科	科 法螺科	種 *Gyrineum perca* Perry

翼法螺(Maple Leaf Triton)

殼厚，呈擠壓狀，故略顯得扭曲。螺塔高，前水管溝長度適中。螺層兩側的鰭狀縱脹肋向外延伸成尖刺狀，每片尖刺的尖頂也是強肋的末端。螺肋與較強的縱肋相交，形成了縱向排列的小結節。螺肋間有次螺肋。殼口近似圓形，殼表白色，有褐色螺帶和斑紋；殼口白色。

• **棲息地** 深海底。

殼外形酷似楓葉

印度太平洋區

殼表結節數量不一

殼口邊的縱脹肋上有弱肋

分布 熱帶印度太平洋	數量	尺寸 2.5公分

超科 鶉螺超科	科 法螺科	種 *Cabestana cutacea* Linnaeus

地中海法螺(Mediterranean Bark Triton)

殼厚，螺塔呈角樓形，體層膨大。縫合線深，臍孔窄，前水管溝短。外唇增厚，使得殼口縮小；螺軸光滑。體層上約有8條螺脊與4-5條縱腫脊相交，具縱脹肋。殼表淺或深褐色，殼口白色。

• **附註** 口蓋薄。

• **棲息地** 近海水域。

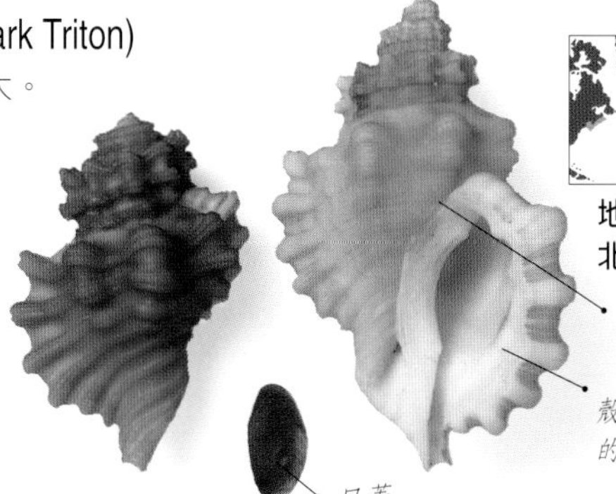

地中海區
北歐區

分布 地中海、大西洋東部	數量	尺寸 7.5公分

超科　鶉螺超科	科　法螺科	種　*Ranella olearium* Linnaeus

褐法螺(Wandering Triton)

此種螺在大小、厚度及花紋上變異很大，但形狀卻相當固定。殼厚且堅實，螺塔高，體層膨大，縫合線深，前水管溝長，略微扭轉。每一螺層兩側都有縱脹肋。殼口幾乎為圓形，在頂端有一小溝；向外翻捲的外唇上約有17枚齒。螺軸光滑，前水管溝的軸側邊緣有小齒。軸盾薄而外張，強縱肋與弱螺肋相交。殼表乳白色，有褐色斑紋。殼口與外唇白色，新鮮螺殼的殼皮為黃褐色。

- **附註**　分布於全世界各地，故英文名為流浪法螺。
- **棲息地**　深海底。

縱肋與次螺肋交錯處形成明顯的小結節

縱脹肋沿兩側向下傾斜

口蓋

褐法螺常見的色彩花紋

全世界

分布　大多數暖水海域	數量　♦♦♦	尺寸　14公分

超科　鶉螺超科	科　法螺科	種　*Mayena australasia* Perry

澳州法螺(Southern Triton)

殼厚，卵形，螺塔高，體層肥圓，縫合線不平整。前水管溝短而寬，外唇加厚，有7-10枚短鈍齒。內唇滑層薄，有一突瘤位於上端。螺軸近乎平滑，底部有一些褶襞。殼表淺至深褐色，縱脹肋上有白、褐相間的條紋；殼口、外唇、螺軸為白色。

- **棲息地**　近海岩礁底。

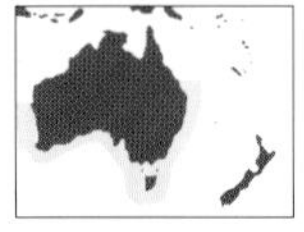

澳洲區

分布　澳洲南部	數量　♦♦♦♦	尺寸　9公分

超科 鶉螺超科	科 法螺科	種 *Argobuccinum pustulosum* Lightfoot

南非法螺(Argus Triton)

殼堅實，矮胖型，螺塔中等高度，體層膨圓，殼頂及整個螺塔常遭折損。縫合線淺而不平整。外唇加厚，上半有低平的鈍齒。前水管溝寬而短，螺軸光滑而直；殼口頂端有結節。螺塔各層在周緣構成稜角，體層上稜角較不明顯。縱肋傾斜，與弱螺肋相交，交叉處形成瘤。殼表淡褐色，有深褐色螺帶；殼口白色。

- **附註** 殼表常覆有殼皮。
- **棲息地** 近海水域。

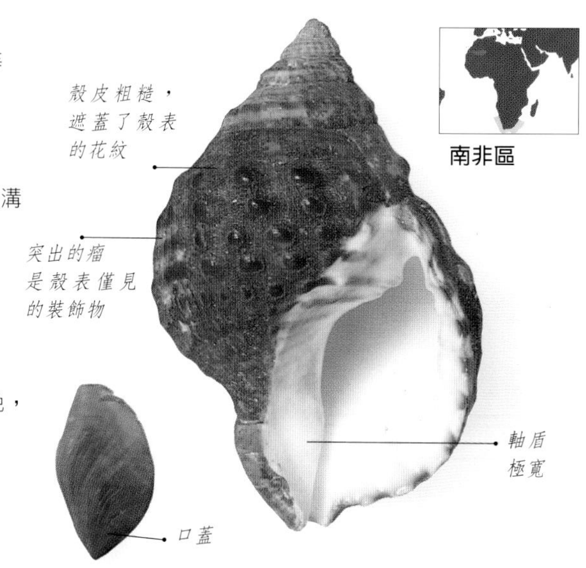

分布 南非	數量	尺寸 7.5公分

超科 鶉螺超科	科 法螺科	種 *Fusitriton oregonense* Redfield

俄勒岡法螺(Oregon Triton)

殼薄而輕，長型，螺塔高，且修長，前水管溝微向後彎。所有的螺層都很肥圓，縫合線深刻。殼口拉長，頂端有一瘤，外唇略加厚；軸高度彎曲，但光滑。強縱肋與弱螺肋相交錯，其間有細螺紋。殼表白色，染有黃色，殼口和前水管溝有光澤。

- **附註** 殼口內殼表花紋清晰可透見。
- **棲息地** 近海水域。

分布 美國西部	數量	尺寸 11公分

超科　鶉螺超科	科　法螺科	種　*Gelagna succincta* Linnaeus

燈籠法螺(Lesser Girdled Triton)

殼表精緻，螺塔低，螺層肥圓，縫合線深；體層有長而直的前水管溝。殼口長，頂端有明顯的溝。螺軸中部內彎，外唇加厚，有整排光滑的圓齒。寬而平整的螺肋均勻地分布在殼表，但殼頂無肋。殼表淡褐色，肋為深褐色；殼口齒褐色，齒間為白色。

- **附註**　此種螺無縱脹肋。
- **棲息地**　近海岩石下。

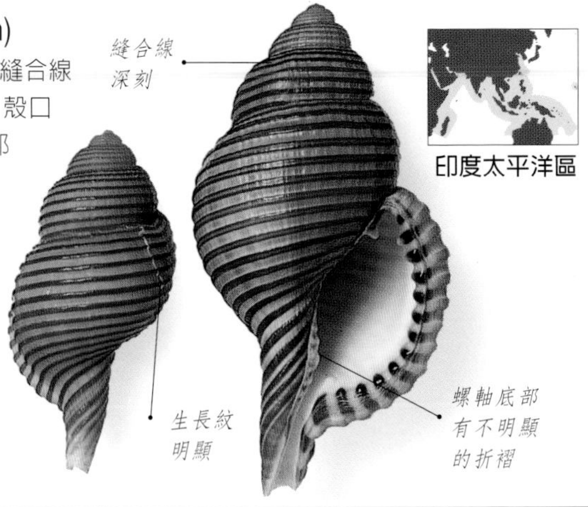

分布　熱帶印度太平洋	數量	尺寸　5公分

超科　鶉螺超科	科　法螺科	種　*Cymatium femorale* Linnaeus

角法螺

殼獨特，大而厚，縱脹肋發達。與極高大的體層相比，突出的螺塔顯得低矮。前水管溝略後彎，體層被上翹而呈翼狀的縱脹肋佔據，故正面輪廓呈三角形。螺肋強，寬大，每條肋有數個發達的小結節。外唇(實為末縱脹肋)加厚，極度內彎的邊緣呈波浪狀。殼表紅褐色，但殼口白色而縱脹肋白褐相間。

- **附註**　在巴西沿岸所發現的角法螺常用 *Cy.raderi* 的學名。
- **棲息地**　淺海水域。

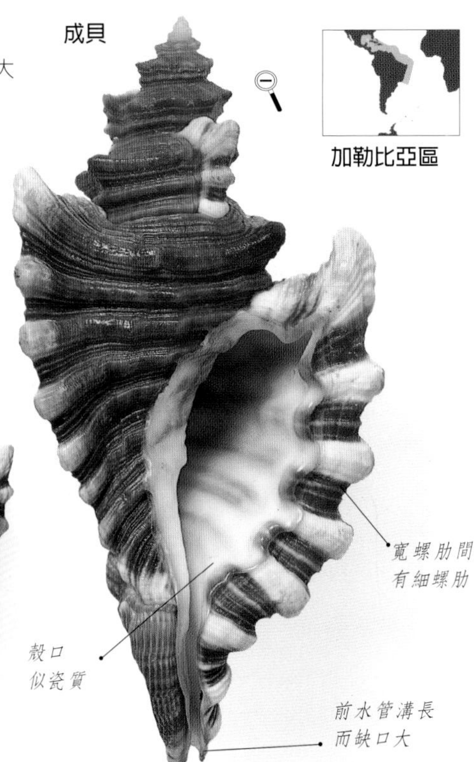

分布　佛羅里達東南部至巴西	數量	尺寸　13公分

超科　鶉螺超科	科　法螺科	種　*Cymatium parthenopeum von* Salis

黑齒法螺(Neapolitan Triton)

殼堅實，螺塔中等高度，螺層圓，縫合線深；通常體層上有一條縱脹肋，有時塔螺各層上也有一些。螺肋肥圓，與縱脊相交。外唇加厚，有六枚粗齒。殼表呈淺棕色，外唇、螺軸和縱脹肋上有深褐色塊斑。

• **附註**　右圖所示的標本，螺體特別高。

• **棲息地**　近海岩石底。

全世界

分布　大多數溫暖海域	數量	尺寸　10公分

超科　鶉螺超科	科　法螺科	種　*Cymatium pileare* Linnaeus

毛法螺(Common Hairy Triton)

殼厚而堅實，螺塔高，體層長，至少佔總殼長的一半。前水管溝短而微彎。每層螺層上有兩條縱脹肋，縫合線極淺。內唇整個邊緣都有折褶，外唇有成簇的小齒，分布均勻。螺層上強縱肋與強螺肋相交。殼表白色，有寬大的深褐色帶紋；殼口淺紅色。

• **附註**　新鮮的螺殼外表常有稀疏的茸毛狀殼皮。

• **棲息地**　淺海底的珊瑚間。

全世界

分布　大多數溫暖海域	數量	尺寸　7.5公分

超科　鶉螺超科	科　法螺科	種　*Cymatium flaveolum* Roding

金帶美法螺(Broad-banded Triton)

殼堅實，長型，螺塔短於體層，殼口窄而長。螺軸上有許多折褶，外唇內側有強齒。縱脹肋排列規則，間隔寬；螺層上有圓珠狀螺肋。殼表乳白色，有紅褐色和淺黃色螺旋帶，齒間染有橙色。

- **附註**　有幾種螺與其酷似。
- **棲息地**　珊瑚礁間。

分布　所羅門群島至模里西斯	數量	尺寸　5公分

超科　鶉螺超科	科　法螺科	種　*Cymatium hepaticum* Roding

金色美法螺

螺塔與圓凸的體層相比，顯得較窄，側面也較直。縱脹肋排列規則，間隔寬。螺體周身排滿了圓珠狀螺肋。螺軸有強折褶，外唇內側有較強的圓齒。殼表呈深紅棕色，有黑色細螺帶，縱脹肋上有白色條帶。

- **附註**　色彩和花紋使其與近緣種有所區別。
- **棲息地**　珊瑚下。

印度太平洋區

珠狀螺肋之間有黑紋帶

前水管溝完全開裂

齒間為橙褐色

分布　熱帶印度太平洋	數量	尺寸　6公分

超科　鶉螺超科	科　法螺科	種　*Cymatium rubeculum* Linnaeus

豔紅美法螺(Robin Redbreast Triton)

螺塔各層生長不規則，使貝殼看起來有點扭曲。縱脹肋厚，排列規則。所有螺層有螺旋排列的圓珠，顆粒粗糙，有時融合在一起。殼口寬，前水管溝短。殼表鮮紅色至橙色，有少數淺色螺帶，縱脹肋白色。

- **附註**　曝露在陽光下會使殼表顏色變淺。
- **棲息地**　珊瑚礁。

成貝的殼頂缺損

印度太平洋區

齒間為白色

螺軸上有強折褶

殼口內面有螺脊

分布　熱帶印度太平洋	數量	尺寸　4.5公分

扭法螺

很少有腹足類長得像扭法螺這麼奇形怪狀。扭法螺種類不多，殼口常爲極發達的齒和襞所縮窄；體層畸形扭曲。有些種類在新鮮時被有密布茸毛的殼皮。口蓋薄，角質。

超科 鶉螺超科	科 法螺科	種 *Distorsio clathrata* Lamarck

大西洋扭法螺(Atlantic Distorsio)

早期螺層側面幾乎平直；體層肥圓但略歪。殼口為大齒和壯襞所縮窄，其末端接有中等長度的前水管溝。殼表有網格裝飾，表面為黃白色，內唇面和外唇橙褐色。

• **附註** 漁民在捕蝦時，常能同網捕捉到這種扭法螺。

• **棲息地** 近海沙底。

中央齒尤為突出

殼口內面白色

大西洋水域加勒比亞區

分布 北卡羅來納至巴西	數量 ♦♦♦	尺寸 7.5公分

超科 鶉螺超科	科 法螺科	種 *Distorsio anus* Linnaeus

扭法螺(Common Distorsio)

整個螺體布滿了呈螺旋狀排列的瘤和小結節。殼口側邊幾乎被寬大、有光澤、邊緣尖銳的盾所遮蓋，盾面下的結節和齒能透見。殼表米黃色，有褐色螺帶。

• **附註** 此為扭法螺中個體最大，形狀最奇異的一種。

• **棲息地** 珊瑚間。

印度太平洋區

分布 熱帶印度太平洋	數量 ♦♦	尺寸 7.5公分

超科 鶉螺超科	科 法螺科	種 *Distorsio constricta* Broderip

壓縮扭法螺(Constricted Distorsio)

早期螺層規則，後期螺層極度扭曲。殼口被一層半透明、有光澤的盾所包圍盾邊緣銳利。早期螺層白色，後來的螺層淺褐色。

• **附註** 整齊排疊的較高螺層與極度歪曲的較低螺層形成對比。

• **棲息地** 近海水域。

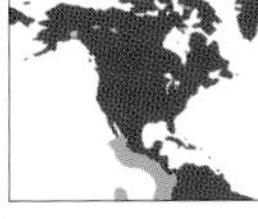

巴拿馬區

分布 加利福尼亞灣至厄瓜多爾	數量 ♦♦	尺寸 4公分

蛙螺

蛙螺與法螺的區別在於：蛙螺的殼口後端(上端)有凹槽(後水管溝)或裂。螺個體大型或中等大小。蛙螺外形千姿百態；有些螺體矮胖，表面粗糙，有強肋、結節、疣，因而得名。有些螺體高大，表面裝飾甚少。有些種類側邊壓扁，有的具棘；大多有縱脹肋。口蓋角質，大部分棲息在沙底和珊瑚碎屑中。

超科 鶉螺超科	科 蛙螺科	種 Tutufa bubo Linnaeus

大白蛙螺(Giant Frog Shell)

體層膨大，螺塔中等高度。每一螺層上有兩道縱脹肋，其間有6－8枚堅實的鈍結節。體層上裝飾以小結節的螺肋及較細的次螺肋。殼口向外極度張開，並有一短而寬的前水管溝。殼口上緣的後水管溝短、深且敞開。外唇未顯著加厚，無齒；整個螺軸上有許多小褶襞。殼表乳白色，布滿褐色斑點和條紋；殼口白色。

• **附註** 此為第二大蛙螺。

• **棲息地** 近海珊瑚砂底。

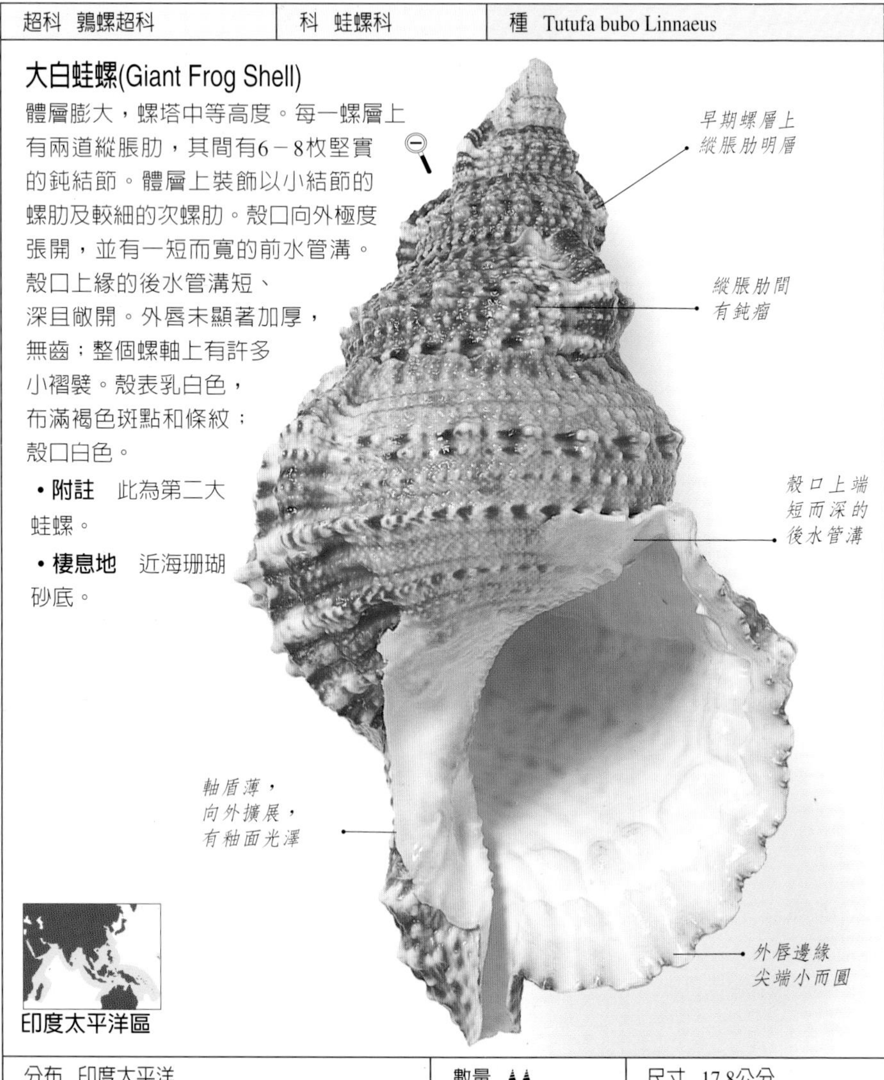

分布 印度太平洋	數量	尺寸 17.8公分

超科　鶉螺超科	科　蛙螺科	種　*Tutufa rubeta* Linnaeus

金口蛙螺(Ruddy Frog Shell)

殼大且重，體層為卵形，縫合線淺而不平整。殼表螺肋粗糙，後期螺層周圍有一圈鈍結節。體層下半部約有五條強螺肋；縱脹肋突出，間隔寬大。沿外唇邊緣有強齒。殼表乳白色，有褐色斑紋；殼口內側為鮮橙色，外唇鮮紅色，齒端為白色。

• **棲息地**　沿海岩石下。

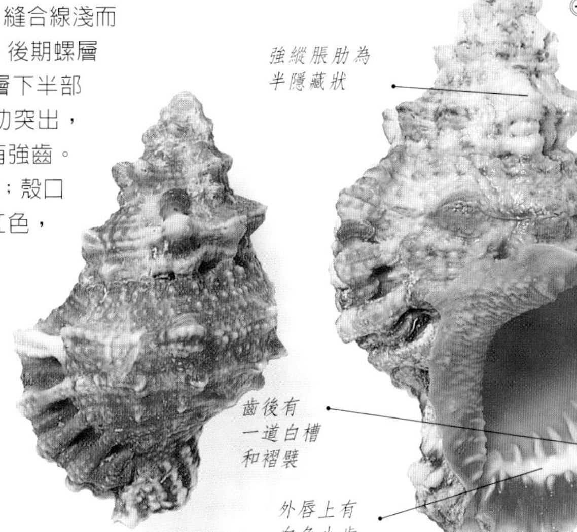

印度太平洋區

分布　熱帶印度太平洋	數量	尺寸　10公分

超科　鶉螺超科	科　蛙螺科	種　*Tutufa oyamai* Habe

大山蛙螺(Oyama's Frog Shell)

殼堅實，不十分重，體層膨大，螺塔高，縫合線深並曲折。螺肋在螺層周緣最強，且形成明顯的鈍結節。另外，在體層周緣強螺肋下方可能會有3-4條螺肋。殼口寬，薄薄的外唇呈波浪狀，內側有鈍齒。軸盾薄而寬；螺軸有纖細的摺襞。殼表白色，有褐色螺旋紋。

• **附註**　殼口邊緣有可能為粉紅橙色。

• **棲息地**　近海水域。

印度太平洋區

分布　印度洋北部、太平洋西部	數量	尺寸　7.5公分

超科 鶉螺超科	科 蛙螺科	種 *Bursa granularis* Roding

果粒蛙螺(Granulate Frog Shell)

螺塔高，略呈壓扁狀，體層的殼口小。殼頂的螺層光滑且尖。後期螺層兩側有縱脹肋，並與其他縱脹肋連接成線。縫合線略深。前水管溝短窄而直。共有16列結節呈螺旋狀排列。殼口唇有小鈍齒，螺軸上有折褶。殼表褐色，有深褐色螺帶；殼口白色或淡黃色。

- **棲息地** 潮池及珊瑚下。

分布 印度太平洋、西印度群島	數量 ♠♠♠♠	尺寸 5公分

超科 鶉螺超科	科 蛙螺科	種 *Bursa lamarkii* Deshayes

黑口蛙螺(Lamarck's Frog Shell)

殼厚重，矮胖型，螺塔不足總殼長的一半；縫合線淺。殼口大，近似圓形；前水管溝短而窄。每層螺層上有兩條縱脹肋，管狀的後管水管溝上翹並在一邊有裂口。殼表多瘤突起。表面灰色或淡黃，有紫褐色斑紋；外唇和螺軸為紫褐色。

- **棲息地** 珊瑚礁。

分布 太平洋西南部	數量 ♠♠	尺寸 5公分

超科 鶉螺超科	科 蛙螺科	種 *Bursa cruentata* Sowerby

血跡蛙螺(Blood-stain Frog Shell)

殼小，螺塔低，體層大，殼口近圓形。縫合線深刻，每層螺層上有兩道縱脹肋，體層上的縱脹肋極寬，使得體層看起來更膨大，螺體布滿了有小結節和突起的螺肋。內唇有齒，螺軸上有強折褶。殼表白色，有褐色花紋；殼口唇為褐色。

- **棲息地** 珊瑚礁。

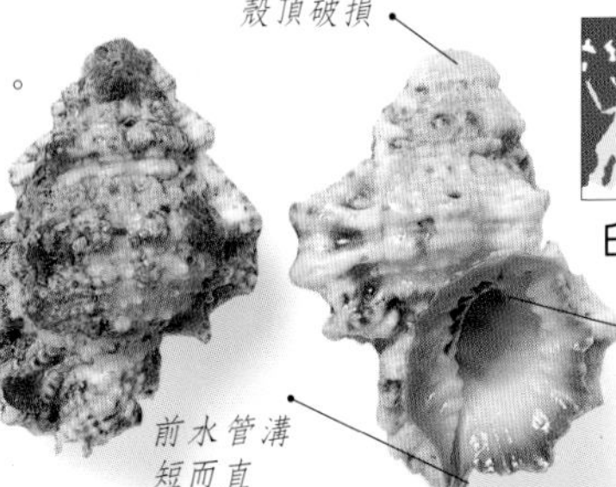

分布 印度太平洋	數量 ♠♠	尺寸 4公分

超科　鶉螺超科	科　蛙螺科	種　*Bursa scrobilator* Linnaeus

地中海蛙螺(Pitted Frog Shell)

殼堅實，螺體長，螺塔不足總殼長的一半，體層膨大，殼口呈卵形。縫合線深刻，波浪狀。每層螺層上半部傾斜或呈水平斜面狀，每層螺層上有一條縱脹肋。外唇邊緣呈波狀，齒排列不規則，但成對；螺軸上有不整齊的褶。螺肋常呈鈍結節狀，縱脹肋有深凹窪。殼表黃色，有褐色塊斑和條紋；外唇橙色。

• **附註**　地中海區域唯一的蛙螺。

• **棲息地**　近海水域。

地中海區

西非

分布　地中海、西非	數量	尺寸　6公分

超科　鶉螺超科	科　蛙螺科	種　*Crossata californica* Hinds

加州蛙螺(California Frog Shell)

殼堅固，螺塔高而尖；體層膨大，殼口大而圓。所有螺層上有一對相對的縱脹肋，最後一條縱脹肋上有4-5枚尖結節，螺層上的結節呈螺旋狀排列。殼表有數根粗螺脊，縫合線淺，波浪狀。外唇邊緣有凹槽和鈍齒；軸唇薄。螺軸有弱褶，前水管溝短而窄但直，殼口前後水管溝寬度相當。殼表淡黃褐色，結節上有細褐色條紋，殼口白色，唇褐色。

• **棲息地**　近海岩石海底。

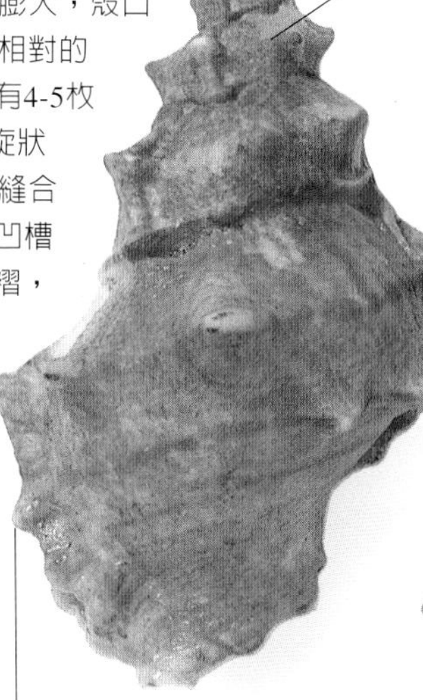

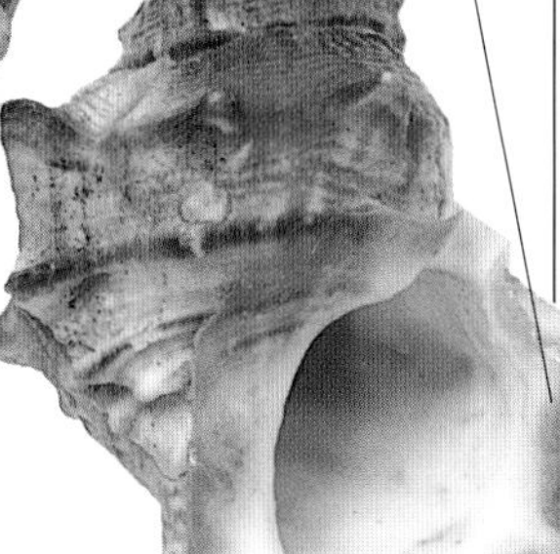

加州區

分布　美國加州	數量	尺寸　10公分

超科　鶉螺超科	科　蛙螺科	種　*Bufonaria echinata* Link

長棘蛙螺(Spiny Frog Shell)

殼重，堅實，呈壓扁狀，其特徵是：兩側有長棘向外突出。體層大，螺塔不足總殼長的一半。殼口長，下端是長而寬並略後彎的前水管溝。殼兩側的縱脹肋呈縱線排列，最長的棘長在先前的後水管溝處；螺塔各層上的棘上翹，體層上的棘下垂。所有的螺層上都有尖螺狀瘤，體層比其他螺層多一列或數列。殼表上飾有次螺肋，外唇有不規則凹窪。殼表乳白色，有褐色花紋。

- **附註**　此為唯一有棘的蛙螺。
- **棲息地**　近海水域。

分布　印度洋	數量	尺寸　5公分

超科　鶉螺超科	科　蛙螺科	種　*Bufonaria rana* Linnaeus

赤蛙螺(Common Frog Shell)

殼堅實，壓扁狀，體層膨大，螺塔低，約只有總殼長的三分之一。殼口長，前水管溝微彎，有些標本比圖中所示的長或短。兩側有鰭狀對稱的縱脹肋，體層上的縱脹肋有尖棘，尖棘處即為先前的後水管溝和三列尖螺旋結節的位置。外唇有銳齒，螺軸下半部有一排褶襞。殼表呈乳白或白色，有褐色斑紋。

- **附註**　通常殼表色彩較圖中所示的深。
- **棲息地**　岩石海岸。

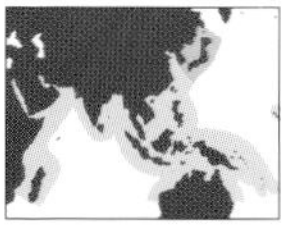

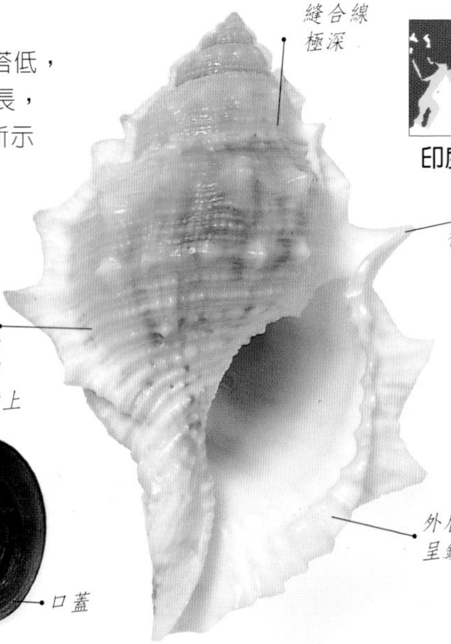

縫合線極深

印度太平洋區
日本區

後水管溝寬

次螺肋延伸到縱脹肋上

外唇下緣呈鋸齒狀

口蓋

分布　太平洋西部、日本	數量	尺寸　7.5公分

骨螺

有些骨螺色彩鮮豔，但更迷人之處在於其多姿多彩的裝飾。螺殼厚而重，但也有精緻易碎的種類。前水管溝或短而寬，或似長管。口蓋棕色，角質狀，通常一端尖。骨螺分布範圍很廣，但在熱帶海域特別盛產，棲息於珊瑚礁間或其附近，靠捕食其他無脊椎動物為生。

超科　骨螺超科	科　骨螺科	種　*Haustellum haustellum*　Linnaeus

鷸頭骨螺(Snip's Bill Murex)

殼堅實，螺塔低，體層大，前水管溝直且極長。後期螺層上有明顯的縱肋，有些發育成縱脹肋，每層螺層上約有三道。縫合線略呈溝狀，殼口大開，外唇有弱齒。縱脹肋光滑，有小尖角，並有強的細螺肋橫貫這些尖角，前水管溝幾乎無棘。殼表呈乳白色或粉紅色，有褐色斑塊和短線紋，縱脹肋上有條紋；殼唇為橙色或粉紅色。

- **附註**　本屬中最大的一種常見骨螺。
- **棲息地**　潮間帶沙灘。

分布　印度太平洋	數量　4	尺寸　13公分

超科　骨螺超科	科　骨螺科	種　*Siratus motacila* Gmelin

鶺鴒骨螺(Wagtail Murex)

螺殼厚，螺塔短，體層膨大，前水管溝長而直。體層上有三道縱脹肋，其間有強縱結節。螺層上螺肋密集，縫合線淺；殼口卵形，外唇邊緣呈波狀，有一些齒。螺軸有褶襞，殼表乳白色，有大面積粉紅色斑塊，斑紋為褐色。

- **附註**　有些標本前水管溝彎曲。
- **棲息地**　近海水域。

分布　西印度群島	數量　3	尺寸　7公分

超科 骨螺超科	科 骨螺科	種 *Siratus lacinatus* Sowerby

花邊骨螺(Laciniate Murex)

螺塔高，體層大。每層螺層有三條鱗狀縱脹肋。殼表其他部位有螺肋，並與凹槽狀的鱗片相交。前水管溝短而寬，外唇有小齒；螺軸光滑。殼表為橙色或淺褐色，縱脹肋較暗，殼頂粉紅色或深褐色，螺軸紫色。

- **棲息地** 珊瑚及砂底。

印度太平洋區

裙邊狀的鱗片規則排列

前水管溝的窄槽

分布 熱帶太平洋	數量	尺寸 5公分

超科 骨螺超科	科 骨螺科	種 *Naquetia trigonula* Lamarck

三角狀骨螺(Triangular Murex)

殼厚，長型，螺塔是總殼長的三分之一。體層上有三道縱脹肋，最後一道最強。早期螺層間的縫合線極深，最後一道縱脹肋有發達的凸緣，沿外唇和前水管溝邊伸展。外唇上有齒，螺軸光滑，體層下半部螺肋最強。殼表淺黃，有螺旋形褐色帶斑和短線紋。

- **附註** 此種螺色彩變異多。
- **棲息地** 珊瑚礁附近。

印度太平洋區

頂部螺層向一邊傾斜

向外伸展的凸緣

分布 熱帶印度太平洋	數量	尺寸 5公分

超科 骨螺超科	科 骨螺科	種 *Pteropurpura trialata* Sowerby

三翼芭蕉螺(Three-winged Murex)

殼輕，近似三角形。螺塔短而尖，體層大。前水管溝長且寬，微彎。所有螺層都有三道縱脹肋，每道縱脹肋上有一片皺邊的薄翼，縱脹肋間有圓瘤。外唇邊緣或直，或具皺褶；螺軸直而光滑。殼表淡黃白色，有褐色螺旋帶；螺軸、殼口白色。

- **附註** 有扇狀的口蓋。
- **棲息地** 潮間帶的岩石間。

加州區

翼乳白色，無褐色帶紋

舊前水管溝位置

前水管溝封閉

分布 美國加州	數量	尺寸 6公分

超科　骨螺超科	科　骨螺科	種　*Phyllonotus pomum* Gmelin

蘋果芭蕉螺(Apple Murex)

殼厚而重，螺塔短。體層圓，形狀多變，許多型已被命名。縫合線略深，但極度彎曲。每層螺層上有三道分布均等的厚縱脹肋，其間有1-2條短縱肋。下方的螺肋明顯，與縱脹肋和縱肋相交；後期縱脹肋上長有尖利的鱗片。殼口大而圓，犀利的鱗在外唇上形成鋸齒邊。螺軸有少量結節，除此以外光滑。殼表介於淺黃和深褐色間，有白色或褐色斑紋；殼口為白色、橙色或黃色。

- **附註**　在牡蠣殼上鑽洞，以牡蠣肉為食。
- **棲息地**　沿海岩石和砂底。

殼頂平滑，有光澤

早期縱脹肋無尖銳鱗片

具特色的深褐色斑塊

舊前水管溝位置

前水管溝短而寬

口蓋薄，角質

加勒比亞區

分布　美國東南部、加勒比海	數量　♦♦♦♦	尺寸　7.5公分

超科　骨螺超科	科　骨螺科	種　*Homalocantha zamboi Burch* & Burch

然氏銀杏螺(Zambo's Murex)

螺塔低，殼堅實，殼體的伸展物是其特徵。前水管溝長，彎曲，幾乎封閉。每層螺層上有五條縱脹肋，最後四條縱脹肋和前水管溝上有長管狀突出，這些突出物的末端寬而扁。殼表、螺軸和外唇均光滑，表面呈白色，螺塔染有紫色；殼口粉紅色。

- **附註**　殼體常受損。
- **棲息地**　珊瑚礁間。

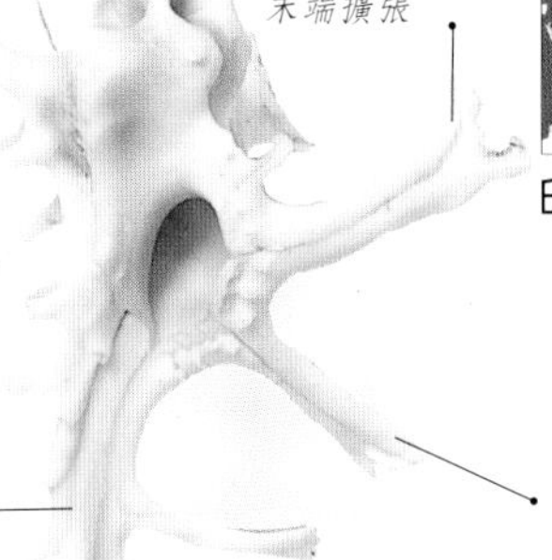

印度太平洋區

分布　菲律賓、所羅門群島	數量　♦♦♦	尺寸　5公分

超科 骨螺超科	科 骨螺科	種 *Chicoreus palmarosae* Lamark

玫瑰千手螺(Rose Branch Murex)

殼堅實，螺塔高，殼表粗獷的雕飾特別受人喜愛。體層呈卵形，膨大，前水管溝長而寬，縫合線深刻。每層螺層上有三條縱脹肋沿殼表彎曲；後期縱脹肋上有半管狀突出，其末端如蕨葉。外唇內側有鈍齒。殼表布滿細螺脊，縱脹肋間有少數結節。殼表淺黃，有棕色脊；「蕨葉」有時紫色，有時為粉紅色。

• **附註** 在斯里蘭卡，不法商販為了「美化」殼表，將之浸泡在粉紅色或紫色的染料裡。

• **棲息地** 近海水域。

印度太平洋區

細脊發育成「蕨葉」

斯里蘭卡出產的標本「蕨葉」茂盛

殼口白色

偶爾會有較寬的褐色脊

突出物有時併在一起

分布 斯里蘭卡、菲律賓	數量	尺寸 10公分

超科 骨螺超科	科 骨螺科	種 *Chicoreus ramosus* Linnaeus

大千手螺(Branched Murex)

殼大而重，螺塔低，體層膨大，肩部有稜角。每層螺層上有三條縱脹肋，其間有1-2枚瘤狀縱肋。縱脹肋和前水管溝上均有皺邊的短棘，纖細的螺脊布滿了殼身。外唇邊呈鋸齒狀，近下端處有一強齒。螺軸光滑，殼表白色，有褐色脊紋和斑塊；螺軸粉紅色。

• **附註** 骨螺中最大、最重的一種，常作裝飾用途

• **棲息地** 珊瑚礁。

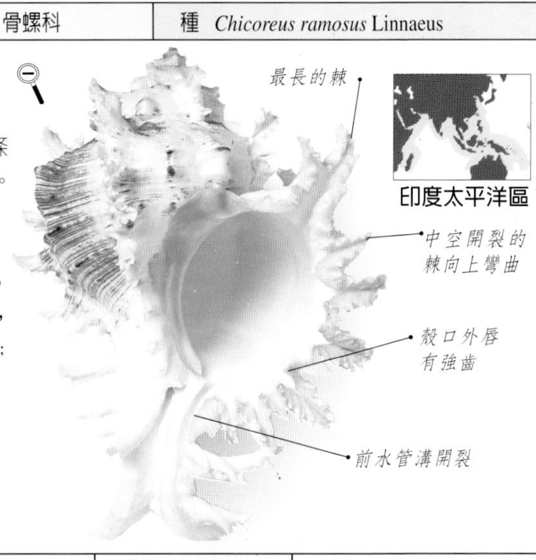

印度太平洋區

分布 印度太平洋	數量	尺寸 20公分

超科 骨螺超科	科 骨螺科	種 *Bolinus brandaris* Linnaeus

染料骨螺(Purple-dye Murex)

殼呈球棒狀，螺塔短，體層膨大，前水管溝直而長，體層上有6-7條縱脹肋和兩列短螺棘。殼表淺黃色或肉色；殼口為紅褐色。

• **附註** 羅馬人曾取殼內軟體肉汁作為染料，將布染成紫色。

• **棲息地** 近海砂底。

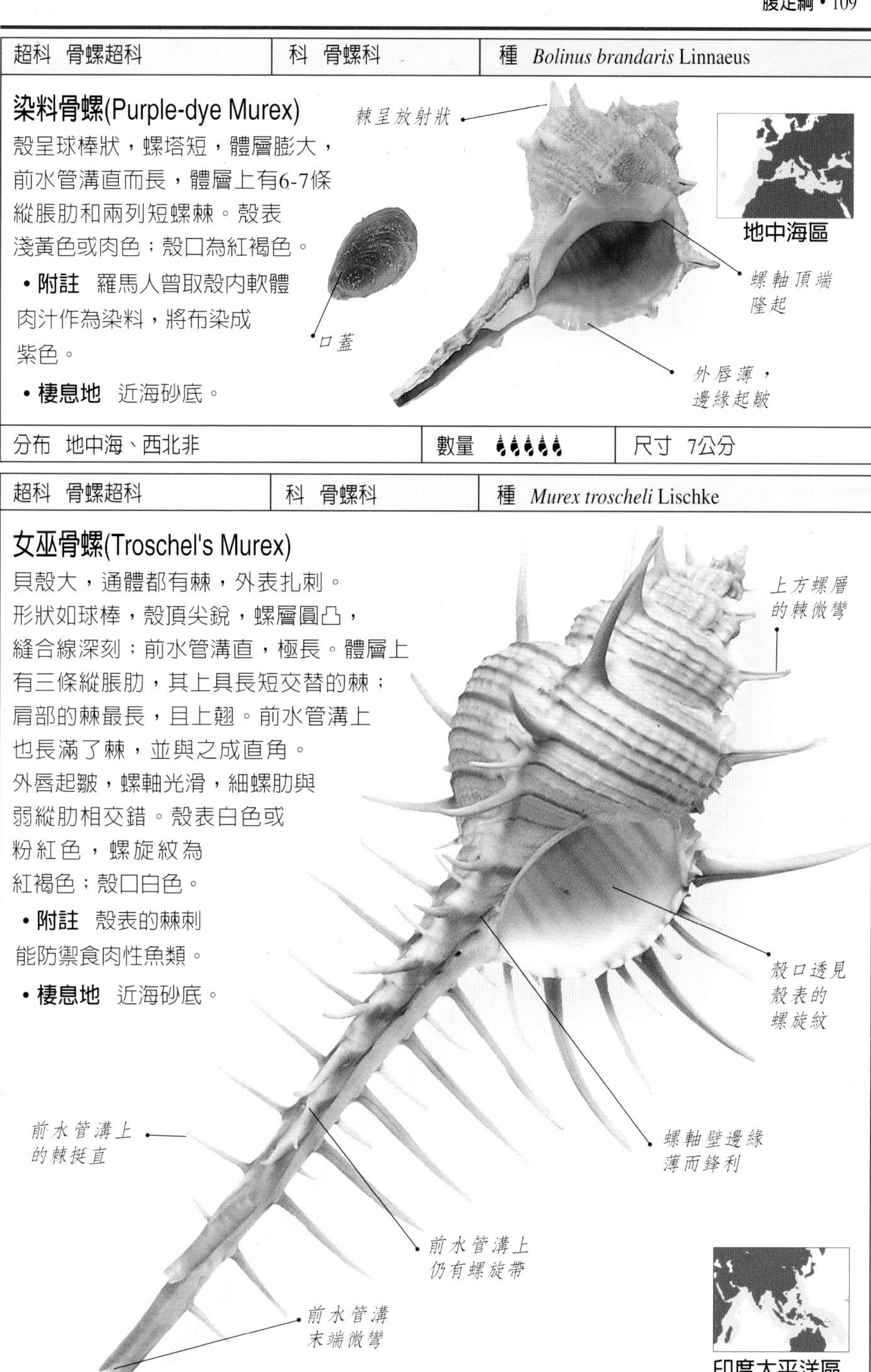

分布 地中海、西北非	數量 5	尺寸 7公分

超科 骨螺超科	科 骨螺科	種 *Murex troscheli* Lischke

女巫骨螺(Troschel's Murex)

貝殼大，通體都有棘，外表扎刺。形狀如球棒，殼頂尖銳，螺層圓凸，縫合線深刻；前水管溝直，極長。體層上有三條縱脹肋，其上具長短交替的棘；肩部的棘最長，且上翹。前水管溝上也長滿了棘，並與之成直角。外唇起皺，螺軸光滑，細螺肋與弱縱肋相交錯。殼表白色或粉紅色，螺旋紋為紅褐色；殼口白色。

• **附註** 殼表的棘刺能防禦食肉性魚類。

• **棲息地** 近海砂底。

分布 東印度洋、太平洋、日本	數量 3	尺寸 15公分

超科 骨螺超科	科 骨螺科	種 *Hexaplex trunculus* Linnaeus

根幹骨螺(Trunk Murex)

貝殼厚，堅實，體層大，螺塔尖。縱脹肋數量多，但平鋪在螺壁上，每一條縱脹肋上有數個圓結節，通常還有一根鈍棘。體層下半部有粗糙的螺肋。臍孔深，四周圍著舊前水管溝部分的管狀物，螺軸平滑。殼表黃白色，有褐色螺帶，螺帶有時合併在一起；螺軸白色。

- **附註** 和前頁染料骨螺一樣，羅馬人取此螺的肉汁將布染成紫色。
- **棲息地** 近海礁岩和砂底。

地中海區

唇邊起皺

棘封閉

前水管溝短而寬

分布 地中海	數量 ♠♠♠♠♠	尺寸 6公分

超科 骨螺超科	科 骨螺科	種 *Hexaplex redix* Gmelin

刺球骨螺

貝殼厚實，大而重，螺塔小而尖，體層極膨大，臍孔深。縫合線淺，不易看見，前水管溝中等長寬。體層上有6-11條縱脹肋，其上布滿了棘，使殼表呈多刺狀。棘與螺肋交錯，其末端就發育成皺邊狀，且微彎。螺軸光滑，外唇緣鋸齒狀。殼表白色，棘紫黑色，棘內壁及相連的細螺帶顏色最深，螺塔大部分是白色。

- **附註** 此為棘最多，最重的骨螺。
- **棲息地** 潮間帶的岩礁。

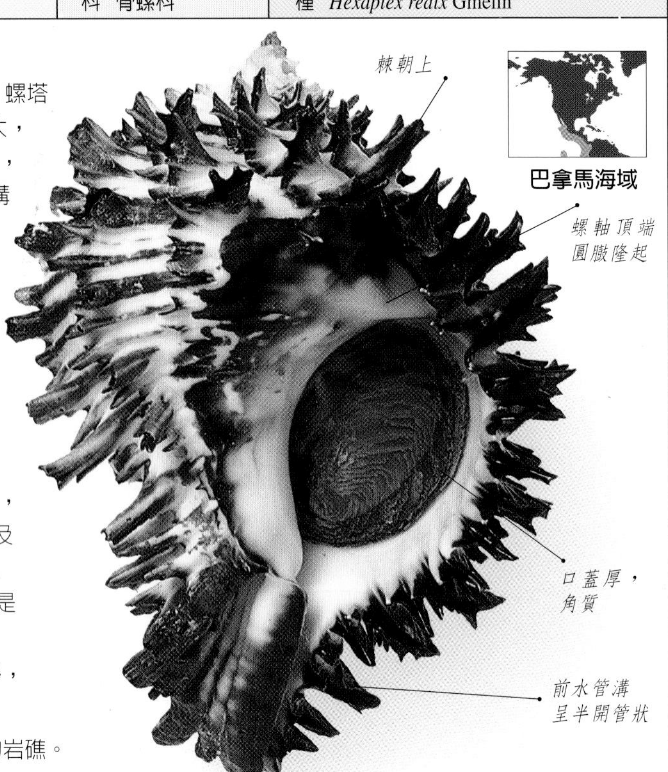

分布 熱帶印度太平洋	數量 ♠♠♠♠	尺寸 11公分

岩螺

岩螺包括數個屬，其形狀極不相同，殼表變化也大，但色彩大多呈褐色和黃色。貝殼堅實，有一角質口蓋。食肉性動物，有些岩螺橫行於牡蠣床；盛產於溫暖海域。

超科 骨螺超科	科 骨螺科	種 *Ocenebra erinacea* Linnaeus

歐洲刺岩螺(Sting Winkle)

貝殼堅實，外表多變，螺塔高，殼頂尖，體層大；前水管溝寬，略長。體層上多達九條縱脹肋，螺肋厚，間隔寬。螺軸光滑，殼表布滿凹槽狀的鱗。

殼表淺黃色；殼口白色。

- **附註** 是侵害牡蠣的寄生貝。
- **棲息地** 牡蠣床。

螺肋與縱脹肋交叉

口蓋

北歐區
地中海區

鱗片極密

前水管溝封閉

分布 歐洲西南、地中海	數量 ♠♠	尺寸 3公分

超科 骨螺超科	科 骨螺科	種 *Trochia cingulata* Linnaeus

旋梯岩螺(Corded Rock Shell)

貝殼小，但結實，螺塔高，殼頂扁平，螺軸光滑。體層有三條寬螺肋盤繞，其間有細小次螺肋。殼表介於深棕色和灰白色之間；殼口淺棕橙色。

- **附註** 殼表變異大，有的有6條螺肋，而有的1條也沒有。
- **棲息地** 低潮帶岩石上。

螺肋邊緣捲曲

前水管溝寬

分布 南非	數量 ♠♠♠♠	尺寸 4公分

超科 骨螺超科	科 骨螺科	種 *Nucella lapillus* Linnaeus

狗岩螺(Dog Winkle)

貝殼結實，體層大，但即使是同一地區生長的螺，外形也有很多變化。螺肋或粗糙或光滑，並與纖細的縱紋相交叉。殼表有白色、黃色、紫色或褐色；素色或有寬螺帶。

- **附註** 在隱蔽的水域有一種罕見的型，外表具波浪狀的褶邊。
- **棲息地** 沿海礁岩間。

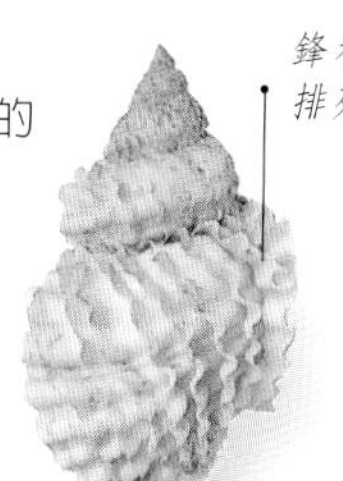

縫合線極深

分布 美國東北部、歐州西部	數量 ♠♠♠♠♠	尺寸 5公分

羅螺

這類螺殼厚，褐色，大多數具發達的瘤，殼表常生有珊瑚。殼口內壁有的光滑，有的堅硬，螺軸一般無明顯褶襞。多數種類生存於溫暖海域潮間帶岩石間，以無脊椎動物為食。

超科　骨螺超科	科　骨螺科	種　*Purpura patula* Linnaeus

廣口羅螺(Wide-mouthed Purpura)

殼厚，螺塔低小，體層大而寬，殼口長，有螺旋狀排列的大結節或瘤。前水管溝淺，殼表棕色，瘤黑色；螺軸光滑，橙褐色。

• **附註**　現今中美洲印第安人仍用其螺肉汁來將布染成紫色。

• **棲息地**　沿海岩礁間。

加勒比亞區

瘤列間有細淺的螺溝

較老標本上的瘤已磨損

殼口邊緣紫黑色

螺軸微扭結

殼口邊緣有弱齒

分布　佛羅里達南部、加勒比海	數量　▲▲▲▲▲	尺寸　9公分

超科　骨螺超科	科　骨螺科	種　*Concholepas concholepas* Bruguiere

似鮑岩螺(Hare's Ear Shell)

殼極厚，扁平，體層極度擴張並向後翻捲，而遮住早期的螺層。如同鮑螺一樣，成貝的螺塔很少高於殼口的軸邊。螺肋強，並與較弱的縱肋相交；在生長的後期，弱縱肋發育成鱗片或皺邊。螺軸厚，光滑；前水管溝極淺。殼表暗褐色或灰白色，殼口白色，螺軸有粉紅色的鑲邊。

• **附註**　靠貝內軟體大足的吸力，附著在岩石上。

• **棲息地**　沿海岩石上。

秘魯區

分布　秘魯、智利	數量　▲▲▲▲▲	尺寸　6公分

超科 骨螺超科	科 骨螺科	種 *Rapana venosa* Valenciennes

紅皺岩螺(Veined Rapa Whelk)

殼重，螺塔短，體層膨大，臍孔深。殼口大，卵形；螺軸寬，光滑；外唇緣有小而長的齒，較老的標本外唇擴張。螺肋光滑，在肩部和體層周緣發育成規則的鈍結節。螺脊細，與低位的細縱肋相交。殼表淺灰或紅褐色，螺肋上有暗褐色短線紋；殼口和螺軸深橙色。

• **附註** 原產於中國和日本海域。1940年代在黑海被發現，很快就將牡蠣床破壞殆盡。

• **棲息地** 牡蠣床。

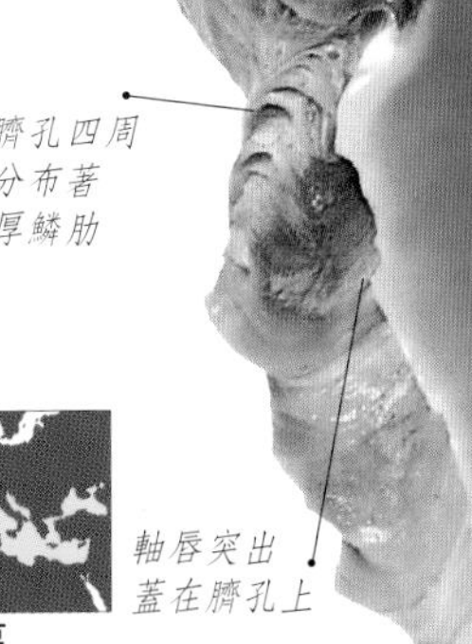

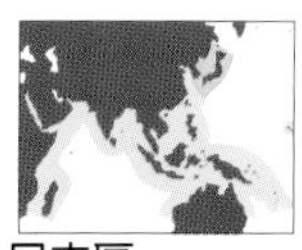

日本區
印度太平洋區

地中海區

分布 日本、中國、黑海、地中海	數量	尺寸 10公分

超科 骨螺超科	科 骨螺科	種 *Thais tuberopsa* Roding

角岩螺(Humped rock Shell)

殼厚而重，螺塔中等高度，體層大。縫合線深，當螺塔磨損後，縫合線難以辨視，體層上有兩列大而鈍的結節，近殼底有一列較小結節。螺軸光滑，殼表黃白色，有紫褐色螺帶；殼口乳白色，有排列整齊的橙色螺旋線。

• **附註** 此為印度太平洋產的數個近似種之一，大小和殼表裝飾多變異。

• **棲息地** 珊瑚礁附近。

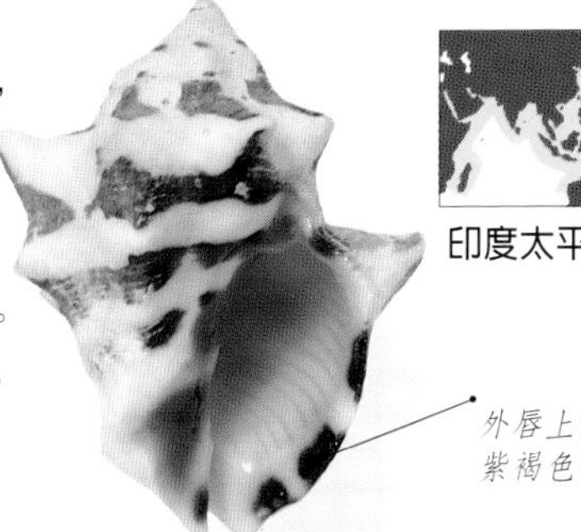

印度太平洋區

分布 太平洋	數量	尺寸 5公分

超科 骨螺超科	科 骨螺科	種 *Thais haemastoma* Linnaeus

紅口岩螺(Red-mouthewd Rock Shell)

殼厚而重，螺塔短，呈圓錐形，體層大，殼口外張，縫合線淺。體層一般共有四列螺狀鈍結節，整個螺體布滿纖細的螺溝。螺軸光滑，挺直。殼表淺灰至紅褐色；殼口紅色、橙色或近褐色。

- **附註** 俗名有時並不適切。
- **棲息地** 沿海岩石間。

成貝

肩部明顯

幼貝

西非區
南非區

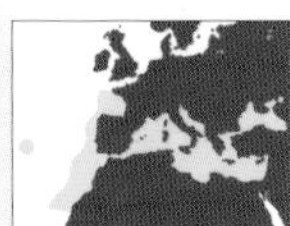

地中海區

分布 地中海至南非	數量	尺寸 7.5公分

超科 骨螺超科	科 骨螺科	種 *Thais rugosa* Born

塔岩螺(Rough Rock shell)

殼呈雙圓錐形，螺塔猶如東方古國的寶塔；體層大，殼口寬，螺軸直，臍孔常封閉。體層上有四層螺旋排列的凹槽狀短棘，最上列的棘上翹。殼表淡褐色或深褐色；殼口乳白色或白色。

- **附註** 凹槽狀的棘常遭折損。
- **棲息地** 沿海岩礁間泥底。

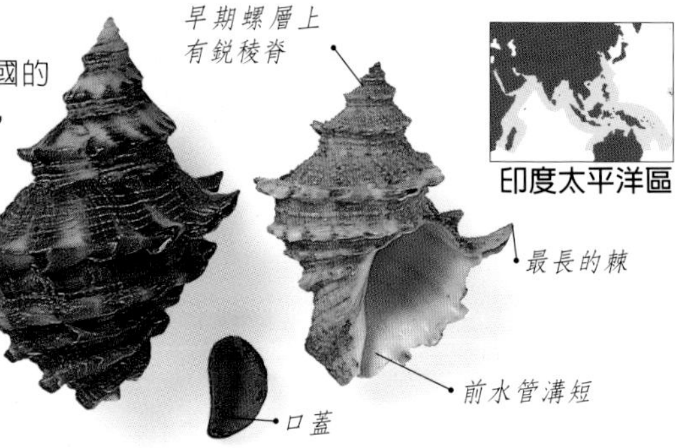

印度太平洋區

分布 印度至東南亞	數量	尺寸 2.5公分

超科 骨螺超科	科 骨螺科	種 *Cuma lacera* Born

稜角岩螺(Keeled Rock Shell)

螺塔短，體層膨大，殼口寬。每一螺層上的稜脊尖銳而突起，而在體層上發育成大而尖的結節。螺軸光滑、挺直；外唇起皺。殼表黃褐色；殼口近白色。

- **附註** 在孟買沿海居民常採來食用。
- **棲息地** 沿海泥質礁岩間。

印度太平洋區

分布 印度洋、東南亞	數量	尺寸 5公分

超科　骨螺超科	科　骨螺科	種　*Vitularia salebrosa* King Broderip

海豹骨螺(Rugged Sea-calf)

此螺最大的特徵在於：殼口長而大，外唇極厚。螺塔高，體層高度是螺塔的兩倍。早期螺層上的銳稜脊，在後期螺層變成肩部的結節。縫合線深，微呈波浪狀。新鮮的螺殼上有薄而銳利的縱脹肋，而較老標本上的都已磨損。殼表淺至深褐色，有4-5條深褐色螺帶，在體層的近底部最寬。

• **附註**　本屬僅有兩種，此為較大的一種。

• **棲息地**　近海水域。

沿外唇內側有鈍齒

近白色的殼口

唇緣有數層薄而脆弱的殼

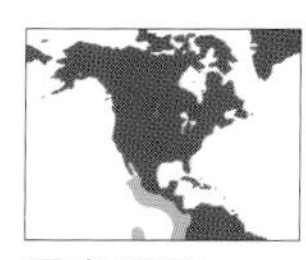

巴拿馬區

分布　加州灣至巴拿馬、加拉巴哥群島	數量	尺寸　7.5公分

超科　骨螺超科	科　骨螺科	種　*Nassa francolina* Bruguiere

黑橄欖螺(Francolin Jopas)

螺殼平滑，有光澤，體層肥圓，螺塔小。早期螺層上有縱肋，螺軸光滑，外唇緣銳利。殼表淺或深紅棕色，有灰白色大塊斑，上有細縱條紋和斑；殼口和螺軸近黃色或橙色。

• **附註**　此螺學名在1789年由法國博物學家布魯魁瑞所命名，古義大利語的意思是「鷓鴣」。

• **棲息地**　珊瑚和岩石間。

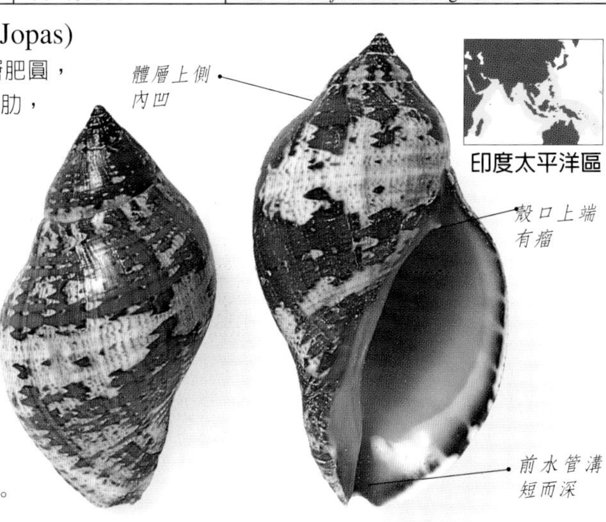

印度太平洋區

分布　印度洋	數量	尺寸　6公分

岩螺

另一群岩螺種類少。螺殼厚，體層大，殼表具有結節。外唇的內側緣有發達的齒；殼口常被軸唇褶所縮小。棲息於印度太平洋海域的珊瑚礁間，以小型無脊椎動物爲食。

超科　骨螺超科	科　骨螺科	種　*Drupa morum* Roding

紫口岩螺(Purple Pacific Drupe)

體層膨大，螺殼厚，螺塔低矮。螺軸有3-4個強褶襞，外唇的內緣有8枚大齒，體層上有4列大結節環繞。殼表灰白色，結節黑色；殼口及唇齒紫色。

- **附註**　殼口顯著的紫色，極易辨認。
- **棲息地**　潮間帶礁石間。

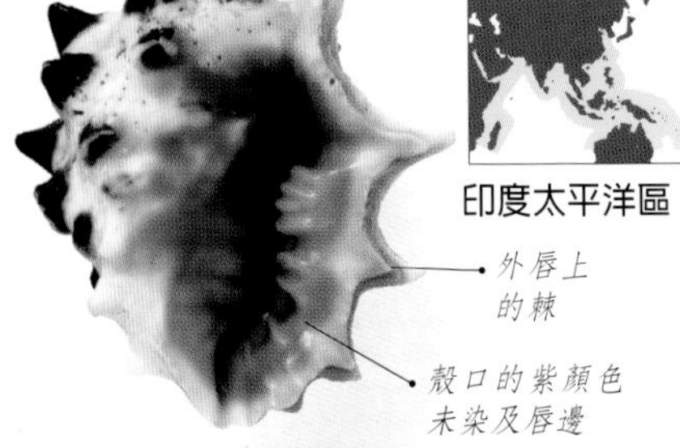

分布　熱帶印度太平洋	數量　♦♦♦	尺寸　3公分

超科　骨螺超科	科　骨螺科	種　*Drupa rubsidaeus* Roding

玫瑰岩螺(Strawberry Drupe)

螺呈球形，螺塔短，成貝的殼頂近扁平。體層約有五列棘環繞，最接近外唇的棘側面開裂。殼表乳黃色；成貝的螺軸呈鮮艷的粉紅色。

- **棲息地**　潮間帶礁石間。

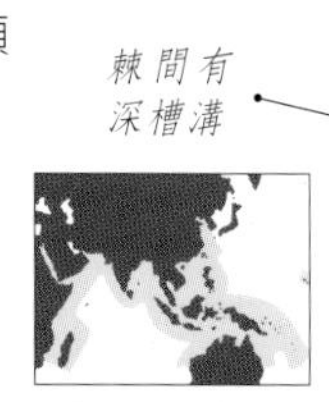

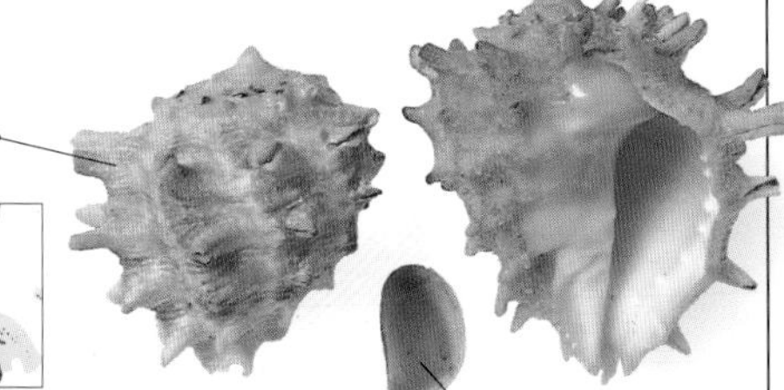

分布　熱帶印度太平洋	數量　♦♦	尺寸　5公分

超科　骨螺超科	科　骨螺科	種　*Drupa ricinus* Linnaeus

黃齒岩螺(Prickly Pacific Drupe)

螺殼小，具尖棘，靠外唇處的棘較其他部位長。螺軸及外唇的內側有方形鈍齒，將殼口顯著地縮窄。殼表近白色，棘尖端黑色；殼口有一橙色環。

- **附註**　有時殼口無橙色環。
- **棲息地**　潮間帶礁石間。

分布　熱帶印度太平洋	數量　♦♦♦♦	尺寸　3公分

刺岩螺

殼厚，主要產於美洲西海岸的沿海岩石間。殼表或光滑，或具結節，或有鱗片。殼口的下端有一枚顯著或者不太明顯的齒，可以撬開雙殼貝而食之。

超科　骨螺超科	科　骨螺科	種　*Acanthina monodon* Pallas

單齒刺岩螺(Rough Thorn Drupe)

螺塔低，下唇齒突出，殼表布滿了螺旋鱗狀脊。表面淺紅棕色；殼口和螺軸為白色。

- **附註**　外唇通常具有強齒。
- **棲息地**　沿海岩石間。

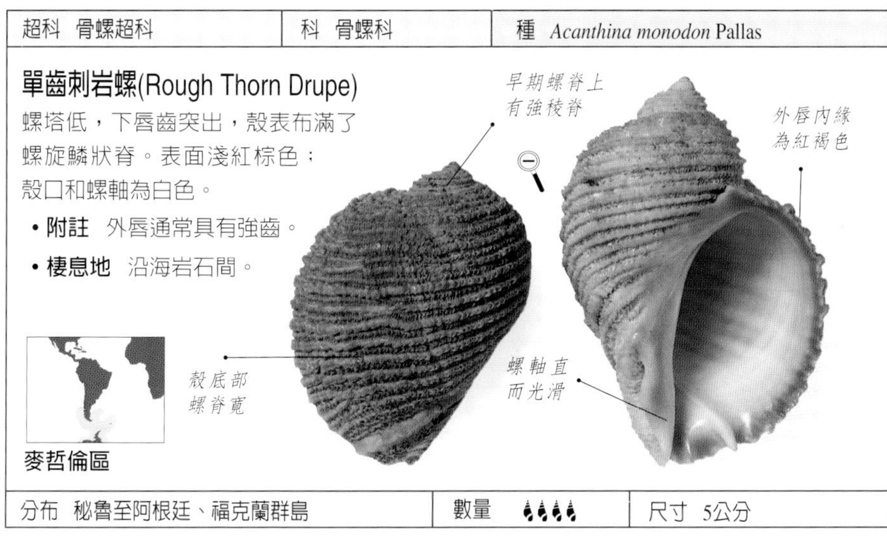

分布　秘魯至阿根廷、福克蘭群島	數量	尺寸　5公分

懸線骨螺

此類螺目前可能僅存兩種。關於食性和棲息地，幾乎沒有多少記載。外型酷似個體較大的法螺，殼薄，有明顯的縱脹肋，殼口向外擴張。成貝的標本一般缺少殼頂螺層。

超科　骨螺超科	科　骨螺科	種　*Phyllocoma conoluta* Broderip

懸線骨螺(Convoluted False Triton)

殼薄，螺塔高，縫合線極深，體層大，殼口向外展。成貝的標本缺少殼頂螺層，後期螺層上有兩條排列規則的縱脹肋，螺肋強，扁平。軸唇光滑，強烈反轉。殼表淺黃白色，殼口色較淺。

- **附註**　外唇緣有時呈鋸齒狀。
- **棲息地**　近海水域。

分布　熱帶印度太平洋	數量	尺寸　3公分

珊瑚螺

螺殼小至中型；外表有精巧的棘或者板狀皺邊。棲息於石珊瑚或柳珊瑚上，這種獨特的生存環境多多少少影響了其形狀和刻紋的變異；盛產於熱帶淺海。

超科　骨螺超科	科　珊瑚螺科	種　*Coralliophila meyendorffi* Calcara

梅氏珊瑚螺(Lamellose Coral Shell)

殼堅實精緻，螺塔高，縫合線極深。縱肋寬而斜，與密集的螺肋相交；螺肋鱗片狀，尤其是靠外唇處，螺軸直並光滑。殼表污白色，灰色或黃褐色；新鮮的標本，殼口泛玫瑰色。

- **棲息地**　近海水域。

地中海區

唇邊有細齒

前水管溝短而寬

分布　地中海	數量　▲▲▲	尺寸　3公分

超科　骨螺超科	科　珊瑚螺科	種　*Coralliophila neritoidea* Lamarck

紫口珊瑚螺(Violet Coral Sheell)

螺殼厚，矮胖、卵球狀。螺塔短或幾乎消失，體層大。螺軸光滑、挺直，纖細的螺肋有時清晰可見。殼口卵形，外唇緣銳利，有時有小臍孔，前水管溝短而窄。殼表污白色，有時染有淺紫色，殼口深紫色。

- **附註**　外形變化不定，殼表常磨損或附著有珊瑚破片，但紫色的殼口永遠不變。
- **棲息地**　珊瑚礁下。

殼口處有細螺肋

印度太平洋區

螺軸底端有扭結

分布　印度太平洋	數量　▲▲▲▲	尺寸　2.5公分

超科　骨螺超科	科　珊瑚螺科	種　*Coralliophila erosa* Roding

大肚珊瑚螺(Southern Coral SHell)

殼呈雙圓錐形，上下外形相似，最寬處是體層的肩部。縫合線極深，螺軸直而光滑；外唇緣有皺褶。螺肋緊密，有小鱗裝飾，臍孔小而淺。殼表污白色。

- **棲息地**　石珊瑚。

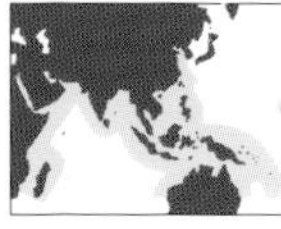

印度太平洋區

前水管溝短而寬，彎曲

分布　印度太平洋	數量　▲▲▲	尺寸　3公分

洋蔥螺

種類稀少，多爲球形，殼薄，易碎。殼表呈素色，半透明。口蓋薄，角質，極小，蓋不住寬大的殼口。盛產於熱帶海域軟珊瑚群中，少數分布在深海底。

超科 骨螺超科	科 骨螺科	種 *Rapa rapa* Linnaeus

洋蔥螺(Rapa Snail)

外形酷似洋蔥，螺頂扁平幾乎沒在體層中，殼薄易碎，螺塔短。螺軸直而光滑，軸盾下半部擴張，形成與體層分離的薄片。前水管溝寬而開闊，有的較直，有的極度彎向一邊。強螺肋布滿殼體，在外唇邊緣形成鋸齒狀。從殼頂看，較寬的溝槽將螺肋分開，溝槽中滿是薄縱脊；體層最上面的寬溝槽中，縱脊更密集，並有皺褶；殼表全為均勻白色。

- **附註** 此為洋蔥螺類中最大的一種。
- **棲息地** 軟珊瑚群中。

分布 西太平洋	數量	尺寸 7.5公分

花仙螺

殼小，螺塔高。殼表具鑲有發達的棘和鱗片，有時這些棘和鱗片共同為螺殼造就出獨特之美。有一深褐色的口蓋，角質。大部分棲息於溫暖海域，通常住近海，有時也棲息在極深的海底。

超科　骨螺超科	科　珊瑚螺科	種　*Latiaxis mawae* Griffith & Pidgeon

瑪娃花仙螺(Mawe's Latiaxis)

殼外形奇特，螺層幾乎相互分離。螺塔上的早期螺層扁平，體層上半部微昇起，下半部圓凸。體層肩部有翻捲、深缺刻的凸緣。殼表有細螺溝。臍孔寬而深，邊緣呈粗鋸齒狀；殼表近白色。

- **附註**　科學界最先獲知的花仙螺之一。
- **棲息地**　近海水域。

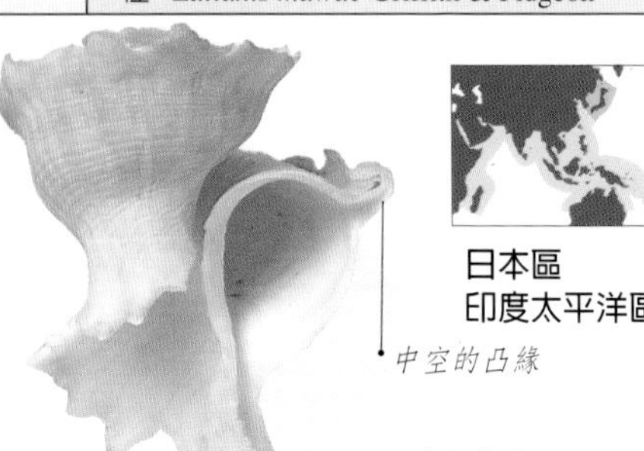

分布　日本至菲律賓	數量　♠♠	尺寸　4.5公分

超科　骨螺超科	科　珊瑚螺科	種　*Latiaxis pagodus* A. Adams

台灣花仙螺(Pagoda Latiaxis)

個體小，殼極薄，螺塔高而尖，體層大，前水管溝長度中等。臍孔深，棘尖，基部較寬，一側裂開。殼表黃白色或灰色，有粉紅色或淡褐色的斑紋。

- **棲息地**　近海水域。

體層周緣有一列最長的棘

棘上翹

分布　熱帶印度太平洋	數量　♠♠♠	尺寸　6公分

超科　骨螺超科	科　珊瑚螺科	種　*Latiaxis winckworthi* Fulton

溫氏花仙螺(Winckworth's Latiaxis)

殼小而薄，但堅實，體層膨大，螺塔高，呈階梯狀。體層周緣有一螺旋狀排列的棘，縱肋低。殼口大，螺軸直，光滑，臍孔四周有脊。殼表淺黃色；殼口白色。

- **棲息地**　近海水域。

日本區

外唇邊緣鋸齒狀

分布　日本	數量　♠♠♠	尺寸　3公分

管骨螺

個體小，殼表面雕飾奇異，但顏色並不鮮麗。多數管骨螺有強縱脹肋，其上長出極發達的葉片和末端開口的管狀突出。產於溫暖海域，有的分布在潮間帶，有的生活在深水底。

超科　骨螺超科	科　骨螺科	種　*Typhisala grandis* A.Adams

大管骨螺(Grand Typhis)

在殼表的裝飾物下，可以看出此螺體層大，螺塔短。縱脹肋上長出薄葉片，葉片的邊緣後捲，最後一條葉片與前水管溝連接，在圓而小的殼口外形成一個寬盾，葉片的上緣具敞開口的小管。殼表淺褐色和白色。

- **附註**　此螺殼口葉片的尺寸引人注目。
- **棲息地**　近海水域。

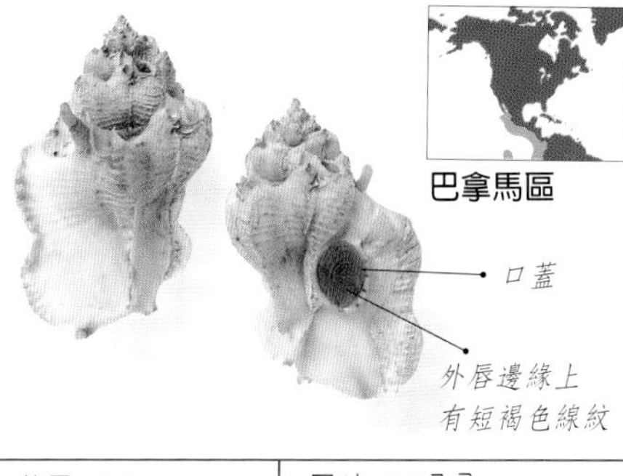

分布　墨西哥西部至巴拿馬	數量	尺寸　3.5公分

超科　骨螺超科	科　骨螺科	種　*Ttyphisopsis coronatus* Broderip

冠管骨螺(Crowned Typhis)

殼小，螺塔高，體層長，部分被殼表的裝飾所覆蓋。縱脹肋寬，並在頂端突出成針狀棘。偶爾在棘附近，有些開口的管向上突起。體層有強螺帶，殼口圓，外唇有寬葉片縱貫整個體層。表面為黃褐色。

- **棲息地**　淺海底

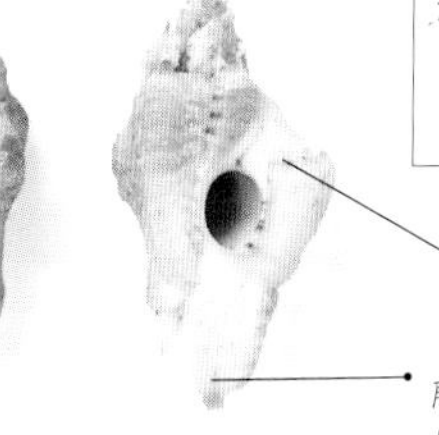

分布　墨西哥西部至厄瓜多爾	數量	尺寸　3公分

超科　骨螺超科	科　骨螺科	種　*Typhina cleryi* Petit

克雷氏管骨螺(Clery's Typhis)

殼表精巧的雕飾常使人誤以為螺塔矮胖，實際上，螺塔相當高，體層僅中度膨圓。縫合線極深，清晰可見。葉片的頂端捲曲，並緊接著頂端開口而下彎的小管。殼口邊緣外張，表面污白色，有粉紅色澤。

- **棲息地**　深海域。

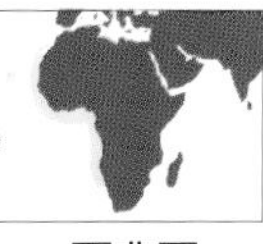

分布　西非	數量	尺寸　2公分

凱旋骨螺

凱旋骨螺種類多，缺乏鮮豔色彩。生存於溫帶和寒帶海底，有的生活於沿海，有的棲息於深海底。個體小或中等；前水管溝明顯而開敞；螺軸光滑。有些種類縱脊發達，有些退化。

超科　骨螺超科	科　骨螺科	種　*Trophon geversianus* Pallas

格氏凱旋骨螺(Gevers' Trophon)

殼厚但易碎，體層膨大，螺塔短，殼頂圓。縫合線深，有時呈溝槽狀。臍孔深，或窄或寬；前水管溝寬，微後彎，所有螺層上的縱肋強弱不等，有時甚至消失，縱肋間有排列整齊的低螺肋，相交錯的螺肋與縱肋在螺塔各層上形成網格。螺軸和外唇光滑，殼表白堊色，殼口紫褐色。

- **附註**　外表多變而且大型的這種凱旋骨螺，常被沖上某些南美海灘。
- **棲息地**　近海水域。

體層肩部上方無螺肋

體層頂端的縱脊極發達

臍孔四周有邊

外唇極薄

麥哲倫區

分布　智利南部、阿根廷南部	數量　♠♠♠♠	尺寸　7.5公分

超科　骨螺超科	科　骨螺科	種　*Trophon beebei* Hertlein & Strong

畢氏凱旋骨螺(Beebe's Trophon)

殼窄而輕，易碎，螺層盤捲鬆散，螺塔不足總殼長的一半。殼頂及早期螺層有缺損，證明螺殼缺少碳酸鈣。前水管溝長而寬，並呈敞開狀。殼口圓；螺軸直而光滑。殼表唯一的雕飾是一根時常朝上的棘，或螺層肩上剛剛長出的一截。殼表淺褐色或棕褐色，殼口色較淡。

- **附註**　此螺外表雅緻，以美國博物學家威廉．畢比的名字命名。
- **棲息地**　海沙底。

螺層上半部呈平台狀

螺層肩部棘發育不全

殼表光滑

前水管溝微彎

孤立的棘

口蓋

巴拿馬區

分布　加利福尼亞灣	數量　♠♠♠	尺寸　4公分

紡軸螺

紡軸螺種類少，但頗有特色。螺塔高，口蓋梨形，角質，前水管溝長。螺層周邊一般有強稜，並飾有結節、棘或鱗。大多數種類生存於熱帶深海的泥質海底。

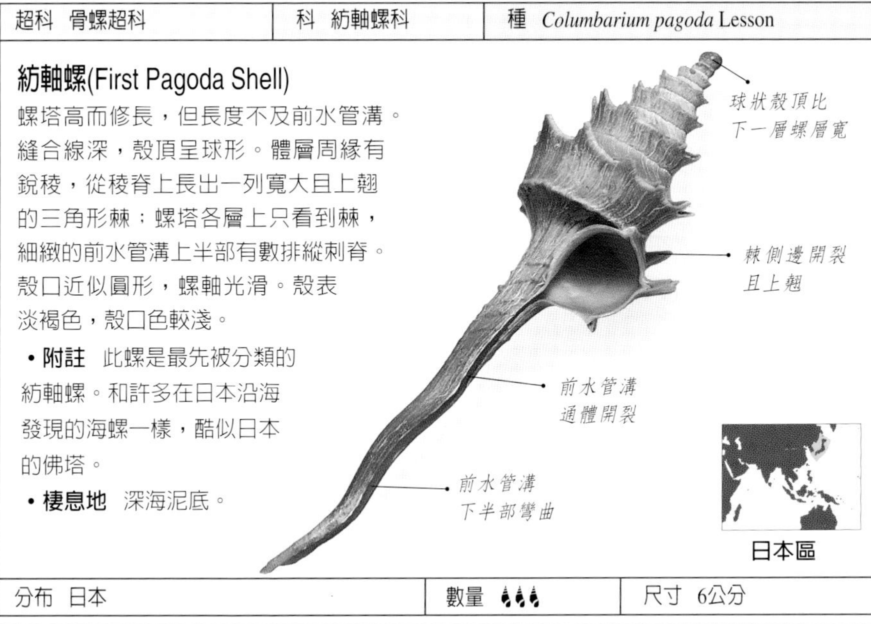

超科 骨螺超科	科 紡軸螺科	種 *Columbarium pagoda* Lesson

紡軸螺(First Pagoda Shell)

螺塔高而修長，但長度不及前水管溝。縫合線深，殼頂呈球形。體層周緣有銳稜，從稜脊上長出一列寬大且上翹的三角形棘；螺塔各層上只看到棘，細緻的前水管溝上半部有數排縱刺脊。殼口近似圓形，螺軸光滑。殼表淡褐色，殼口色較淺。

- **附註** 此螺是最先被分類的紡軸螺。和許多在日本沿海發現的海螺一樣，酷似日本的佛塔。
- **棲息地** 深海泥底。

分布 日本	數量	尺寸 6公分

超科 骨螺超科	科 紡軸螺科	種 *Columbarium eastwoodae* Kilburn

伊氏紡軸螺(Eastwood's Pagoda Shell)

殼中等厚度，個體修長，螺塔長度約與前水管溝相當。螺塔上部的螺層向一邊略傾，前水管溝微扭曲。螺層周緣都有強稜，脊上鑲有一圈明顯的結節。體層上另有兩道螺肋，與殼口頂端齊平；在螺塔各層的縫合線上方也偶爾有一道類似的螺肋。強稜下有一些波狀細螺肋；前水管溝上半部有螺脊。殼表為白色。

- **附註** 殼表的裝飾變異相當大。
- **棲息地** 深海泥底。

螺脊
清晰可見
剛長出的結節
側面開裂
口蓋
前水管溝扭曲
而且微彎
前水管溝
下半部光滑
南非區

分布 南非	數量	尺寸 7公分

麥螺

殼小，大多呈紡錘狀，約有三十多屬。螺軸一般有些許褶襞，外唇內側有齒，同種螺往往色彩和花紋相差極大。廣泛分布於溫暖海域；爲食腐肉的動物。

超科　骨螺超科	科　麥螺科	種　*Strombina elegans* Sowerby

優美麥螺(Elegant Strombina)

殼小，早期螺層易碎，尖錐形，自上至下漸變堅固，並且肩部逐漸加寬；體層微圓，底端形成一窄水管溝槽。上面9-10層光滑如絲，後期螺層有肩角和縱肋，螺軸直。殼表底色為白色，有縱向褐色，有時會合的條紋。

• **附註**　早期螺層素色，殼頂減小呈尖錐形；與後期螺層上粗大的花紋對比鮮明。

• **棲息地**　近海水域。

巴拿馬區

外唇上端加厚

鈍強齒

分布　中美洲西海岸	數量	尺寸　3公分

超科　骨螺超科	科　麥螺科	種　*Mazatlania aciculata* Lamark

竹筍麥螺(False Auger Shell)

殼小，精緻，長型，殼頂尖，殼表有光澤。早期螺層的縱肋，在後期螺層上漸變為光滑的雙列結節，螺塔比體層高許多。殼表乳黃色到淡淺褐色，有褐色螺旋帶。

• **附註**　曾認為分布在拿波里海灣，但尚未證實。

• **棲息地**　近海砂底。

加勒比亞區

結節打斷了褐色螺旋帶

殼口處可透見褐色螺帶

海域　西印度群島、巴西	數量	尺寸　2公分

超科　骨螺超科	科　麥螺科	種　*Parametaria macrostoma* Reeve

長口麥螺(Cone-like Dove Shell)

酷似芋螺，螺塔短。縫合線深，體層的下半部有螺溝。表面為紫褐色，有污白色塊斑；殼口深紫色。

• **附註**　唇加厚，殼口內壁有螺脊，由此可見此螺只是外表與芋螺相似。

• **棲息地**　潮間帶下。

巴拿馬區

外唇內部有螺脊

分布　墨西哥西部至巴拿馬	數量	尺寸　2公分

超科　骨螺超科	科　麥螺科	種　*Pyrene scripta* Lamarck

花麥螺(Dotted Dove Shell)

殼表有光澤，體層大，肩部呈圓形。外唇上下兩端稜角狀，但中間平直，內側有十四枚齒。螺軸有折褶，體層上的螺脊在底部變得明顯。殼表乳黃色，有淺褐色斑紋，深褐色斑點呈螺旋狀排列。

- **棲息地**　淺海底。

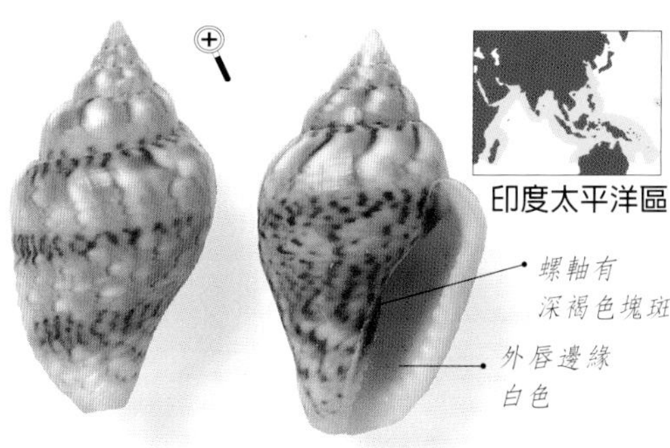

分布　熱帶太平洋	數量	尺寸　2公分

超科　骨螺超科	科　麥螺科	種　*Pyrene flava* Bruguiere

黃麥螺(Yellow Dove Shell)

螺殼紡錘形，螺層依次套接，深的縫合線增強了這種效果。殼口窄，略超過體層一半高度，體層下半部有細螺肋。色彩多變，但一般為淺褐色，有白色的塊斑、斑點和條紋；殼口常為紫色。

- **附註**　左邊的標本花紋極醒目，但罕見。
- **棲息地**　潮間帶。

印度太平洋區

外唇內緣有齒

分布　熱帶印度太平洋區	數量	尺寸　2.5公分

超科　骨螺超科	科　麥螺科	種　*Pyrene punctata* Bruguiere

紅麥螺(Telescoped Dove Shell)

殼表光滑，只有體層下半部有螺肋。早期螺層依次套接，故體層高出螺塔許多。殼口狹長，外唇內緣有齒。殼表紅褐色，有白色斑紋和深褐色塊斑「之」字紋及斑點。

- **附註**　此種螺的標記是：早期螺層如望遠鏡般依次套接。
- **棲息地**　近海水域。

印度太平洋區

分布　熱帶印度太平洋	數量	尺寸　2.5公分

超科 骨螺超科	科 麥螺科	種 *Columbell mercatoria* Linnaeus

巴西麥螺(Common Dove Shell)

殼厚，螺塔短；體層膨圓，底部急劇變窄。縫合線溝槽狀，螺層上有排列整齊的強螺肋。螺軸上半部光滑，下半部有6－8個小褶襞，整個外唇邊緣都有齒分布。殼表由褐色、白色、橙色及粉紅色組成斑駁的花紋，齒和折褶為白色。

• **附註** 螺軸和外唇內側幾乎成平行彎曲，故殼口窄長。

• **棲息地** 淺海岩石下。

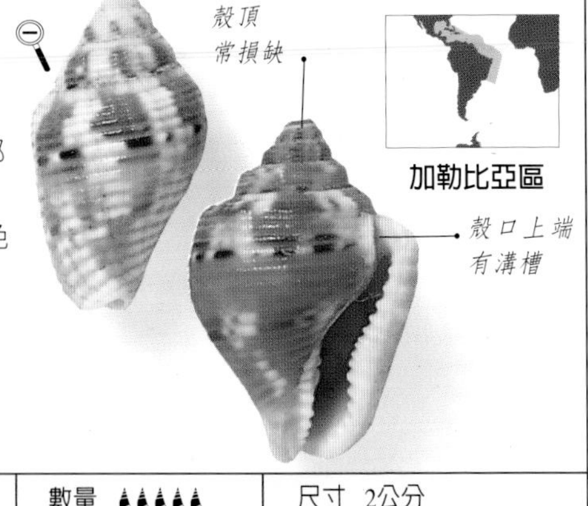

分布 佛羅里達東南至巴西	數量 ♦♦♦♦♦	尺寸 2公分

超科 骨螺超科	科 麥螺科	種 *Columbella strombiformis* Lamarck

陀螺形麥螺(Stromboid Dove Shell)

螺塔高，外唇顯著外展。體層膨圓，肩部常有稜脊。螺軸下半部有小折褶。表面紅褐色，有白色斑點、斑紋和條紋。

• **附註** 拉馬克所起的學名顯示：此螺與鳳凰螺相似。

• **棲息地** 潮間帶岩石下。

巴拿馬區

唇中部
有強齒

外唇內
側邊凸圓

分布 加利福尼亞灣至秘魯	數量 ♦♦♦♦	尺寸 3公分

超科 骨螺超科	科 麥螺科	種 *Nitidella ocellata* Gmelin

眼斑麥螺(White-spotted Dove Shell)

殼光亮，殼通體近乎光滑，縫合線極淺，體層與螺塔(無損標本的螺塔頂尖銳)高度約相當。外唇內側有一排大鈍齒，螺軸相當光滑。表面為淺褐色，有咖啡色螺帶，並重疊著乳白色的大圓斑。

• **附註** 常見殼頂螺層缺損嚴重，但對於殼內的軟體毫無損傷。

• **棲息地** 淺海岩石下。

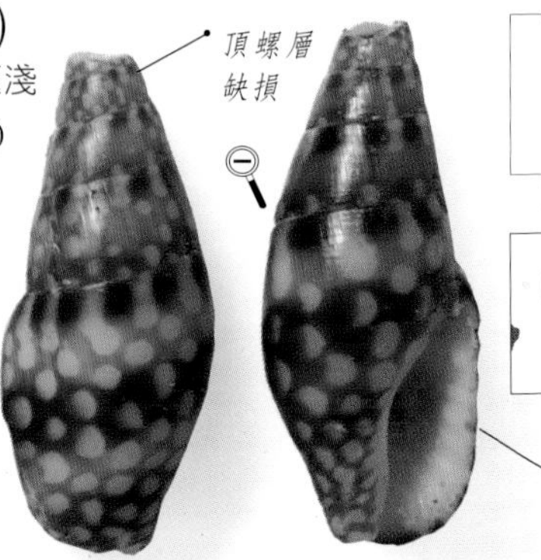

加勒比亞區

西非區

外唇
邊緣直

分布 佛羅里達南部、西非、加那利群島	數量 ♦♦♦♦	尺寸 1.2公分

峨螺

大多數峨螺產於寒帶水域。體層膨大，前水管溝短而寬。殼大小不一，外形及裝飾千姿百態，新鮮的貝殼上有厚殼皮。廣泛分布於北半球，為食腐肉的動物。

超科　骨螺超科	科　峨螺科	種　*Buccinum zelotes* Dall

旋塔峨螺(Suprior Buccinum)

螺塔奇高，殼表裝飾粗曠，螺層極肥圓，由深縫合線隔開；殼口超過體層長度的一半。後期的螺層上約有五條銳邊螺肋，體層的下半部有較弱的肋。表面是單調的白色或淡黃色。

• **附註**　由威廉·希利·達爾命名。

• **棲息地**　深海底。

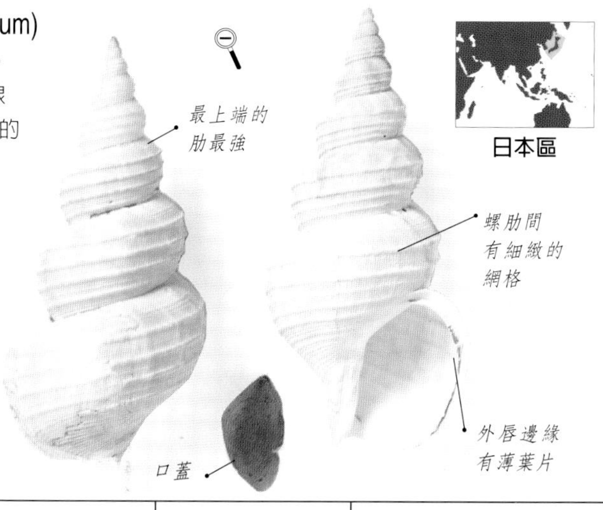

分布　日本	數量	尺寸　6公分

超科　骨螺超科	科　峨螺科	種　*Buccinum leucostoma* Lischke

白口峨螺(Yellow-lipped Buccinum)

殼薄，螺層肥圓；縫合線深，螺塔的高度約與膨大的體層相當。外唇圓弧形，略微反捲，前水管溝亦同。後期螺層上有3－4條較強的圓螺肋和許多細螺肋盤繞，並與細縱生長紋相交。磨損的螺肋有光澤。殼表白色，染有黃色；殼口白色。

• **附註**　此為北方海數種相似峨螺中的一種。英文俗名所稱「黃唇」在右圖標本中並不明顯。

• **棲息地**　中度深海底。

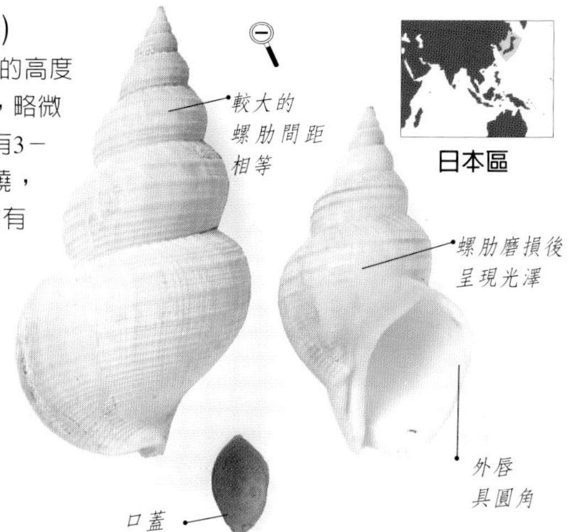

分布　日本	數量	尺寸　7.5公分

超科 骨螺超科 | 科 峨螺科 | 種 *Buccinum undatum* Linnaeus

歐洲峨螺(Common Northern Whelk)

殼厚，卵形；螺塔高，體層膨圓，縫合線深。外形及裝飾多變，但通常螺肋低，排列整齊，與較細的縱生長紋相交。螺軸光滑，前水管溝短。殼表乳黃色或淡灰色，有時縫合線處和體層中部有褐色的螺帶；新鮮的殼表有帶綠色的殼皮。

- **附註** 自史前時代起，西北歐人即採食這種螺。殼表有時有斜褶，也有罕見的左旋螺。
- **棲息地** 近海砂底。

分布 美國東北部、西歐 | 數量 | 尺寸 7.5公分

超科 骨螺超科 | 科 峨螺科 | 種 *Colus gracilis* Costa

苗條峨螺(Slender Colus)

螺殼紡錘狀，側面平直，殼頂球狀，近乎扁平。體層略比螺塔長，所有的螺層略圓膨，縫合線深。殼口窄，自上端尖頂處一直降至極度後彎的寬前水管溝處。螺肋低，排列整齊，並與細生長紋相交。表面為黃白色，殼口和螺軸白色。

- **附註** 新鮮的螺殼有黃褐色殼皮，但很快便脫落。
- **棲息地** 近海泥底。

分布 西北歐 | 數量 | 尺寸 7公分

超科 骨螺超科 | 科 峨螺科 | 種 *Volutharpa perryi* Jay

培利渦螺(Velety Buccinum)

殼薄易碎，體層球形，螺塔短，殼頂扁平。前水管溝極寬，末端與陡峭的螺軸邊相連，縫合線淺。殼表平滑，螺旋線極弱，並有毛絨般的殼皮覆蓋。乳黃色殼表，有褐色條紋；殼口為紫褐色。

- **附註** 口蓋小，薄如紙。
- **棲息地** 近海水域。

分布 日本、白令海峽 | 數量 | 尺寸 4.5公分

大型峨螺

個體從中型到大型。棲息於北半球近海溫帶或寒帶水域，有時棲於很深海底。大多數殼色暗淡，沒有光澤。殼厚而重，螺層圓，殼口大。前水管溝通常寬而短，並且後彎。多數種類有螺肋，但有些螺殼光滑，有些有縱褶襞或脊。許多新發現的螺種，只是常見種的變異體。新鮮的螺殼常有薄口蓋。

超科　骨螺超科	科　峨螺科	種　*Neptunea tabulata* Baird

桌形峨螺(Tabled Neptune)

殼厚，體修長，螺塔高，體層略長於螺塔。螺層側面下凹，上端有一寬平台，平台邊緣有一圈城牆般的鱗脊，為與其他大型峨螺區別的特徵。殼口長，末端與前水管溝相接；前水管溝寬，中等長度，敞開；螺軸光滑，微彎。螺層上螺肋分布規則。殼表為均勻的淡黃白色。

- **附註**　縫合線下有大平台，故名。
- **棲息地**　深海底。

周邊脊光滑

殼口透見外表螺肋

外唇邊銳利

加州區

分布　加拿大西部至美國加州	數量　🐚🐚	尺寸　9公分

超科　骨螺超科	科　峨螺科	種　*Neptunea contraria* Linnaeus

左旋峨螺(Left-handed Neptune)

殼厚而重，螺層圓凸，而且左旋；體層較螺塔高。縫合線深，殼頂圓。殼口狹長，螺軸光滑，微彎，前水管溝短。螺肋或高或低，但排列規則。殼表白色或淺褐色，殼口白色。

- **附註**　大型峨螺中唯一左旋的品種，偶爾也能發現順時針的左旋螺。
- **棲息地**　近海水域。

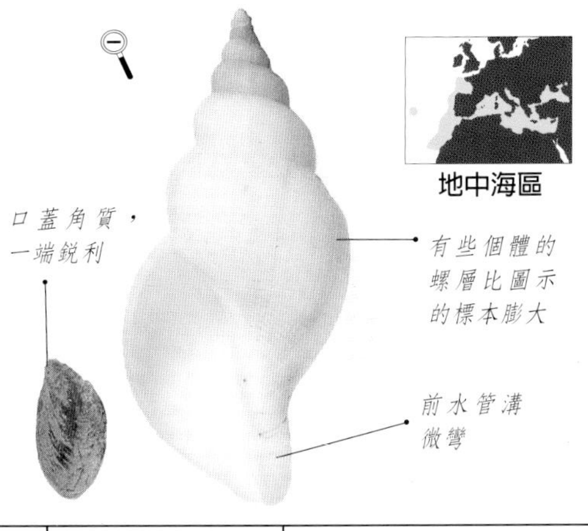

分布　地中海、大西洋東部	數量　🐚🐚	尺寸　9公分

超科 骨螺超科	科 峨螺科	種 *Siphonalia trochulus* Reeve

細紋峨螺(Hooped Whelk)

殼厚，螺塔高，體層膨大。殼口長，末端與寬而後彎的前水管溝相接。螺塔各層有低的垂直折褶，螺體上布滿了整齊的細螺肋。殼表褐色，較大的細螺肋呈白色。

- **附註** 螺軸和外唇內側可能呈紫色。
- **棲息地** 近海水域。

日本區

殼口內有強螺脊

分布 日本	數量 ♦♦♦♦	尺寸 4公分

超科 骨螺超科	科 峨螺科	種 *Mmetula amosi* Vanatta

阿莫氏峨螺(Pink Metula)

殼相當厚，長型，側面平直；體層超過總殼長的一半。縫合線淺，殼頂鈍。殼口狹長，螺軸光滑。後期螺層上有螺肋與縱肋相交，形成網格。殼表褐色，體層上有白色螺帶。

- **附註** 體層修長，殼表網格顯著。
- **棲息地** 深海底。

巴拿馬

唇緣有皺紋

唇內側有長齒

分布 巴拿馬	數量 ♦♦	尺寸 4公分

超科 骨螺超科	科 峨螺科	種 *Kelletia kelleti* Forbes

克來特峨螺(Kellre's Whelk)

殼厚而重，螺塔高，體層大，縫合線細刻，波浪狀。殼頂缺損，螺軸內凹，平滑。前水管溝寬，中等長度，臍孔小。側面直，但有明顯的縱褶和結節。不規則螺溝布滿了殼表，螺塔常有缺損，外唇的邊緣有淺鋸齒。殼表黃白色，殼口和螺軸白色。

- **附註** 該屬唯一的生存種，外表總是呈磨損和邋遢狀。
- **棲息地** 近海底。

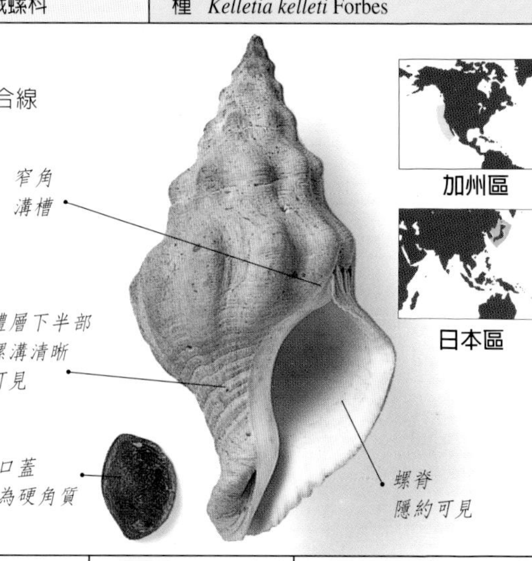

分布 美國加州至墨西哥、日本	數量 ♦♦♦	尺寸 11公分

超科　骨螺超科	科　峨螺科	種　*Cominella adspersa* Bruguiere

細斑峨螺(Speckled Whelk)

殼厚，螺塔短而尖，體層大。殼口大，上端頂部有狹窄的後溝，下端與短而寬的前水管溝相接；螺軸內凹陷，光滑。臍孔被反捲的螺軸唇所遮掩，螺塔各層上有寬而低的縱肋，整個殼表布滿強螺肋。表面乳黃色，有螺狀褐色小方斑。

• **附註**　在十八世紀庫克船長探險航行之前，科學家尚不知有此螺。

• **棲息地**　沿海砂底和岩石間。

分布　紐西蘭區	數量　♦♦♦♦	尺寸　5公分

超科　骨螺超科	科　峨螺科	種　*Northia pristis* Deshayes

諾氏長峨螺(North's Long Whelk)

殼厚，堅實，螺塔高，體層大。早期螺層上有強縱脊並與細螺肋相交，後期螺層光滑，但有生長紋。螺軸直，光滑；前水管溝短而寬。褐色或綠褐色的殼表，外唇內側及螺軸色較淺。

• **棲息地**　淺海底。

分布　墨西哥西部至厄瓜多爾	數量　♦♦♦	尺寸　5公分

超科　骨螺超科	科　峨螺科	種　*Burnupena cincta* Roding

環帶峨螺(Girdled Burnupena)

殼厚，螺塔高，體層長，肩部有寬凹面，因而在殼口頂端形成窄後溝。外唇薄，螺軸光滑，微彎，殼體布滿了寬而扁平的螺肋。殼表褐色，有顏色較淺的縱紋，螺軸白色，殼口白色或紫色。

• **附註**　新鮮的殼表完全被厚而粗糙的殼皮包裹。

• **棲息地**　岩石潮池裏。

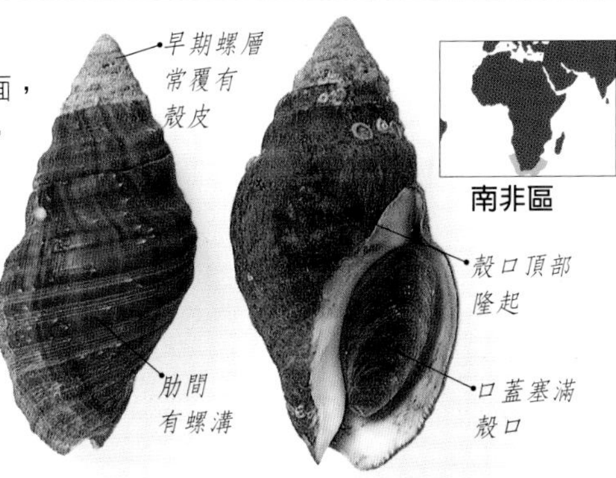

分布　南非	數量　♦♦♦♦	尺寸　6公分

超科　骨螺超科	科　峨螺科	種　*Phos senticosus* Linnaeus

木賊峨螺(Thorny Phos)

螺塔高，殼口超過膨大的體層長度的一半。約有十二根縱肋，有些類酷似縱脹肋。殼表布滿了強螺肋，並與縱肋相交，交點突出而銳。殼口內有強螺脊，螺軸下半部有2－4個不明顯的折褶。殼表乳黃色或白色，有時呈粉紅色，有褐色螺帶；殼口白色或淡紫色。

- **附註**　英文螺名意為「多刺」。
- **棲息地**　淺海砂底。

縫合線深

肋邊緣多刺

前水管溝短

印度太平洋區

分布　熱帶太平洋	數量	尺寸　3公分

超科　骨螺超科	科　峨螺科	種　*Nassaria magnifica* Lischke

堂皇峨螺(Magnificent Phos)

螺殼高，螺層上都似乎有稜脊，因為每層螺層的周緣有兩列明顯而縱向連接的小結節。這些小結節橫向由細螺脊相連，體層上還多了一列小結節。殼口圓，下端與後彎的前水管溝相連；螺軸曲折，但光滑。殼表乳黃色，有淺褐色螺紋。

- **附註**　在外形及表面裝飾的強度與佈局，都有相當程度的變化。
- **棲息地**　近海水域。

殼皮為淺褐色

外唇邊緣銳利

口蓋

日本區

分布　日本南部	數量	尺寸　4公分

超科　骨螺超科	科　峨螺科	種　*Buccinulum corneum* Linnaeus

紡錘峨螺(Spindle Euthria)

殼厚而重，長卵形，體層略長於螺塔。早期螺層光滑，有微凸的小結節，後期螺層光滑。縫合線深。體層肩部圓，下半部有細螺肋。外唇薄，內側有螺脊。表面乳白色，有褐色斑紋。

- **附註**　大多數近緣種產於紐西蘭及南半球其他地區。
- **棲息地**　近海水域。

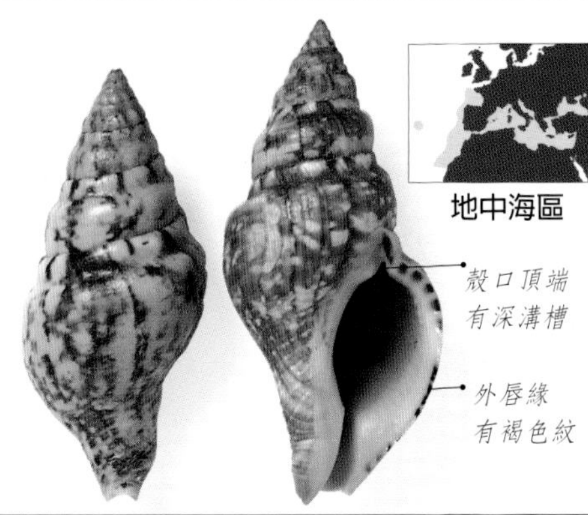

分布　地中海	數量	尺寸　5公分

超科　骨螺超科	科　峨螺科	種　*Pisania pusio* Linnaeus

巴西小峨螺(Small Triton-trumpet)

殼堅實，紡錘狀，早期螺層側面平直；次體螺層和體層微膨圓。殼體布滿細密的生長紋。螺軸光滑，下端有向下的折褶，殼口頂端有一枚齒。殼表紫褐色，之間有深色和淡色斑及條紋。

- **附註**　英文名表示與法螺相似。
- **棲息地**　珊瑚礁附近。

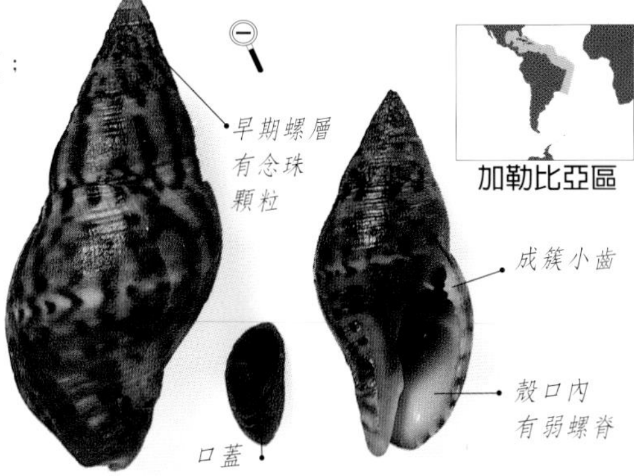

分布　佛羅里達東南至巴西	數量 ♠♠♠	尺寸　4公分

超科　骨螺超科	科　峨螺科	種　*Pisania truncata* Hinds

截頭峨螺(Truncate Pisania)

完整的螺殼，螺塔高而尖，約有十層微圓的螺層。縱肋強，與螺脊相交。螺軸兩端均有一齒。殼表橙色，有褐色斑紋和白色螺帶。

- **附註**　成貝標本(如右圖所示)，很少能保留早期螺塔各層。
- **棲息地**　淺海底。

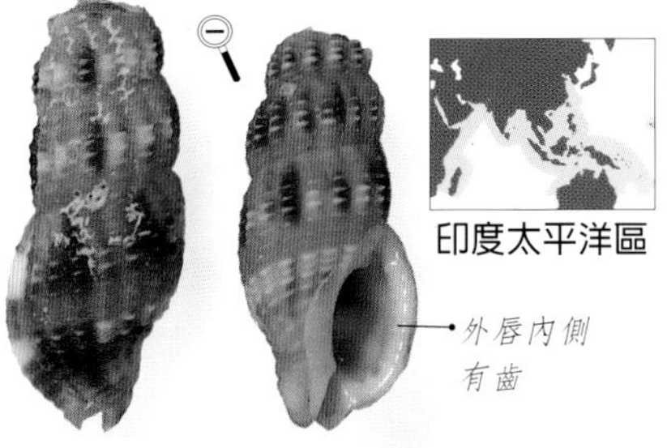

分布　熱帶太平洋	數量 ♠♠	尺寸　2公分

超科　骨螺超科	科　峨螺科	種　*Macron aethiops* Keeve

污黑峨螺(Dusky Macron)

個體大，有顯著的厚殼皮，體層大，螺塔相對小些，約有六層螺層。螺體呈塔樓狀，因後期螺層肩部發達，同時縫合線寬而深，將各螺層隔開。殼體布滿了寬而扁平的螺肋，並隔以細而深的螺溝。外唇緣橫斷面為波浪狀。相反地，殼口內唇和螺軸光滑。綠褐色殼皮下，是瓷白色的殼表。

- **附註**　螺肋的數量和寬度變化不一，有時完全消失。
- **棲息地**　潮間帶。

分布　墨西哥西部	數量 ♠♠♠♠	尺寸　6公分

小型峨螺

殼體堅實，小型至中型。盛產於熱帶和溫帶淺海，岩石和死珊瑚下面是藏身之處。螺層一般肥圓，並有明顯的縱褶和強螺肋。外唇的側緣常有豔麗的色彩。

超科 骨螺超科	科 峨螺科	種 *Cantharus undosus* Linnaeus

粗紋峨螺(Waved Goblet)

殼堅實，螺塔頗高，側面近乎平直，體層大，外唇加厚，前水管溝短而寬。體層最膨圓處，螺帶特別發達。螺肋間有縱溝貫穿，螺軸上有褶襞，新鮮的螺殼覆有一層褐色厚殼皮。殼表白色，肋紫褐色。

• **棲息地** 岩石間及珊瑚下。

分布 熱帶太平洋	數量 ♦♦♦♦♦	尺寸 3公分

超科 骨螺超科	科 峨螺科	種 *Cantharus erythrostomus* Keeve

紅口峨螺(Red-mouth Goblet)

螺塔不及膨圓體層長度的一半。外唇上半部加厚，螺軸內凹，有3—4個折褶。縫合線深，所有螺層上都有強縱褶襞，並與螺肋相交。新鮮螺殼上覆有絲質般殼皮。殼表黃褐色，折褶深褐色；殼口白色，外唇紅色。

• **棲息地** 岩石和珊瑚下。

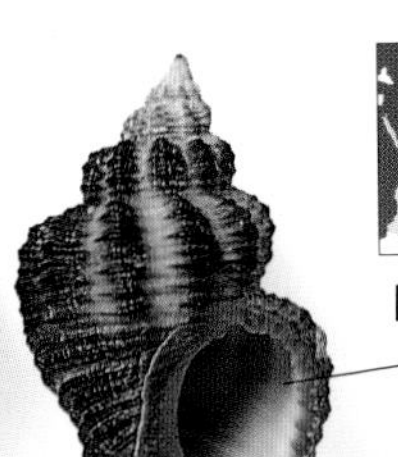

分布 熱帶太平洋	數量 ♦♦♦♦♦	尺寸 4公分

超科 骨螺超科	科 峨螺科	種 *Solenosteira pallida* Broderip & Sowerby

淡黃峨螺(Pale Goblet)

殼厚，兩端圓錐形，體層肩部發達。螺軸內凹；前水管溝寬且後彎。縱褶襞強，但數量和強度有變異。在螺層肩部呈銳角形，並與寬而平的螺肋相交。淺黃的殼表外覆有淡褐色的厚殼皮；殼口白色。

• **棲息地** 潮間帶和近海水域。

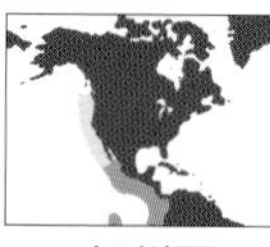

分布 美國加州至厄瓜多爾	數量 ♦♦♦♦	尺寸 4公分

鳳螺

種類少，螺殼厚，有光澤，螺層豐滿，有褐色塊斑。螺軸光滑，外唇邊緣銳利，前水管溝短而寬。口蓋薄，角質，柔韌。大多數種類產於印度太平洋區的熱帶水域，喜棲息淺水泥沙中。

超科　骨螺超科	科　峨螺科	種　*Babylonia spirata* Liinnaus

塔形鳳螺(Spiral Babylon)

殼極厚且重。殼頂尖，體層大，側面平直。螺塔各層似乎和體層套接在一起，被一條深槽溝所隔。殼表光滑，白色，有褐色塊斑和斑點；螺頂層紫色。

- **附註**　有時被沖上海灘。
- **棲息地**　潮間帶砂底和岩石間。

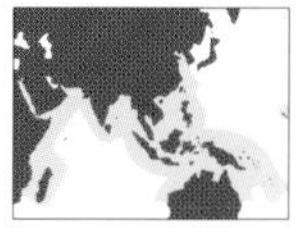

印度太平洋區

溝深，溝壁光滑

臍孔小，四周有扁平的寬帶盤繞

分布　印度洋	數量　●●●●	尺寸　6公分

超科　骨螺超科	科　峨螺科	種　*Babylonia japonica* Reeve

日本鳳螺(Japanese Babylon)

殼中等厚度，螺塔高，螺層圓，縫合線深，位於臍孔上方的螺軸加寬。殼表白色，有褐色斑塊和圓點；體層上有兩列塊斑和斑點。

- **附註**　日本的幼童曾將其作為陀螺玩耍。
- **棲息地**　淺海的泥砂底。

日本區
印度太平洋區

頂螺層無花紋

唇邊有縱生長紋

螺軸末端尖銳

分布　日本、台灣	數量　●●●●	尺寸　7公分

布紋螺

此類螺是岩石地居住者，喜居於暖海潮間帶。個體修長，螺層膨圓，縱脹肋厚，殼表裝飾粗糙。種類少各種均不常見，近年的研究顯示，可能將此類歸於旋螺科。

超科 骨螺超科	科 峨螺科	種 *Colubraria tortuosa* Reeve

扭彎布紋螺(Twisted Dwarf Triton)

個體小，殼厚，螺塔傾斜，殼頂鈍，縫合線淺。螺軸微扭曲，使得後期螺層傾向一邊。縱脹肋排列不規則，從而誇大了螺體的扭曲度。殼表布滿了螺旋狀方形。殼表白色，有褐色斑紋，殼口白色。

- **附註** 螺塔扭曲
- **棲息地** 近海岩礁間。

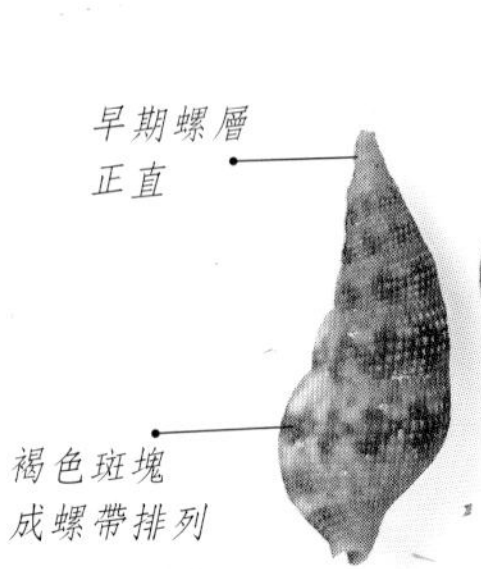

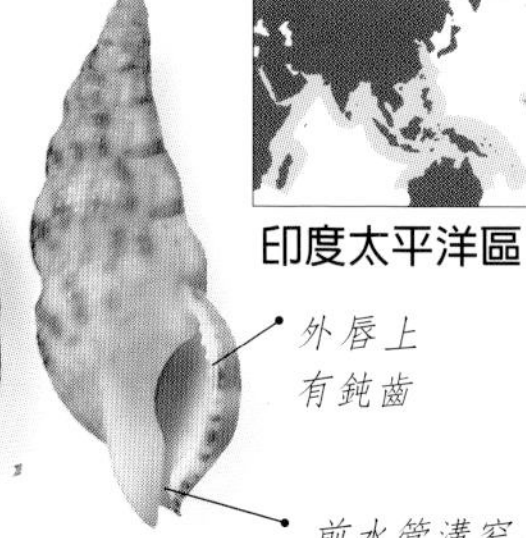

分布 太平洋西部	數量 4	尺寸 4公分

超科 骨螺超科	科 峨螺科	種 *Colubraria soverbii* Reeve

梭氏布紋螺(Sowerby's Dwarf Triton)

殼堅實，螺塔高，螺層微圓，殼頂尖。每層螺層有兩道寬縱脹肋，最下面一道形成外唇的厚緣，外唇內側有鈍齒。縫合線淺，在縱脹肋處呈波浪狀。螺軸曲折，底部有細小折褶。殼口窄，上端角有溝槽。縱肋與不規則的細螺溝相交，形成殼表的方形果粒。殼表乳黃色，有淺和深褐色斑塊，螺帶深褐色；殼口金黃色。

- **附註** 早期螺層微歪。
- **棲息地** 近海岩石間。

分布 菲律賓	數量 2	尺寸 5.7公分

黑香螺

生長在熱帶和溫帶淺海水域，世界上一些最大的螺就包括在這一類當中。殼口寬大，前水管溝長，螺層或光滑或多刺。大部分棲息於半鹹的泥沙底，爲食肉性動物。

超科　骨螺超科	科　香螺科	種　*Melongena patula* Broderip & Sowerby

太平洋黑香螺(Pacific Crown Conch)

殼厚重，螺塔短而尖，在極膨大的體層相襯下，螺塔顯得矮小。螺塔各層面有一排鈍棘，而體層上的棘已退化，螺軸光滑微彎。表面咖啡色，有黃色螺帶；殼口黃白色。

- **附註**　有時體層上比圖示的標有更多的棘。
- **棲息地**　淺海泥底。

分布　墨西哥西部至厄瓜多爾	數量　4	尺寸　13公分

超科　骨螺超科	科　香螺科	種　*Melongena melongena* Linnaeus

西印度黑香螺(West Indian Crown Conch)

殼堅實，體層膨大，螺塔小而尖，似陷入到體層中，縫合線深。螺軸光滑，微彎，螺軸上的滑層覆蓋了與之相鄰的體層大半部。體層肩部有兩列棘，靠近底部有一列螺旋形棘。殼表咖啡色，有白色螺帶；殼口白色。

- **附註**　為加勒比海最重的海螺之一。
- **棲息地**　潮間帶泥底。

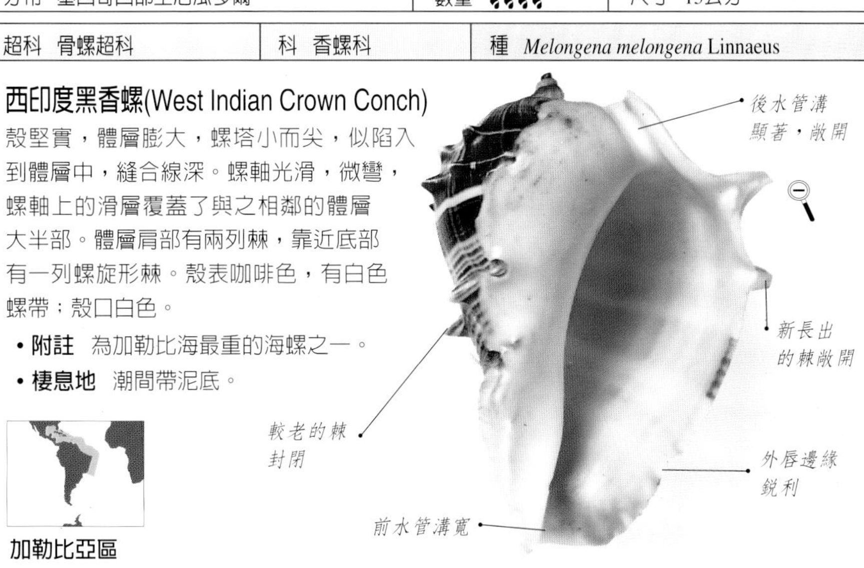

分布　西印度群島	數量　3	尺寸　10公分

超科 骨螺超科	科 香螺科	種 *Pugilina morio* Linnaeus

大西洋黑香螺(Giant Melongena)

殼重，螺塔高，體層大，前水管溝長且敞開。螺塔各層的下半部近平直，肩部明顯，但在縫合線處陡峭昇起，使得螺塔呈階梯狀。有弱縱生長紋和螺肋布滿所有的螺層。肩部有結節，但體層上的結節已漸退化。螺軸直，光滑。殼表咖啡色，有數道淡黃色螺帶。

• **附註** 新鮮的螺殼覆有綠色厚殼皮。

• **棲息地** 紅樹林沼澤的泥底。

西非區

加勒比亞區

分布 巴西、西印度群島、西非	數量 ♠♠♠	尺寸 11公分

超科 骨螺超科	科 香螺科	種 *Volema paradisiaca* Roding

黎形香螺(Pear Melongena)

殼厚，螺塔低，體層大。所有的螺層上半部微凹，縫合線雖淺但明顯。殼口頂端有一窄後溝。螺軸光滑，殼口有微弱的螺脊。螺溝淺，並與纖細的生長紋相交。殼表淡黃色至紅棕色，有的個體有螺帶，殼口橙色。

• **附註** 殼內軟體將卵產於成串的卵囊中。

• **棲息地** 泥灘或沙灘。

印度太平洋區

分布 印度洋	數量 ♠♠♠♠	尺寸 5公分

美洲香螺

種類稀少；有些種類個體大，有兩種螺常呈左旋。大多數種類前水管溝長，螺軸光滑。僅產於墨西哥東南部及美國東南沿海。

超科　骨螺超科	科　香螺科	種　*Busycon contrarium* Conrad

左旋香螺(Lightning Whelk)

殼中等厚度，殼體為左旋，螺塔短而尖，體層大，前水管溝長。螺軸光滑，殼口有螺脊。體層肩部有寬而尖的螺旋結節，其餘的殼表有螺肋。殼表白色，有灰褐色螺帶和縱紋；殼口紅棕色，螺脊色較淺。

- **附註**　肩部有時無結節。
- **棲息地**　近海砂底。

分布　美國東南部	數量　♦♦♦♦	尺寸　15公分

超科　骨螺超科	科　香螺科	種　*Busycon spiratum* Lamark

梨形香螺(Pear Conch)

螺殼似無花果狀，前水管溝彎。螺塔低，螺層有時肩角明顯，殼頂明顯，縫合線深溝狀。體層的肩部有銳利的稜脊，螺軸光滑，外唇窄，殼口有螺脊，體層上半部螺肋弱。殼表乳黃色，有棕色螺帶和條紋。

- **附註**　因出產的地區不同，螺殼體型和裝飾會有差異。
- **棲息地**　淺海砂底。

分布　美國南部	數量　♦♦♦♦	尺寸　10公分

香螺

螺殼大型，且形態變化也大，但各種之間的差異模糊，故而很難正確地爲它們分類。大多數修長，螺塔高，前水管溝長。產於日本和東南亞近海水域。

超科 骨螺超科	科 香螺科	種 *Hemifusus colosseus* Lamark

長香螺(Colossal False Fusus)

螺長且大，殼厚，堅實，螺塔高，約佔總螺長的三分之一。螺層圓，肩部有稜角，靠近縫合線處縮窄。殼口長而窄，末端與寬大的前水管溝相接，螺肋與較細弱的縱生長脊相交。殼表白色或乳黃色，殼口淡紅橙色。

- **附註** 切去螺頂可作號角。
- **棲息地** 近海水域。

日本區
印度太平洋區

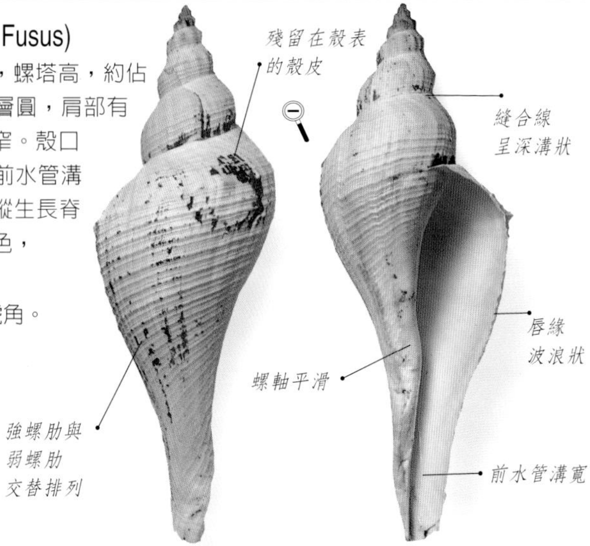

殘留在殼表的殼皮
縫合線呈深溝狀
唇緣波浪狀
螺軸平滑
強螺肋與弱螺肋交替排列
前水管溝寬

分布 日本、東南亞	數量 ♠♠♠	尺寸 25公分

超科 骨螺超科	科 香螺科	種 *Hemifusus tuba* Gmelin

香螺(Tuba False Fusus)

殼大而重，同種螺的體型大小、形狀和殼表裝飾變異大。螺塔寬，中等高度，但不及殼長的三分之一。螺軸和前水管溝直且平滑，有光澤。強弱螺肋錯落有致，並與排列不規則的細生長脊相交；螺層肩部有尖角，有時發育成螺脊或螺旋狀排列的三角結節。

- **附註** 新鮮的螺殼有一層厚而柔軟，如天鵝絨般的殼皮。
- **棲息地** 近海水域。

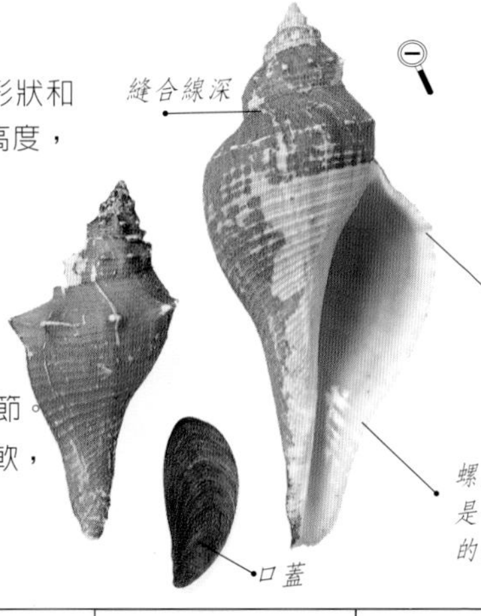

日本區

縫合線深
螺旋稜脊末端
螺肋末端是稜脊邊緣的折摺
口蓋

分布 日本	數量 ♠♠♠	尺寸 15公分

超科　骨螺超科	科　香螺科	種　*Syrinx aruanus* Linnaeus

澳州大香螺(Australian Trumpet)

為腹足綱海螺中最大的一種，體層膨大，前水管溝長而堅實。螺層有強稜脊，或圓凸；體層下半部常另有一次稜脊，但較前者弱，縫合線深。螺軸光滑，臍孔呈深裂縫狀；外唇薄，常有缺口。所有的螺層上都有寬度不等的弱螺肋，並與細縱脊相交。胎殼的螺塔為圓柱狀，並且一直留存至幼貝期才脫落。殼表杏黃色，被褐色厚殼皮覆蓋，但易脫去。

- **附註**　太平洋中部的島民用作貯水器。
- **棲息地**　潮間帶淺灘。

分布　澳洲北部、新幾內亞	數量　♦♦♦	尺寸　75公分

大織紋螺

動物體沒有眼睛，在砂底上擇食腐肉爲生。殼平滑有光澤，螺塔高，殼口上方常有厚內唇滑層，口蓋薄，角質。大織紋螺是印度洋及南美東部沿海常見螺種。

超科 骨螺超科	科 織紋螺科	種 *Bullia mauritiana* Gray

模島大織紋螺(Mauritian Bullia)

個體高，尖錐形；螺軸光滑有滑層，前水管溝短而寬。各層螺的上部有稜角，縫合線上方有厚但光滑的螺帶，螺層上有淺溝紋並與生長脊相交。殼表白色、淺黃色或粉紅色，殼口紅棕色。

- **附註** 有時無螺溝。
- **棲息地** 潮間帶砂底。

分布 印度洋	數量	尺寸 5公分

超科 骨螺超科	科 織紋螺科	種 *Bullia callosa* Wood

南非大織紋螺(Callusd Bullia)

螺體小，殼厚，內唇滑層厚度不一，多少使殼形改變。滑層一直延續至螺，並在縫合線上成厚肋狀。殼表光滑，或有縱肋。殼表白色至呈深褐色。

- **附註** 南非產內唇滑層較厚，個體較胖。
- **棲息地** 淺海砂底。

分布 南非、印度洋北部	數量	尺寸 4公分

超科 骨螺超科	科 織紋螺科	種 *Bullia tranquebarica* Roding

川圭巴大織紋螺(Lined Bullia)

長型，螺層膨圓，光滑如絲。螺軸和外唇光滑，前水管溝短而寬。殼口頂端有厚滑層墊，並一直延續至螺塔的縫合線上，發育成光滑而圓的肋，體層上螺溝最強。殼表灰褐色至淺褐色，有褐色縱條紋。

- **附註** 有時體層上有較厚的縱生長脊。
- **棲息地** 潮間帶砂底。

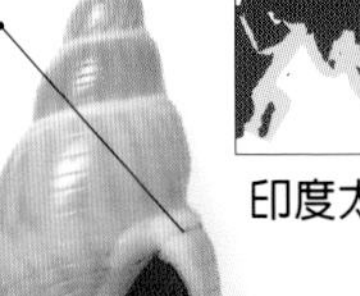

分布 印度洋	數量	尺寸 4公分

織紋螺

個體較小，種類繁多，分布很廣。在泥沙地海食腐肉爲生，熱帶地區常見。許多螺的體型、色彩及殼表裝飾物有變異；具強縱脊和螺肋。

超科 骨螺超科	科 織紋螺科	種 *Nassarius coronatus* Bruguiere

冠織紋螺(Crowned Nassa)

殼有光澤，矮胖，體層大而圓。外唇極厚，螺軸有一些折褶，內唇滑層極度擴展，上下兩端最厚。早期螺層上有縱脊，後期螺層上有弱溝縫合線下有隆起瘤。殼表乳白色或有時有螺帶。

- **附註** 口蓋一側有尖狀物。
- **棲息地** 潮間帶泥沙灘。

殼口內側有螺脊

唇邊有尖角

單條螺帶

印度太平洋區

分布 熱帶印度太平洋	數量 ♠♠♠♠	尺寸 4公分

超科 骨螺超科	科 織紋螺科	種 *Nassarius dorsatus* Roding

灰織紋螺

殼厚，表面光滑如絲。螺塔側面近乎平直，殼頂有縱脊(右圖所示已損落)。螺軸有弱折褶，外唇內側有脊。殼表藍色、灰綠色或棕色；殼口紫褐色，外唇邊白色。

- **棲息地** 淺海砂底。

分布 澳洲北部	數量 ♠♠♠♠	尺寸 3公分

超科 骨螺超科	科 織紋螺科	種 *Nassarius reticulatus* Linnaeus

網目織紋螺(Netted Nassa)

殼厚，螺塔高，側面近乎平直，殼表裝飾有變異。縱折褶與低螺脊相交，形成殼表網格狀或珠狀裝飾。內唇滑層擴展到殼口之外，螺軸基部有小褶襞。沙色，偶有褐色螺帶；殼口白色。

- **附註** 殼表色彩往往與棲息地一致。
- **棲息地** 近海砂底。

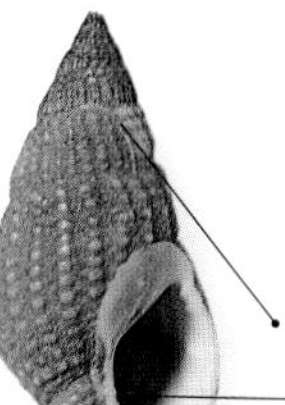

分布 西歐、地中海	數量 ♠♠♠♠♠	尺寸 2.5公分

超科 骨螺超科	科 織紋螺科	種 *Nassarius trivittatus* Say

美東織紋螺(New England Nassa)

殼薄，卵形，螺塔高，螺層呈階梯狀。除殼頂平滑外，所有螺層上強縱脊與深螺溝相交，故使殼表呈網絡狀。在縫合線下，螺層有平坦斜面，殼口內有明顯的螺脊。殼表淺黃，有淺紅色螺帶。

• **棲息地** 淺海底。

網格狀裝飾從此開始

螺層的上部呈珠狀

此幼貝標本的殼口無脊

分布 美國東部	數量	尺寸 2公分

超科 骨螺超科	科 織紋螺科	種 *Nassarius fossatus* Gould

美西織紋螺(Giant Western Nassa)

螺塔高，殼頂光滑，體層與螺塔高度幾乎相當，殼口頂角處被內彎的外唇所收窄。早期螺層上有螺旋形排列整齊的珠粒，後期螺層上有斜縱折褶及較細的螺肋，體層底部有螺溝。殼表為暗棕色。

• **附註** 北美太平洋沿岸最大的織紋螺。

• **棲息地** 潮間帶泥砂底。

溝槽狀縫合線

加洲區

螺軸上有折褶

殼口有結節

分布 美國西部	數量	尺寸 4公分

超科 骨螺超科	科 織紋螺科	種 *Nassarius arularius* Linnaeus

蛋糕織紋螺(Casket Nassa)

殼厚，個體胖，因殼口四周滑層發達，故從背面較能觀察殼體。螺塔高低不等，殼頂光滑，但所有的後期螺層上有厚縱折褶，在肩部有明顯的圓瘤。體層底部有強螺溝。殼口有厚實寬大的口唇滑層。殼表乳白色、銀灰色、淺褐色，有時還有褐色斑點。

• **附註** 口蓋薄、褐色，一側有鋸齒。

• **棲息地** 沿海泥沙地。

螺層邊緣平頂狀

印度太平洋區

殼口有螺脊

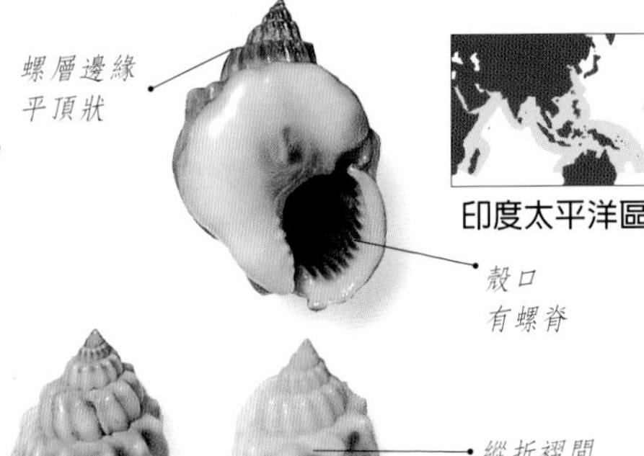

縱折褶間有褐色斑點

分布 東印度洋、太平洋	數量	尺寸 3公分

超科 骨螺超科	科 織紋螺科	種 *Nassarius distortus* A. Adams

項鍊織紋螺(Necklace Nassa)

殼表有光澤，體層約與螺塔高度相當。螺軸光滑，殼口頂端有一枚圓齒，所有的螺層都有強折褶。殼表白色，有青褐色螺帶，螺軸和外唇為白色。

- **附註** 外唇邊緣有一些短棘。
- **棲息地** 淺海砂底。

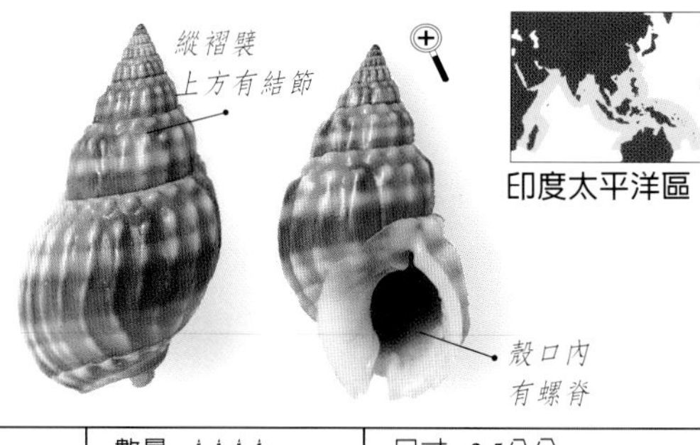

分布 東印度洋、太平洋	數量	尺寸 2.5公分

超科 骨螺超科	科 織紋螺科	種 *Nassarius glans* Linnaeus

金絲織紋螺(Glans Nassa)

螺塔高，殼表有光澤，螺層肥圓，前水管溝短而寬。縫合線深，螺軸直而光滑。殼口頂角處有明顯的溝槽，外唇邊有間隔寬的尖。早期螺層有縱肋，且與細螺脊相交。殼表乳黃色，有棕色塊斑，深褐色細螺旋線。

- **附註** 左旋的螺殼，外唇發育不全。
- **棲息地** 近海、潮間帶。

殼頂紫色

印度太平洋區

殼口可
透見褐色
螺旋紋

唇緣
發育不全

殼口邊緣
有尖角

分布 熱帶印度太平洋	數量	尺寸 4.5公分

超科 骨螺超科	科 織紋螺科	種 *Nassarius papillosus* Linnaeus

疣織紋螺(Pimpled Nassa)

殼厚重，螺塔高，側面直，縫合線深，殼頂尖，體層略超過總殼長的一半。螺軸光滑，外唇有尖棘，殼口頂角有明顯溝槽。所有螺層上有螺旋大瘤，殼口邊的瘤被一層窄滑層覆蓋。殼表乳白色至有沙色至深褐色塊斑。

- **附註** 口蓋有凹凸的齒邊。
- **棲息地** 珊瑚下面的砂底。

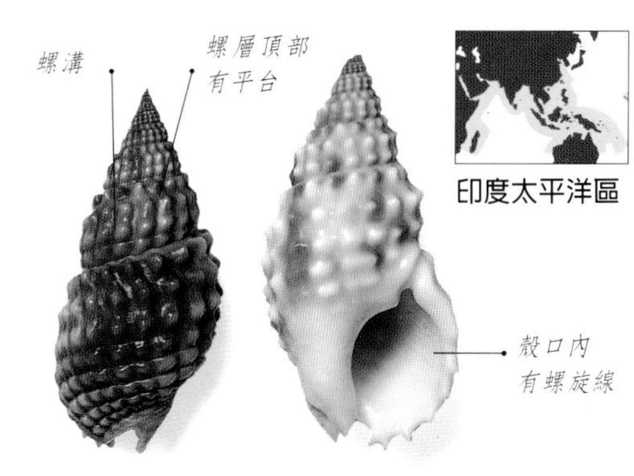

分布 熱帶印度太平洋	數量	尺寸 4.5公分

超科 骨螺超科	科 織紋螺科	種 *Nassarius marmoreus* A. Adams

雪斑織紋螺(Marbled Naassa)

殼表有光澤，螺塔高，螺層和殼頂膨圓。體層超過總殼長的一半，殼口約佔體層長度的一半，縫合線中度深淺。螺軸光滑，有透明滑層，截前水管溝正上方。早期螺層上有細縱肋，後期螺層光滑，只有細弱的生長紋和底部少數的螺溝，外唇內側有長齒。殼表白色或灰紫色，有灰褐色或淡紫色斑點。

- **棲息地** 近海及潮間帶。

已修補的生長痕

印度太平洋區

殼口頂角有窄後溝

外唇緣銳利

分布 印度洋北部	數量 ♦♦♦	尺寸 3公分

超科 骨螺超科	科 織紋螺科	種 *Ilyanassa obsoleta* Say

美東泥織紋螺(Eastern Mud Snail)

殼厚，外形矮胖，常遭磨損。螺層肥圓，縫合線深。螺軸光滑，底部有明顯的螺脊，弱細的縱折褶與弱螺溝相交。殼表紅或棕色，有時有少數污白色螺帶。

- **附註** 外殼常沾滿泥沙和海藻。
- **棲息地** 泥灘。

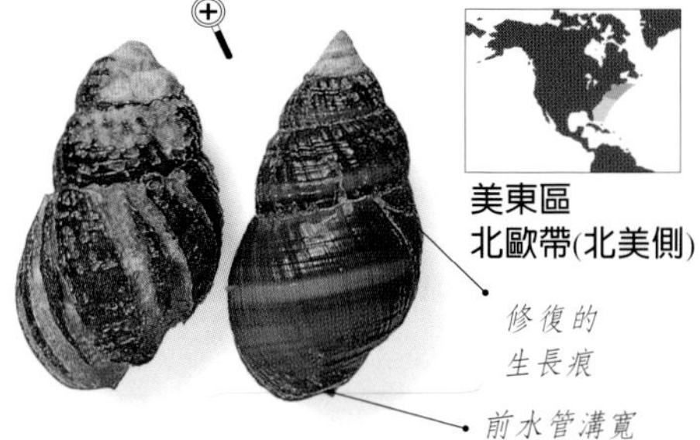

分布 美國東、西兩岸	數量 ♦♦♦♦♦	尺寸 2.5公分

超科 骨螺超科	科 織紋螺科	種 *Demoulia ventricosa* Lamarck

大肚織紋螺(Blunt Demoulia)

殼輕，螺塔如同被壓入體層中。螺頂尖但常磨損，次體螺層側面直，和體層一樣，比螺塔高；縫合線深。殼口小，上端變窄，最終形成深溝。螺軸光滑，所有螺層上的螺溝淺。殼表白色，有淺紅或褐色塊斑和短線紋；殼口白色。

- **附註** 很難發現有完整殼頂的成貝。
- **棲息地** 近海砂底。

分布 南非	數量 ♦♦♦♦	尺寸 2.5公分

赤旋螺

螺殼重，包括了腹足綱中一些最大的海螺。螺塔高，螺軸光滑，前水管溝長，口蓋厚，角質；新鮮的螺殼覆有褐色厚殼皮。肉食性動物，大多以其他軟體動物爲生。

超科　骨螺超科	科　旋螺科	種　*Pleuroploca trapezium* Linnaeus

大赤旋螺(Traezium Horse Conch)

螺塔高，體層大，殼頂常缺損。縫合線淺，殼口大，螺軸光滑。螺層周緣和體層肩部有螺旋狀排列的大瘤，螺旋線成對分布。生長脊強，偶爾有修復的生長痕。殼表淺紅色和奶油色。

- **附註**　本種最具代表性的是赤旋螺類。
- **棲息地**　珊瑚附近的淺海底。

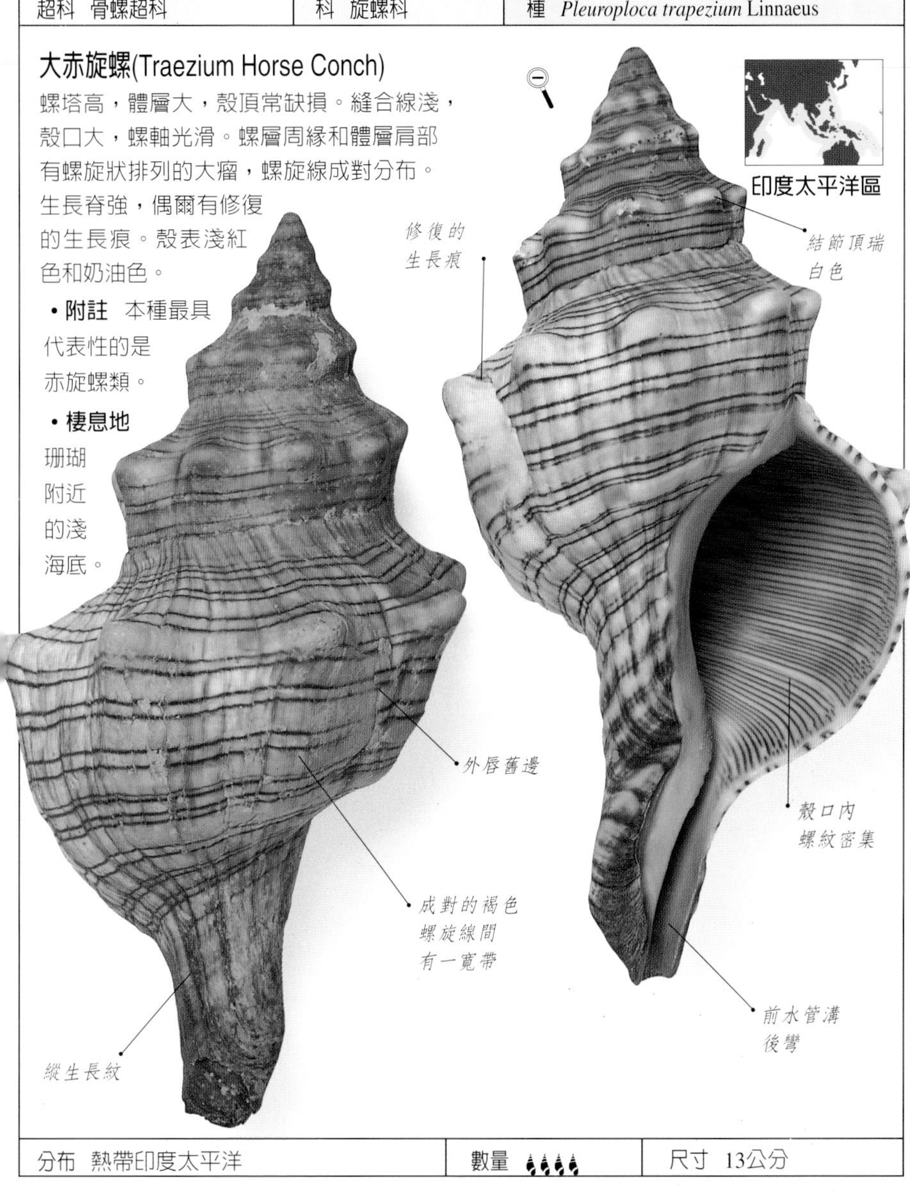

分布　熱帶印度太平洋	數量　4	尺寸　13公分

紡錘旋螺

種類少，但殼表圖紋煞是迷人。前水管溝長短不一，口蓋厚，角質。僅產於墨西哥灣和美國東海岸的淺海底和稍深海底。

超科　骨螺超科	科　旋螺科	種　*Fasciolaria tulipa* Linnaeus

紡錘旋螺(True Tulip)

螺塔高，紡錘形，螺層肥圓，殼頂尖，前水管溝長。縫合線淺並起皺，螺軸光滑，微彎。螺軸上的滑層薄而寬，半透明。除底部和縫合線下的螺溝較強外，其他部位的螺溝弱；縱生長紋不規則。殼表白色或粉紅色，體層上有褐色塊斑和短線紋構成3-4的條螺帶；殼口邊緣紅橙色。

- **附註**　已發現殼長為平均殼長兩倍的標本；有時能撈獲鮮橙色的變種。
- **棲息地**　淺海和近海水域。

分布　美國南部、西印度群島、巴西	數量	尺寸　13公分

超科　骨螺超科	科　旋螺科	種　*Fasciolaria lilium* G- Fischer

黑線旋螺(Banded Tulip)

螺塔比膨大的體層短很多，前水管溝短而寬。除底部有一些低螺脊外，殼表完全光滑，螺軸滑層薄。污黃色的殼表有灰色條紋；體層上有褐色細螺旋線。

- **附註**　此螺有好幾種型。
- **棲息地**　砂底和岩石間。

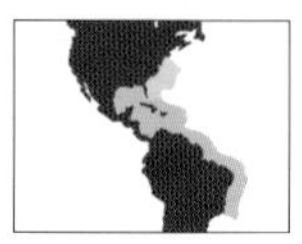

分布　美國東、南部	數量	尺寸　9公分

旋螺

旋螺種類繁多，多數個體小，長型，殼堅實，殼表有螺狀瘤。有些殼表花紋豔麗。螺軸底部常有褶襞。殼內軟體已捕食各種無脊椎動物爲生，常藏身於熱帶海域岩石和珊瑚。

超科　骨螺超科	科　旋螺科	種　*Larirus belcheri* Reeve

貝氏旋螺(Belcher's Latirus)

螺塔高，為兩端尖錐形，前水管溝長，微後彎。螺軸有3-4個折褶，外唇有兩個稜角。螺塔各層在縫合線上方有螺旋排列的大瘤，體層上有兩列瘤和低螺肋帶。殼表白色，有褐色或黑色塊斑及斑點。

• **附註**　以愛德華・貝徹爵士這位敏銳的貝殼收藏家姓氏而命名。

• **棲息地**　近海域。

印度太平洋區

口蓋

殼口頂部有一小溝

外唇有黑邊

分布　西太平洋	數量	尺寸　5公分

超科　骨螺超科	科　旋螺科	種　*Latirus cariniferus* Lamaek

美東稜旋螺(Trochlear Latirus)

螺塔高，前水管溝寬。相對於體層來看，殼口顯得較小。縫合線淺，螺軸直。體層肩部有明顯縱肋，小螺肋間隔寬，並聯絡各縱肋。殼表乳黃色或黃褐色，螺肋間有褐色塊斑或條紋。

• **棲息地**　珊瑚和岩石間。

早期螺層無褐色花紋

加勒比亞區

外唇和前水管溝發育不完全

分布　西印度群島、美國南部	數量	尺寸　5公分

超科　骨螺超科	科　旋螺科	種　*Latirus mediamericanus* Hertlein & Strong

中美旋螺(Central American Latirus)

螺塔高，前水管溝長而直。波浪狀縫合線深，殼頂常磨損。與體層相比，殼口顯得較小，內側有間距寬的螺脊，螺軸上有3-4道褶襞。殼表黃褐色；殼口白色。

• **附註**　新鮮螺殼有褐色厚殼皮。

• **棲息地**　近海水域。

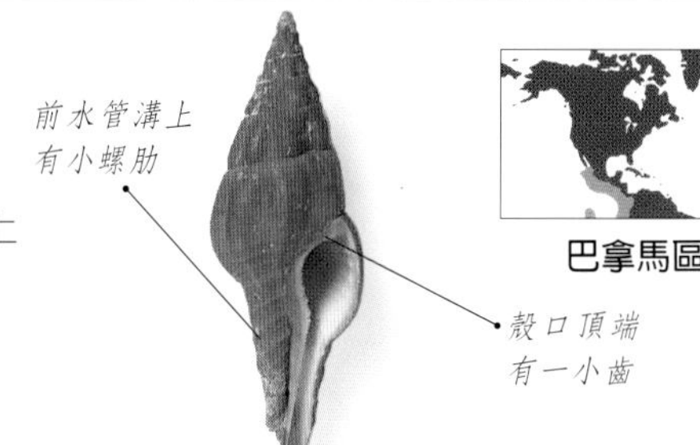

分布　墨西哥西部至厄瓜多爾	數量	尺寸　6公分

超科 骨螺超科	科 旋螺科	種 *Latirus infundibulum* Gmelin

棕線旋螺(Brown-lined Latirus)

殼極厚，個體修長，螺塔高，前水管溝長而直。臍孔漏斗狀，縫合線淺。瘤厚，膨圓，縱向排列在所有螺層上，且錯落有致。小螺肋清晰，邊緣銳利並穿過所有的瘤，螺塔各層上有3-4根強螺肋，及2-3根較弱的小螺肋，螺軸上有3條弱折褶。殼表淺褐色，小螺肋深褐色；殼口白色。

• **附註** 有些螺的臍孔或許較右圖所示的寬。

• **棲息地** 淺海底。

殼口頂端有一枚小齒

外唇有鈍齒

加勒比亞區

分布 西印度群島至巴西、佛羅里達南部	數量 ♠♠	尺寸 7.5公分

超科 骨螺超科	科 旋螺科	種 *Latirus gibbulus* Gmelin

駝背旋螺(Humped Latirus)

殼重而厚，螺塔高，縫合線淺，前水管溝寬，但中等長度。殼口長，外唇薄，有小齒。螺軸光滑，臍孔小，低螺肋穿過大而低的瘤。殼表桔褐色，有深棕色螺肋；殼口桔色。

• **附註** 外殼常被有海藻和珊瑚。

• **棲息地** 珊瑚礁附近。

有尖角的口蓋

縫合線處的體層凹入

殼口頂端有小後溝

外唇齒不發達

印度太平洋區

海域 印度西太平洋	數量 ♠♠	尺寸 7.5公分

超科 骨螺超科	科 旋螺科	種 *Opestostoma paeudodon* Burrow

鉤刺旋螺(Thorn Latirus)

殼堅實，矮胖形，螺塔中低高度，體層膨大。外唇頂部有稜角，底部有一根或長或短的棘。螺軸極彎，有2-3層折褶，所有的螺層上有低螺肋。殼表白色，有黑色和棕色的螺帶；殼口白色。

• **棲息地** 近海岩礁間。

巴拿馬區

分布 墨西哥西部至秘魯	數量 ♠♠♠♠	尺寸 4公分

超科　骨螺超科	科　旋螺科	種　*Peristernia nassatula* Lamark

紫口旋螺(Fine-net Peristernia)

殼堅實，螺塔中等高，殼口末端與前水管溝相連。螺層側面平直，縫合線深。螺軸極彎，外唇有輕度稜角，與體層肩部配合。全部的螺層有寬而低的縱褶襞，且與密集的螺肋相交。殼表玫瑰粉紅色或褐色，褶襞白色，殼口淡紫色。

- **附註**　螺殼上常有破損後又修復的生長痕，外被雜質常由珊瑚所為。
- **棲息地**　珊瑚礁。

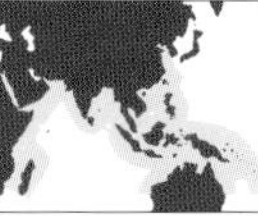

分布　熱帶太平洋	數量	尺寸　3.5公分

超科　骨螺超科	科　旋螺科	種　*Peristernia philberti* Recluz

菲氏旋螺(Philbert's Peristernia)

殼形優美，螺塔中等高度，不及總殼長的一半。殼口末端與短而寬的前水管溝相連，臍孔僅是殼底一裂縫。縱褶厚且與密集的強螺肋相交，螺肋邊緣鈍，在體層肩部與折褶相交，並向上微翹。殼表紅棕色，螺層周緣有黑白相間的細螺帶；殼口紫色。

- **附註**　黑白相間的螺帶在紅棕色底色的襯托下，成為此類海螺中最醒目的一種。
- **棲息地**　珊瑚礁附近。

分布　南中國海、菲律賓	數量	尺寸　3公分

超科　骨螺超科	科　旋螺科	種　*Leucozonia ocellata* Gmelin

白斑旋螺(White-spotter Latirus)

殼小，呈兩端圓錐形，前水管溝短而寬，縫合線淺。螺塔有螺旋形排列的圓瘤，體層的下半部另有一列圓瘤，這些隆起的圓瘤有時會有螺肋穿過。外唇有幾枚鈍齒，殼表褐色或黑色，瘤白色，外唇邊緣深褐色，螺軸淺紫色，殼口白色。

- **棲息地**　潮間帶岩石間。

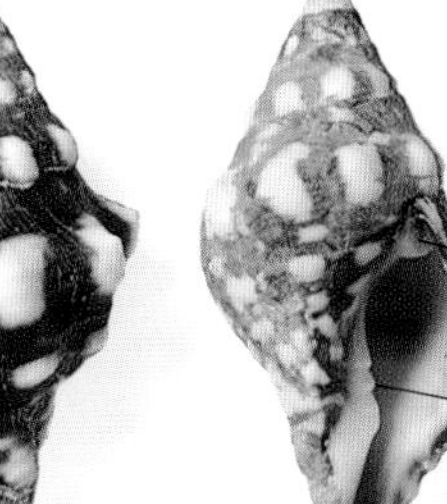

分布　佛羅里達東南部西印度群島至巴西	數量	尺寸　2公分

長旋螺

以「紡錘」狀來描繪這個龐大族類中的大多數海螺是最適當不過的了。所有的螺個體修長，螺塔的螺層多，前水管溝直而長，螺軸光滑。殼表的裝飾包括強瘤、縱褶、螺肋和殼口內的螺脊。有一些種類的螺殼既長又厚重，有些螺是左旋。它們都有口蓋，末端有一核。屬肉食性動物，棲息於溫暖海域岩石和珊瑚屑間。

超科　骨螺超科	科　旋螺科	種　*Fusinus salisburyi* Fulton

長旋螺(Salisbury's Spindle)

殼大，堅實，螺塔約與前水管溝長度相當，縫合線深。早期螺層上的縱折褶，在後期螺層上漸變成短而鈍的突出。所有螺層均有螺脊，殼口卵形，螺軸有明顯的加邊和一些褶襞，外唇緣和前水管溝邊緣鋸齒狀。臍孔小而深，新鮮的殼有淡黃色厚殼皮。

• **附註**　學名以英國貝殼學者亞伯特·塞利斯堡姓氏命名。

• **棲息地**
深海底。

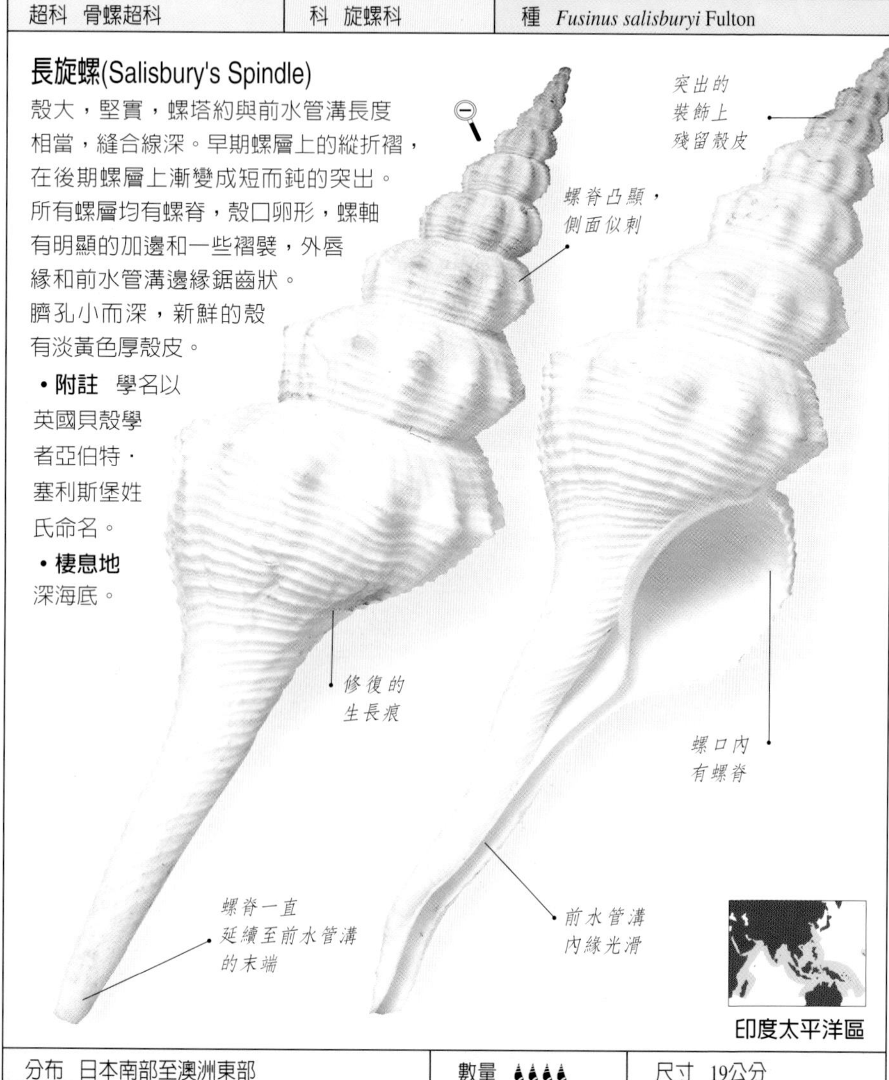

分布　日本南部至澳洲東部	數量	尺寸　19公分

超科　骨螺超科	科　旋螺科	種　*Fusinus dupetitthouaris* Kiener

杜氏長旋螺(Du Petit's Spindle)

螺殼長、堅實，螺塔略長於前水管溝，縫合線深，殼口的長度大於寬度。早期螺層窄，表面飾有極粗的縱肋，接下來螺層上的縱肋開始削弱，有時甚至消失。所有的螺層都有螺脊，下面螺層的螺脊邊緣尖銳，位於周緣者最發達，有時發育成圓瘤。前水管溝寬敞，時而微彎，與殼口相通。螺軸光滑，但有一些螺脊。殼表白色，有時有淡褐色條紋。

- **附註**　新鮮的螺殼有青褐色殼皮。
- **棲息地**　潮間帶和近海水域。

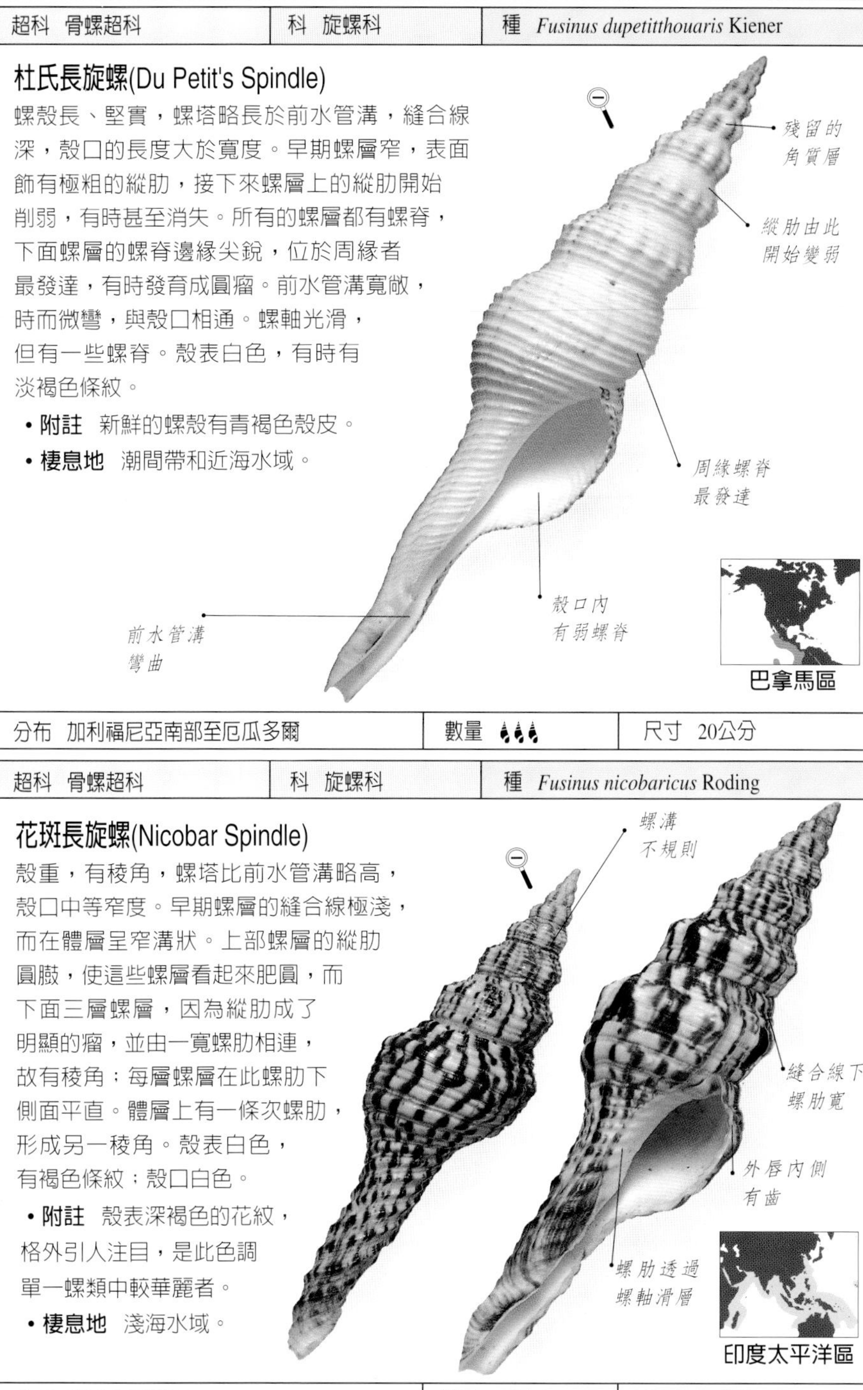

分布　加利福尼亞南部至厄瓜多爾	數量	尺寸　20公分

超科　骨螺超科	科　旋螺科	種　*Fusinus nicobaricus* Roding

花斑長旋螺(Nicobar Spindle)

殼重，有稜角，螺塔比前水管溝略高，殼口中等窄度。早期螺層的縫合線極淺，而在體層呈窄溝狀。上部螺層的縱肋圓鼓，使這些螺層看起來肥圓，而下面三層螺層，因為縱肋成了明顯的瘤，並由一寬螺肋相連，故有稜角；每層螺層在此螺肋下側面平直。體層上有一條次螺肋，形成另一稜角。殼表白色，有褐色條紋；殼口白色。

- **附註**　殼表深褐色的花紋，格外引人注目，是此色調單一螺類中較華麗者。
- **棲息地**　淺海水域。

分布　印度太平洋區	數量	尺寸　11公分

超科 骨螺超科	科 旋螺科	種 *Fusinus colus* Linnaeus

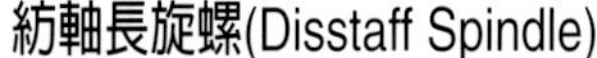

紡軸長旋螺(Disstaff Spindle)

殼堅實，酷似寶塔，上面7-8層螺層極窄，有強縱肋。後幾層螺層較膨大，周緣有稜角，稜角處的縱肋形成鈍瘤。所有的螺層上布滿了螺溝，體層的下半部螺溝深切入螺殼；縫合線深。殼口中度大小，螺軸直或微彎。殼表白色，縱肋間有褐色斑點，瘤間有褐色塊斑，前水管溝和殼口邊緣有褐色紋痕。

- **附註** 有更修長，苗條的型，其下層部螺結節減弱或消失。
- **棲息地** 潮間帶及近海水域。

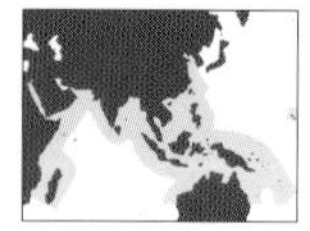

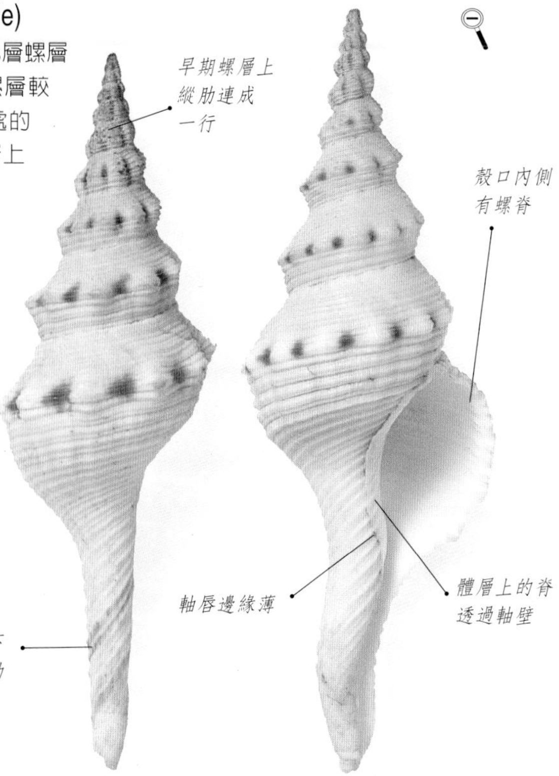
早期螺層上
縱肋連成
一行
殼口內側
有螺脊
軸唇邊緣薄
體層上的脊
透過軸壁
瘤列以下
有強螺肋

印度太平洋區

分布 熱帶太平洋	數量	尺寸 13公分

超科 骨螺超科	科 旋螺科	種 *Sinistralia gallagheri* Smythe & Chatfield

嘉氏左旋旋螺(Gallagher's Spindle)

殼厚，左旋，螺塔不及總殼長的一半。縫合線淺，殼口相當窄小，末端與短而寬的斜前水管溝相連，外唇內側光滑。每層螺層的周緣有螺旋狀排列的大瘤，所有螺層上的螺脊不明顯。殼表深褐色，殼底與瘤白色。

- **附註** 屬阿曼外海中，馬西拉小島的罕見種。
- **棲息地** 岩石及珊瑚間。

殼頂光滑
且圓
瘤上半部
染有黃色
殼口內部
紫褐色

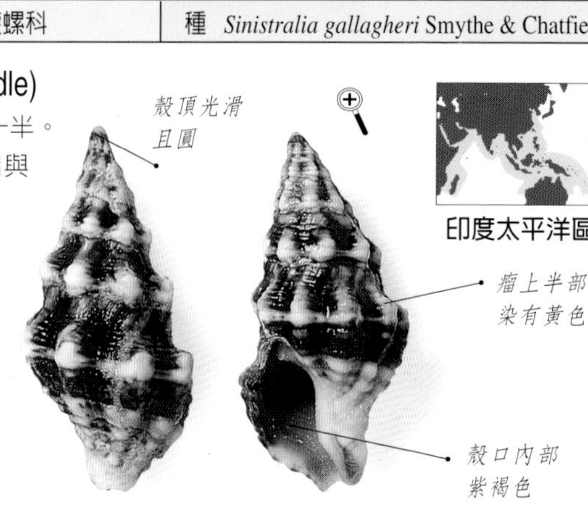

印度太平洋區

分布 馬西拉島、阿曼	數量	尺寸 2公分

榧螺

棲息於砂底的食肉軟體動物，殼表色彩花紋變化多，但外形及裝飾卻相當一致。螺塔短，縫合線爲溝槽形，殼口狹長，螺軸上有滑層並有明顯褶襞。殼內軟體的肉葉能伸出殼外潤滑和維護殼面，故殼表光滑。無殼皮或口蓋。廣泛地分布在熱帶海域。

超科　骨螺超科	科　榧螺科	種　*Oliva annulata* Gmelin

寶島榧螺(Amethyst Oive)

殼厚，有光澤，螺塔中等高度，縫合線深溝狀，前水管溝寬，側面微凸。外唇厚，螺軸上有強褶襞，在螺軸底部褶襞加長。殼表的色彩及花紋多變化，常見的為淺黃粉紅色，有褐色斑點。

- **附註**　這些標本有明顯的肩部稜角。
- **棲息地**　淺海砂底。

分布　熱帶印度太平洋	數量 🐚🐚🐚🐚	尺寸　4公分

超科　骨螺超科	科　榧螺科	種　*Oliva bulbosa* Roding

泡形榧螺(Inflated Olive)

螺塔低，縫合線深，體層上部有厚滑層，螺軸處有另一傾斜向下延伸的滑層。殼表乳白、金黃、灰色或近黑色，有褐色或灰色條紋、與「之」字紋和塊斑。

- **附註**　老的成貝較重，也較膨圓。
- **棲息地**　低潮線下的砂底。

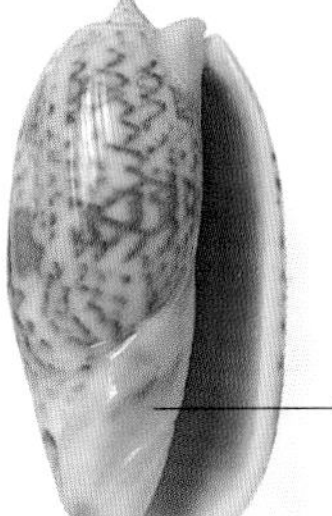

分布　熱帶印度太平洋	數量 🐚🐚🐚🐚	尺寸　4公分

超科　骨螺超科	科　榧螺科	種　*Oliva oliva* Linnnaeus

正榧螺(Common Olive)

殼小，長型，螺塔短，深縫合線附近有厚滑層鑲邊。螺軸上有小而平的褶襞，沿外唇邊緣，有滑層從螺軸一直向下延伸。殼表乳白色到褐色，花紋形式富變異。

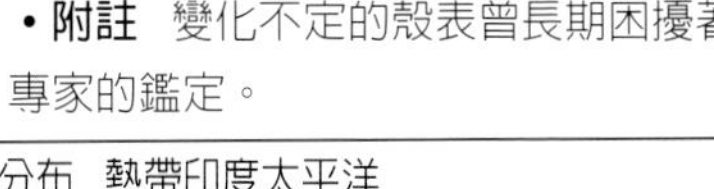

- **附註**　變化不定的殼表曾長期困擾著貝殼專家的鑑定。

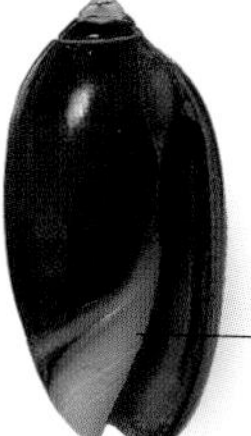

分布　熱帶印度太平洋	數量 🐚🐚🐚🐚	尺寸　3公分

超科　骨螺超科	科　榧螺科	種　*Oliva porphyria* Linnaeus

風景榧螺(Tent Olive)

外表特別，殼重，螺塔低，是所有榧螺中最大的一種。縫合線呈深溝狀，前水管溝寬。殼頂尖，幾乎與除殼頂外的螺塔高度相當。從螺殼側面可以看出外唇微凹，這是榧螺的獨特之處。螺軸有極厚的滑層，長度幾乎與體層一致，整條滑層上都有折褶，微突出於殼口上部。螺軸滑層一直向下斜伸，將寬而薄的斜向滑層局部地覆蓋住。紫粉紅色外殼上有許多有角的線條，構成了重疊的三角形。

• **附註**　英文俗名得自其因殼表花紋極像帳篷。這是該貝在整個生長期間，從外套膜邊緣分泌出色素的意外結果。

• **棲息地**　潮間帶砂底。

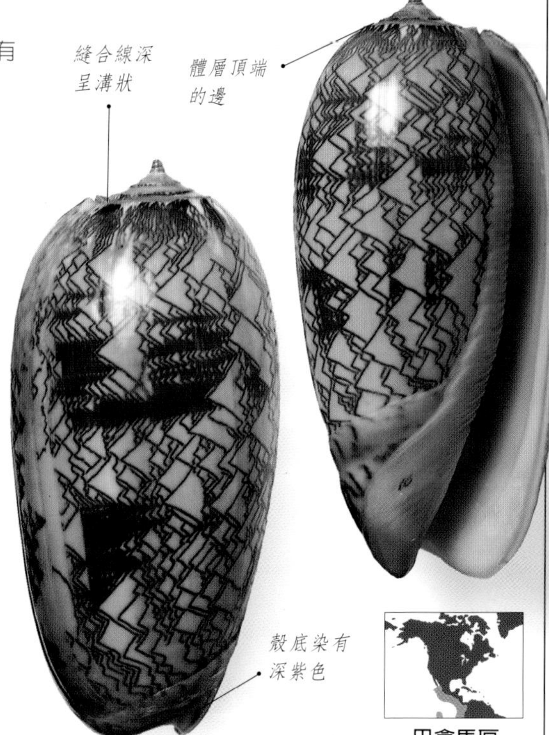

巴拿馬區

分布　加利福尼亞灣至巴拿馬	數量	尺寸　9公分

超科　骨螺超科	科　榧螺科	種　*Oliva sayana* Ravenel

字碼榧螺(Lettered Olive)

殼堅實，修長，側面平直，螺塔中等高度。有滑層鑲邊的深溝狀縫合線，整個螺軸上有許多折褶，螺軸滑層一直向下延伸，有時沿外唇邊延展，局部遮蓋了較寬薄的殼滑層。殼表淺褐色，染有黃色斑，有深褐色斑駁的條紋和兩條「之」字紋帶。

• **附註**　英文俗名取自其殼表花紋令人聯想到字母。收藏者特別喜愛佛羅里達沿岸所產罕見的金黃色型。

• **棲息地**　潮間帶砂底。

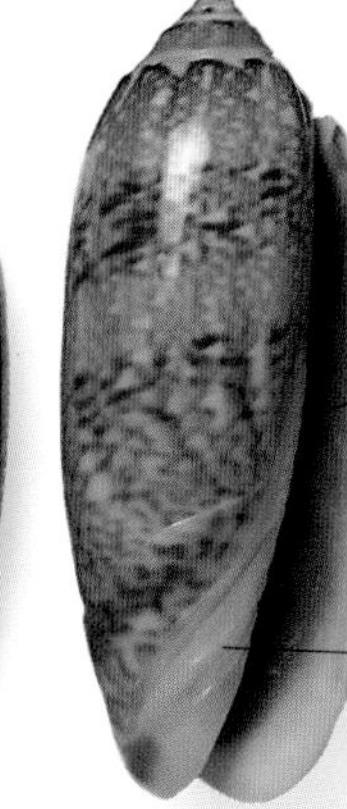

美東區
加勒比亞區

分布　美國東南部、加勒比海	數量	尺寸　5公分

超科　骨螺超科	科　榧螺科	種　*Oliva incrassata* Lightfoot

厚榧螺(Angled Olive)

螺塔低，是榧螺中最重的一種。體層上部三分之一處，有中度至強的稜角。螺塔上滑層厚，縫合線細而深，外唇極厚。螺軸上有厚的滑層，其上有細折褶間隔寬。殼表灰色，有深色斑點和「之」字紋樣，殼口和螺軸為玫瑰紅或粉紅色。

- **附註**　黑色、白色或金黃色屬罕見型。
- **棲息地**　低潮帶的砂底。

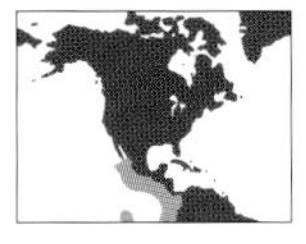

巴拿馬

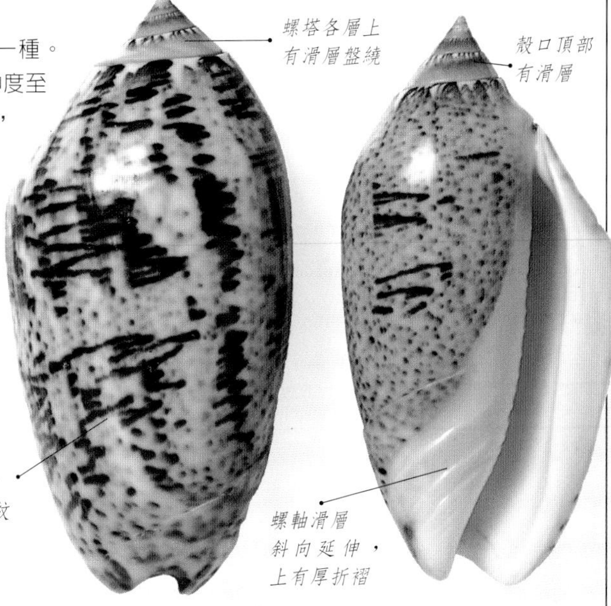

分布　墨西哥西部至秘魯	數量　♦♦♦	尺寸　6公分

超科　骨螺超科	科　榧螺科	種　*Oliva miniacea* Roding

橙口榧螺(Red-mouth Olive)

螺塔短，縫合線深，體層長，殼頂圓鈍。外唇直，下半部略加厚。螺軸上有許多小褶襞，殼口頂端有滑層加厚的突出。殼表色彩和花紋富變化，但一般是乳白色底色，有深褐色和紫色條紋和螺狀帶。

- **附註**　都有橙紅色殼口。
- **棲息地**　潮間帶砂底。

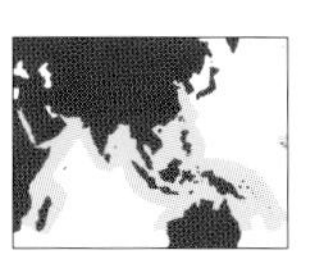

印度太平洋區

分布　熱帶印度太平洋	數量　♦♦♦♦	尺寸　6公分

超科 骨螺超科	科 榧螺科	種 *Olivancillaria contoruplicata* Reeve

南美小榧螺(Twisted Plait Olive)

螺塔短，縫合線深溝狀。螺軸上有厚而成隆塊狀的滑層，體層和螺塔上端亦另有滑層，此滑層由外唇的上緣分出。螺軸白色，極彎。殼表灰褐色。

- **附註** 巴西沿海是這種螺的原產地。
- **棲息地** 淺海底。

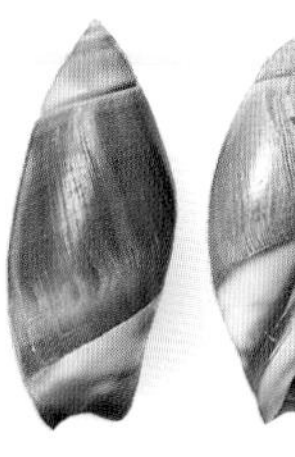

加勒比亞區
巴塔哥尼亞區

殼口內側為咖啡色

分布 巴西至烏拉圭	數量 ♠♠♠♠	尺寸 3公分

超科 骨螺超科	科 榧螺科	種 *Olivancillaria gibbosa* Born

駝背榧螺(Swollen Olive)

殼重，螺塔低，體層卵形，老貝肥圓。淺溝狀縫合線上方的螺塔，覆有厚滑層。螺軸滑層寬，並一直延伸至殼口頂端。上半部的滑層光滑，下半部有折褶。殼表淺或深褐色，有白色斑點和不規則條紋。

- **棲息地** 淺海底。

印度太平洋區

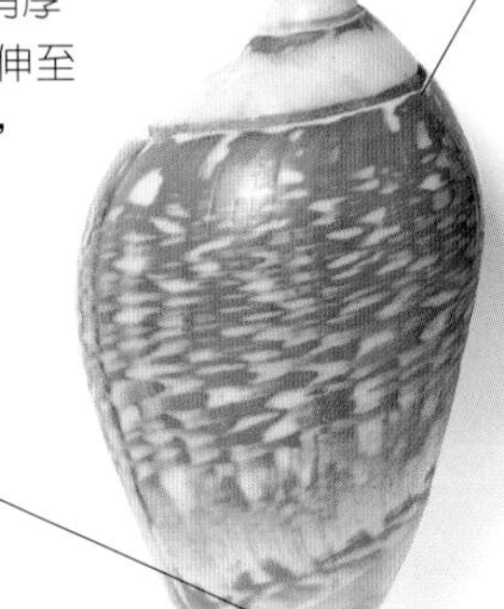

體層邊緣極銳利

滑層中有溝

前水管溝寬

唇內緣可見殼表色彩

分布 斯里蘭卡、印度南部	數量 ♠♠♠♠	尺寸 5公分

超科 骨螺超科	科 榧螺科	種 *Olivella biplicata* Sowerby

紫色小榧螺(Purple Dwarf Olive)

殼堅實，小巧玲瓏，螺塔短，座落在極大的體層頂端，體層或膨圓或修長。縫合線細而明顯，但不呈深溝狀，殼口頂端縮窄。螺軸直、光滑，底部有一長而薄的折褶。早期螺層淺灰色或褐色，後期的螺層有棕色或紫色條紋。

- **附註** 此螺夏天會群集在沙灘上。
- **棲息地** 淺海砂底。

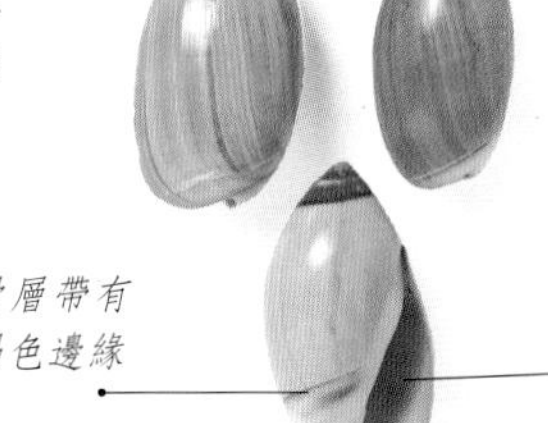

加州區

滑層帶有褐色邊緣

殼口紫色

海域 英屬哥倫比亞至美國加州南部	數量 ♠♠♠♠♠	尺寸 2.5公分

彈頭螺

種類多，產於溫暖海域，喜在沙底鑽洞爲穴。殼面有光澤，有的滑層厚，將螺塔全部或局部覆蓋。螺軸光滑，常扭曲。殼表主要是金褐色、橙色和紅棕色。口蓋薄，角質。

超科 骨螺超科	科 榧螺科	種 *Ancillista velesiana* Iredale

金棕彈頭螺(Golden Brown Ancilla)

殼卵狀，易碎，殼頂圓鈍，螺塔各層微臌，殼口狹而長。體層長，有絲般光質，螺塔上覆蓋著一層薄而有光澤的滑層。縫合線被一層薄而寬的滑層遮蓋，螺軸薄而光滑，微扭曲。體層淺黃褐色，殼底和次體層栗色；縫合線處的滑層帶和早期螺層白色。

- **附註** 與衆不同之處在於：個體大而輕，殼頂鈍及滑層覆蓋著縫合線。
- **棲息地** 深海底。

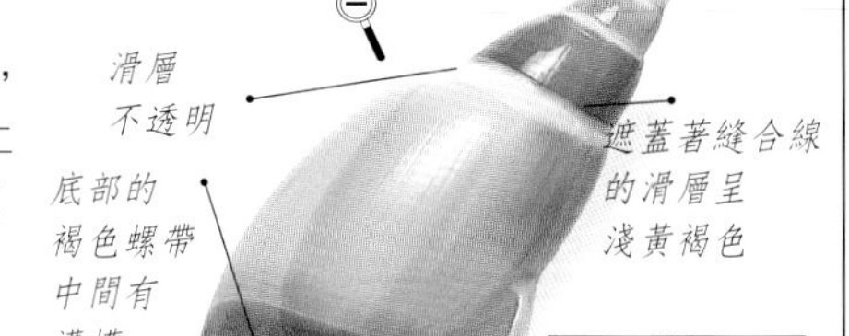

分布 昆士蘭南部、新南威爾斯	數量 ♦♦♦	尺寸 7.5公分

超科 骨螺超科	科 榧螺科	種 *Ancilla lienardi* Bernardi

連氏彈頭螺(Lienard's Ancilla)

殼精緻，有光澤，體層膨凸，螺塔各層側面平直。螺軸彎曲，臍孔大而深，殼口上方滑層發達。殼口深橙色，螺軸附近和體層的螺溝白色。

- **棲息地** 近海水域。

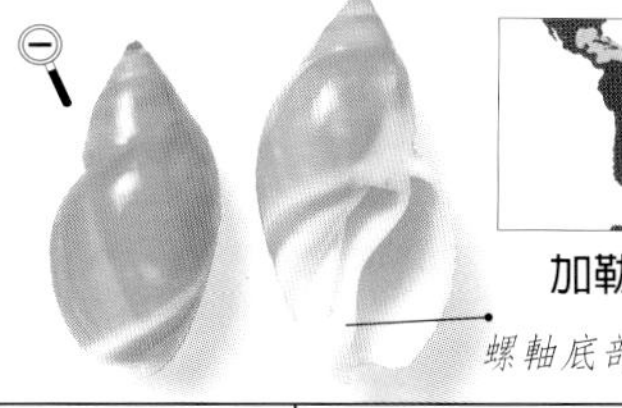

分布 巴西	數量 ♦♦	尺寸 2.5公分

超科 骨螺超科	科 榧螺科	種 *Acilla albicallosa* Lischke

白滑層彈頭螺(White Blotch Ancilla)

殼厚而高，螺塔側面近平直，體層側面凸出。螺軸極扭曲，外唇在底部微凹。體層下半部有寬滑層帶，殼口上方有厚滑層。螺塔和底部褐色，體層淺褐色，螺軸白色。

- **棲息地** 近海水域。

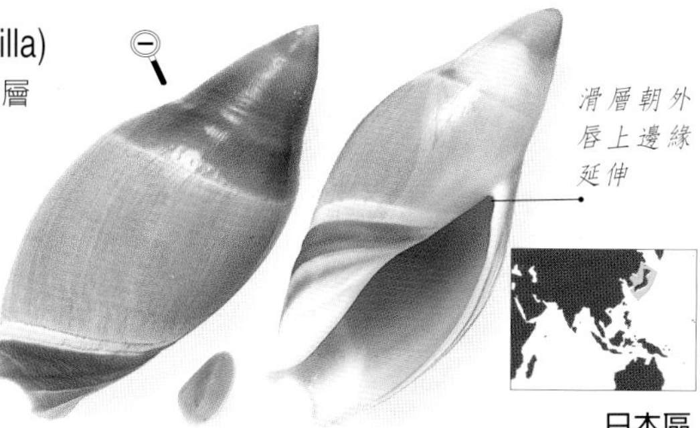

分布 日本南部	數量 ♦♦♦♦	尺寸 6公分

假榧螺

種類少，喜在沙底鑽洞穴，常見於印度洋和南大西洋。殼極光亮，螺塔短，縫合線刻痕清晰。螺帶盤繞體層下半部，螺軸上的折褶呈螺旋形向上盤旋。

超科 骨螺超科	科 榧螺科	種 *Agaronia testacea* Lamark

巴拿馬假榧螺(Panama False Olive)

修長型，螺塔直，體層微凸。縫合線深，寬滑層帶盤繞著體層的下半部。螺軸上有強折褶，一直盤旋至殼口處，外唇薄。殼表灰色或灰紫色，有塊斑和「之」字紋。縫合線上方有時會有淺色螺帶，滑層帶黃褐色，螺軸白色。

- **棲息地** 潮間帶砂底。

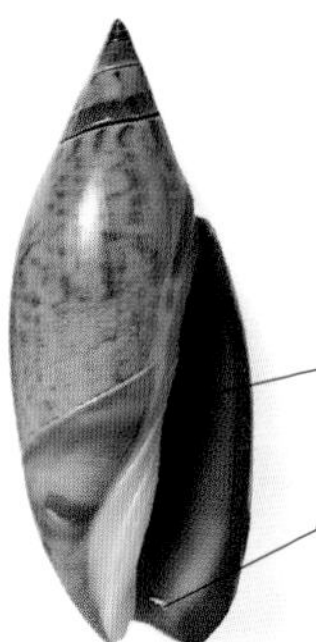

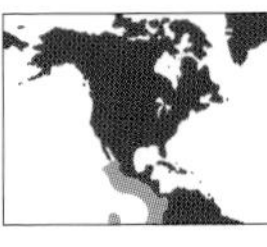

巴拿馬區

分布 加利福尼亞灣至秘魯	數量 ♠♠♠♠♠	尺寸 4公分

超科 骨螺超科	科 榧螺科	種 *Agaronia nebulosa* Lamarck

雲斑假榧螺(Blotchy Ancilla)

殼體修長，體層微凸，螺塔各層微凹。縫合線深，體層上有寬滑層螺帶。螺軸大部分直，上半部有短褶襞，下半部有長折褶。殼表乳黃色，有褐色塊斑和「之」字紋。

- **附註** 常用咖喱烹調來吃。
- **棲息地** 潮間帶砂底。

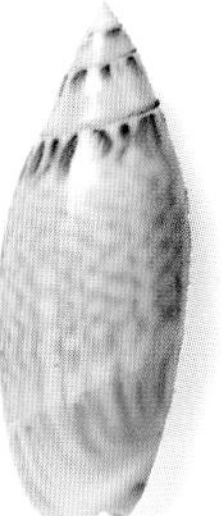

印度太平洋區

分布 印度洋	數量 ♠♠♠♠♠	尺寸 4公分

超科 骨螺超科	科 榧螺科	種 *Agaronia haiatula* Gmelin

廣口假榧螺(Olive-grey Ancilla)

殼體長，螺塔短而尖，體層膨大。外唇上部邊緣加厚，螺塔各層微凹，縫合線窄而深，體層上有寬滑層帶，螺軸上的折褶螺旋形伸展至殼口。殼表黃或灰色，有紫色條紋。

- **附註** 螺軸滑層較厚，且較標本晦暗。
- **棲息地** 潮間帶砂底。

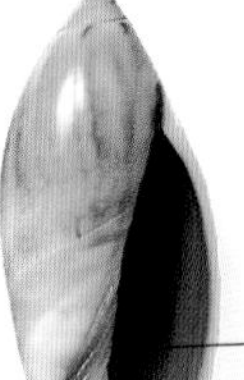

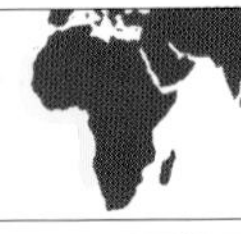

西非區

分布 西非、佛得角群島	數量 ♠♠♠♠	尺寸 4公分

筆螺

色彩斑駁誘人，或光滑，或有螺肋和縱褶裝飾。殼口窄，具前水管溝，螺軸上有折褶。外唇有的光滑，有的起皺，也有的有齒。多數具有殼皮，均無口蓋。盛產於印度太平洋熱帶海域，這一帶的筆螺色彩鮮豔，裝飾精巧。大都棲息於潮間帶的珊瑚間、岩石下或砂中。屬肉食或腐食性動物。

超科　骨螺超科	科　筆螺科	種　*Mitra mitra* Linnaeus

錦鯉筆螺(Episcopal Mitre)

殼重，堅實，螺塔比體層短。縫合線淺而不平整，螺塔各層微圓且光滑，但早期螺層有些不明顯的螺溝，底部則有些稍強的螺溝。殼口狹窄，末端連著寬前水管溝，螺軸上有3-4道強折褶。殼表白色，有螺旋狀排列的橙色斑點及方塊斑。

- **附註**　長得極像主教的禮冠。
- **棲息地**　淺海砂底。

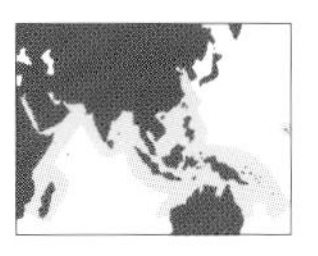

印度太平洋區

螺塔各層上有3列花紋

體層側面近平直

內部剖面圖

實心的殼頂螺層

各螺層有同樣的螺軸褶襞

螺軸中柱

外唇緣有尖齒

細裂縫為臍孔

分布　熱帶印度太平洋	數量	尺寸　10公分

超科　骨螺超科	科　筆螺科	種　*Mitra stictica* Link

紅牙筆螺(Punctured Mitre)

殼堅實，各層側面筆直，階梯狀易於辨認。後期各螺層縫合線下方有鈍瘤，所有的螺層上有螺旋排列的坑狀小凹點，螺軸有3-4道折褶。殼表白色，有橙色方斑和塊斑。

- **棲息地**　岩石及珊瑚間。

殼底有凹陷的強螺溝

印度太平洋區

分布　熱帶印度太平洋	數量	尺寸　6公分

超科　骨螺超科	科　筆螺科	種　*Mitra puncticulata* Lamarck

金網筆螺(Dotted Mitre)

殼緻密，堅實，殼口佔總殼長的一半左右，螺塔約有6層微圓的螺層，後期螺層在縫合線處呈階梯狀。縱脊低，與寬距螺溝相交，仔細觀察這些螺溝，實為微小的凹坑。後期螺層的頂部有突起的鈍瘤，螺軸上有4-5道強折褶。殼表橙色，有紅棕色塊斑和白色斑點。

- **附註**　體層中間白色斑點密集。
- **棲息地**　淺海底的珊瑚附近。

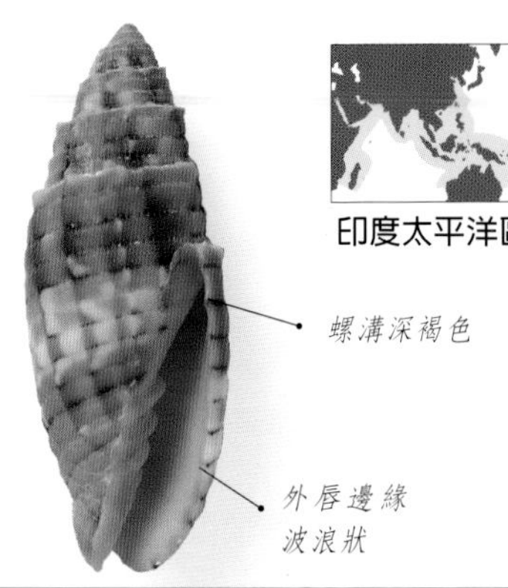

分布　太平洋西南部、日本南部	數量	尺寸　4.5公分

超科　骨螺超科	科　筆螺科	種　*Mitra nigra* Gmelin

西非黑筆螺(Black Mitre)

殼厚，體層側面平直；殼口約為總殼長的一半。螺塔各層微膨圓，縫合線淺。殼表有細螺旋紋，和不規則縱生長紋。外唇光滑，螺軸上有3-4道強折褶。殼表藍灰色或淡褐色，有褐色或黑色殼皮。

- **附註**　只有殼表具殼皮時，才是名付其實的「黑」筆螺。
- **棲息地**　淺海岩石下。

殼頂圓

西非區

外唇加厚

殼口藍白色

分布　西非、大西洋東部諸島	數量	尺寸　3公分

超科　骨螺超科	科　筆螺科	種　*Pterygia crenulata* Gmelin

彈頭筆螺(Notched Mitre)

殼體圓柱形，螺塔短，金字塔狀，殼頂圓，在大的體層相襯下，顯得極矮。縱溝排列整齊，與整齊的螺溝相交，形成許多凸出的小方塊，殼表質感粗糙，螺軸下半部共有9道折褶。殼表白色，有橙褐色塊斑，殼口白色。

- **附註**　有幾種輪廓及殼口相似的近緣種。
- **棲息地**　淺海砂底。

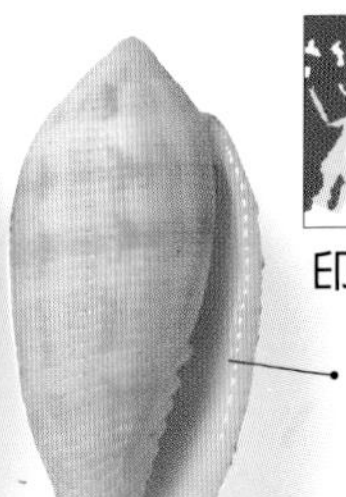

分布　熱帶印度太平洋	數量	尺寸　3公分

超科 骨螺超科	科 筆螺科	種 *Scabricola fissurata* Lamark

網紋筆螺(Reticulate Mitre)

殼表光滑，子彈形有針尖般的殼頂，體層有弱肩角，體層長度約螺塔的兩倍。殼口狹長，螺軸上有4-5道褶襞，上方有2-3條細溝。螺塔各層和體層上半部，盤繞著間隔寬的螺旋刺孔。殼表灰色或淺褐色，有白色帳篷狀花紋。

- **附註** 唯一有帳篷狀花紋的筆螺。
- **棲息地** 珊瑚砂底。

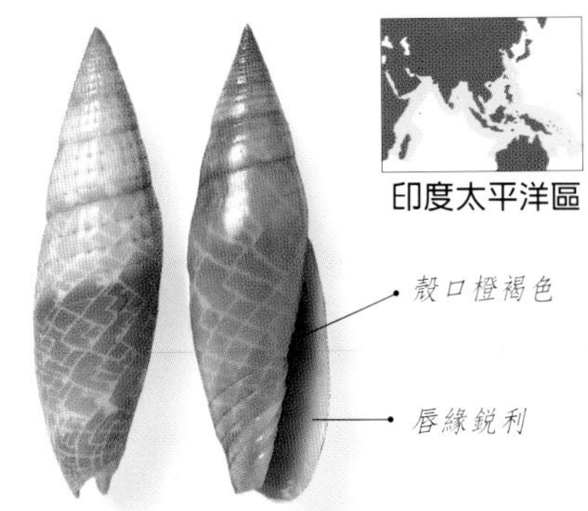

分布 印度洋、紅海	數量 ♦♦♦♦	尺寸 5公分

超科 骨螺超科	科 筆螺科	種 *Cancilla praestantissirma* Roding

黑彈簧筆螺(Superior Mitre)

殼紡錘狀，體層與螺塔高度相當，螺層微膨，小縱肋密集，在縫合線下形成皺褶脊。螺肋細，盤繞著螺層，並壓在小縱肋上，螺軸上約有5道折褶。殼表白色，肋紅棕色，殼口白色。

- **附註** 有時螺肋間會有一些小螺肋。
- **棲息地** 淺海砂底或海藻中。

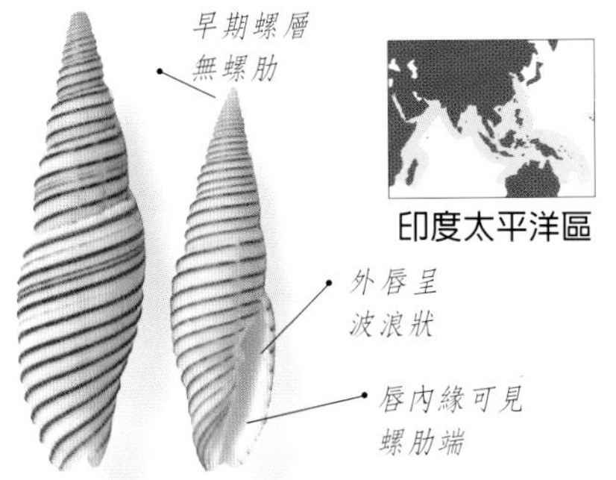

分布 熱帶印度太平洋	數量 ♦♦	尺寸 4公分

超科 骨螺超科	科 筆螺科	種 *Neocancilla papilio* Link

蝶斑筆螺(Butterfly Mitre)

殼堅實，長卵形，螺層肥圓，殼頂尖，縫合線中度深淺。縱溝密集，並與細密的螺溝相交，故殼表彷彿覆蓋著一層凸起的瓦片。底部的螺溝較深，螺軸直，有4-5道折褶。殼表乳白色，有紫褐色短線紋和斑點，大致呈螺旋狀排列。

- **附註** 左邊的螺殼花紋不如一般發達。
- **棲息地** 淺海砂底。

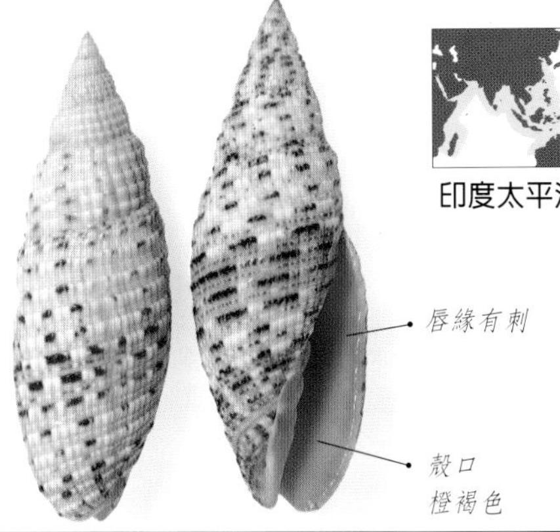

分布 熱帶印度太平洋	數量 ♦♦	尺寸 5公分

超科 骨螺超科	科 筆螺科	種 *Vexillum vulpecula* Linnaeus

紅狐筆螺(Little Fox Mitre)

螺塔比體層短，殼表有光澤。體層上的縫合線深，尖殼頂常遭磨損。殼口極窄，外唇中部微凹。殼表縱折褶或強或弱，在體層肩部最明顯，螺溝或深或淺。殼表花紋及色彩富變化，大多數為橙色，有紅、黑或褐色螺帶。

• **棲息地** 淺海砂底。

早期螺層側面平直
螺層上半部有螺溝
印度太平洋區
殼口頂端膨圓
軸唇上部折褶極強
前水管溝微彎

分布 熱帶太平洋	數量 4	尺寸 5公分

超科 骨螺超科	科 筆螺科	種 *Vexillum dennisoni* Reeve

丹尼森筆螺(Dennison's Mitre)

殼厚，螺塔高，縫合線深。螺層側面或平直或微凸，殼頂極尖。殼口窄，外唇中下部有稜角。縱折褶寬而低，與螺溝相交。殼表淡粉紅色，有橙色螺帶。

• **附註** 以英國收藏家姓氏命名，此人在19世紀早期收集了許多罕見品種。

• **棲息地** 淺海砂底。

分布 太平洋西部	數量 3	尺寸 6公分

超科 骨螺超科	科 筆螺科	種 *Vexillum sanguisugum* Linnaeus

吸血筆螺(Bloodsucker Mitre)

貝殼修長而堅實，螺層略凸，縫合線深。殼口極窄，螺軸上有3-4道折摺，縱折褶密集，並與深螺溝相交。殼表顏色富變化，常為灰白色或淡褐色，紅色方塊斑構成螺帶，殼口紫色。

• **附註** 林奈取名時，想起吸血昆蟲在人體上留下的青紅色傷疤。

• **棲息地** 珊瑚礁附近砂底。

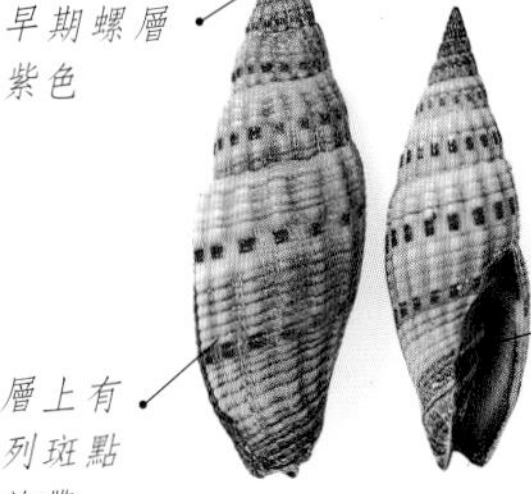

印度太平洋區

分布 熱帶印度太平洋	數量 4	尺寸 4公分

拳螺

大多數拳螺殼厚而重。前水管溝明顯，螺軸上有3-4道折褶。大型螺種有堅實的瘤或短棘，螺脊寬粗；有些種類呈棍棒狀，或有長短不等的棘。口蓋呈爪狀，分布廣泛，在珊瑚礁地最常見。屬食肉性動物，生活於砂底，珊瑚屑或岩石間。

超科 骨螺超科	科 拳螺科	種 *Vasum turbinellum* Linnaeus

短拳螺(Common Pacific Vase)

殼重，早期螺層常缺損。體層大，有兩列鈍棘。殼表近白色，有黑褐色塊斑，殼口黃白色。

- **附註** 右圖的標本，螺塔低下，棘上翹。
- **棲息地** 潮間帶。

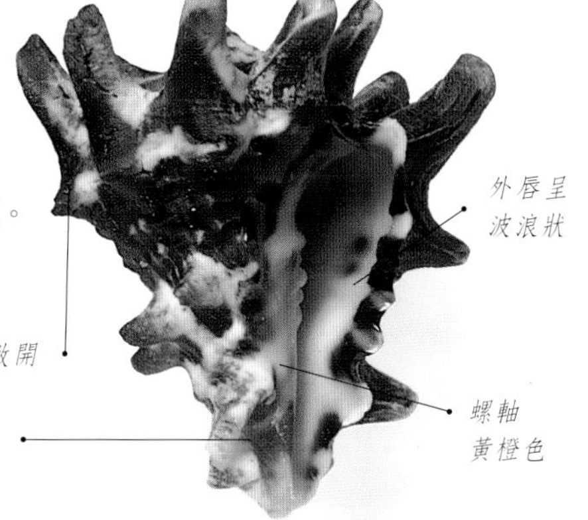

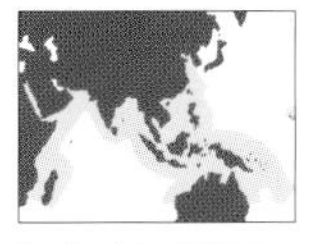

印度太平洋區

分布 熱帶印度太平洋	數量 ♠♠♠♠	尺寸 6公分

超科 骨螺超科	科 拳螺科	種 *Vasum cassiforme* Kiener

冠拳螺(Helmet Vase)

殼重，螺塔突出，體層大，殼口窄。螺軸滑層向外擴張，遮蓋了大部分殼口側邊，並擴展至反捲的殼口外唇，螺軸上有2-3道折褶。長短不一，側邊敞開的棘盤繞著螺層。殼表近白色，內唇滑層和外唇紫褐色，殼口內側白色。

- **附註** 以螺軸滑層極度外張而稱奇。
- **棲息地** 淺海底。

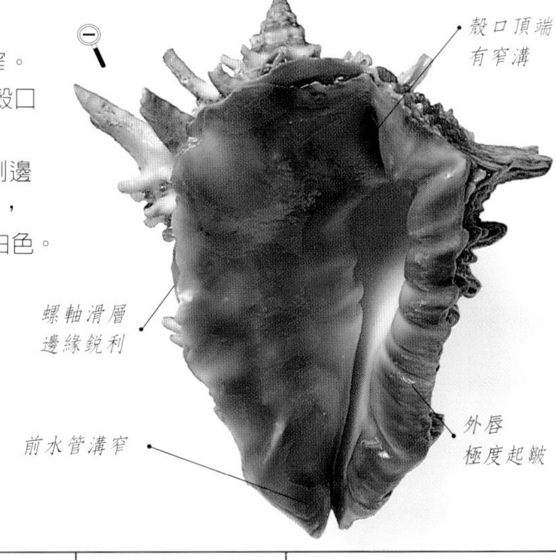

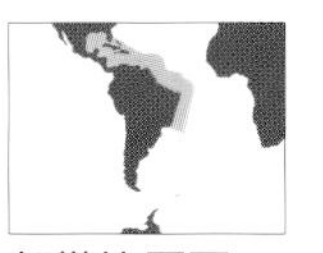

加勒比亞區

分布 巴西	數量 ♠♠	尺寸 9公分

超科　骨螺超科	科　拳螺科	種　*Vasum muricatum* Born

加勒比拳螺(Caribbean Vase)

殼重，矮胖，體層寬大。殼口中等寬度，末端與細窄的前水管溝相連，螺軸上有4-5道折褶。螺塔有數列螺旋鈍瘤，體層肩部有大而鈍的瘤，往下有2-3圈小瘤肋，常有粗糙波紋狀螺肋盤繞。外唇上緣可能有一大鈍棘，下部邊緣呈波浪狀。殼皮暗黑色，殼表為污白色；殼口白色，外唇紫色，螺軸上有紫色斑紋。

• **附註**　以雙殼貝和蠕蟲為生。

• **棲息地**　砂底。

加勒比亞區

分布　佛羅里達南部、加勒比亞區	數量　4	尺寸　7.5公分

超科　骨螺超科	科　拳螺科	種　*Vasum tubiferum* anton

長拳螺(Imperial Vase)

殼重，堅實，卵形，體層肩部極寬。螺塔中等高度，早期螺層常磨損。殼口窄，末端與短前水管溝相連，整個外唇緣起皺，上端有稜角。螺軸極直，有5道折褶，中間一道為最強，臍孔小而深。後期螺層和體層上有寬縱褶裝飾，縱褶上有長短管狀棘，以螺旋狀排列。殼表白色，有褐色塊斑。

• **附註**　學名強調了此螺特有的管狀棘。

• **棲息地**　淺海底。

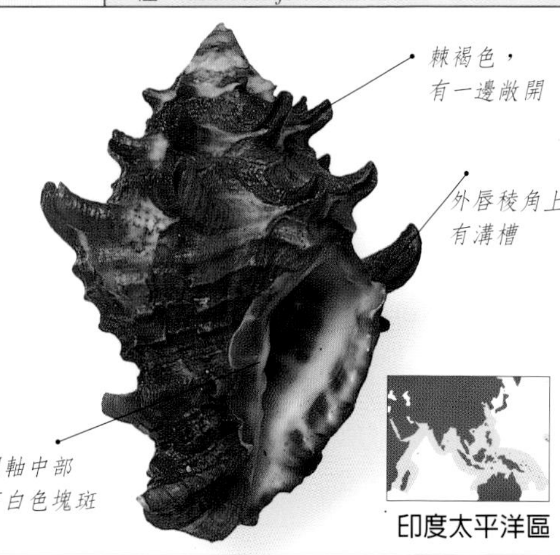

印度太平洋區

分布　菲律賓、巴拉旺	數量　3	尺寸　9公分

超科 骨螺超科	科 拳螺科	種 *Altivasum flindersi* Verco

弗林德氏拳螺(Flinders' Vase)

殼體高雅，集強健的結構、柔和的線條及嬌豔的色彩於一體。螺塔高，約與體層高度相當，縫合線淺。殼口小，與深又窄的前水管溝相通。外唇薄，波狀緣，螺軸上有三道強褶襞。所有的螺層上都有寬縱褶，並與螺肋相交。螺肋及其間距的寬度一致。殼表有白色、黃色和桃紅色。

• **附註** 最大也是最誘人的一種拳螺，常得到收藏者的垂青，特別是如圖所示的色彩。

• **棲息地** 近海岩石間。

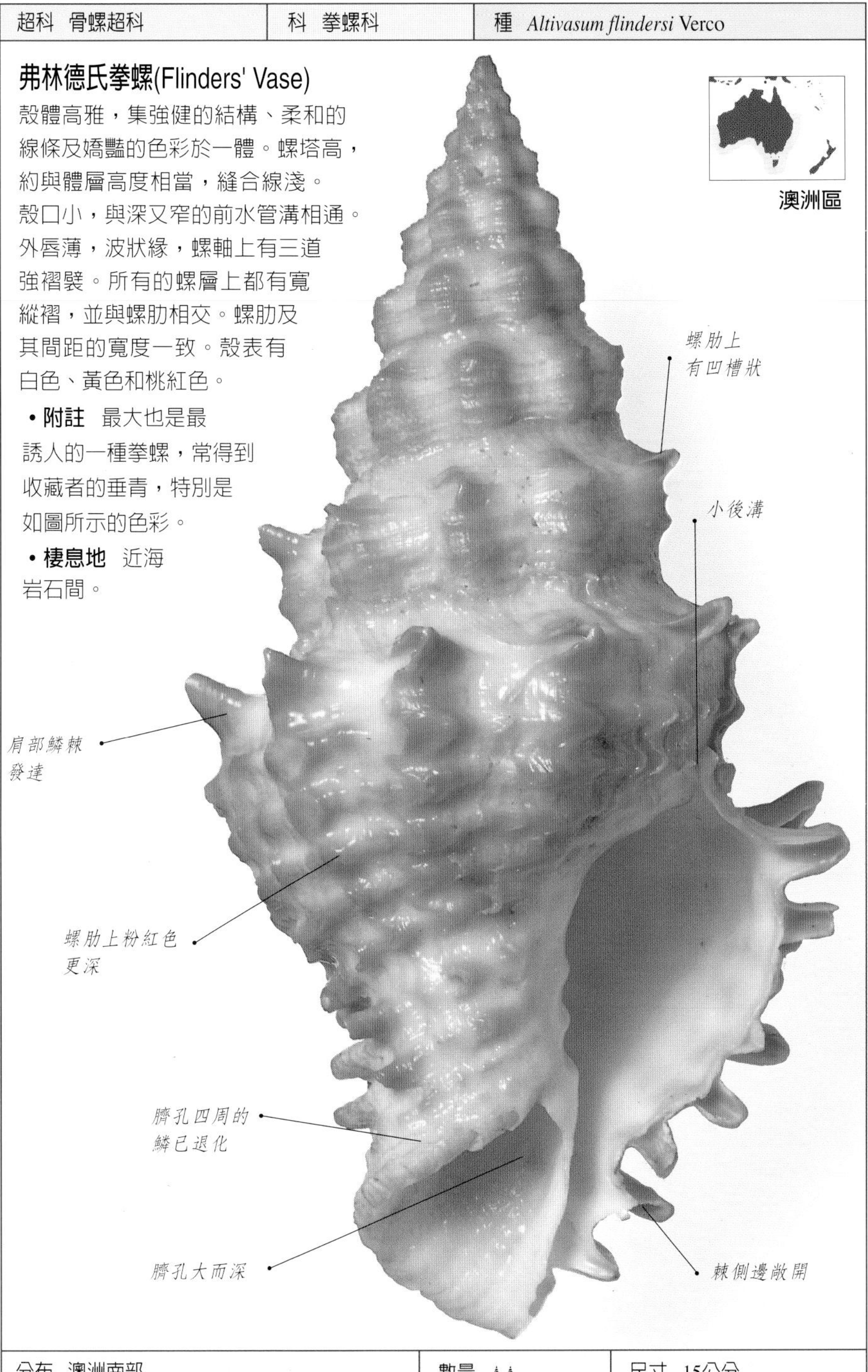

分布 澳洲南部	數量	尺寸 15公分

超科 骨螺超科	科 拳螺科	種 *Tudivasum armigera* A.Adams

武裝拳螺(Armoured Vase)

整體形似一根球棒，由膨圓的體層、極短的鈍頂螺塔，與長而直的前水管溝三部分組成。後期螺層上均有上翹的螺狀棘裝飾，前水管溝也有長短不一的棘。殼表乳白色，有褐色斑點。

• **附註** 螺軸上的折褶證實此螺與骨螺無近親關係，儘管外形相像。

• **棲息地** 近海砂底。

軸唇邊緣銳利

口蓋

棘一邊敞開

螺軸上有折褶

澳州區

分布 澳洲南部	數量 ♦♦♦	尺寸 7.5公分

超科 骨螺超科	科 拳螺科	種 *Tudicla spirillus* Linnaeus

乳頭拳螺(Spiral Vase)

殼堅實，體層寬而膨大，螺塔短而扁，殼頂大，有光澤，球狀，縫合線細。體層肩角為尖銳的稜脊，下方有淺螺溝。前水管溝長，有時彎曲。殼表近白色，稜脊上有褐色斑紋。

• **附註** 此螺特出之處在於大而圓的殼頂，及螺軸上僅有一折褶。

• **棲息地** 近海水域。

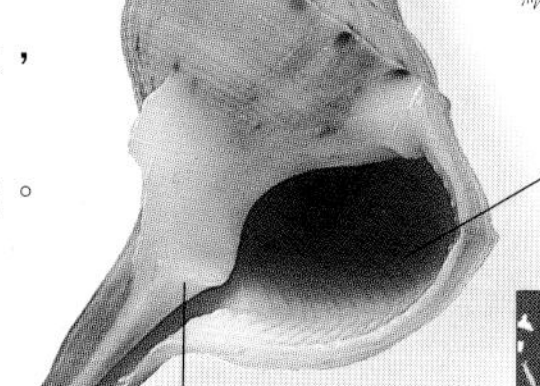

印度太平洋區

海域 印度南部	數量 ♦♦♦	尺寸 6公分

超科 骨螺超科	科 拳螺科	種 *Afer cumingii* Reeve

土豚拳螺(Cuming's Afer)

殼堅實，螺塔高，體層大，前水管溝長，且常彎曲。螺頂平滑，其餘的螺層有強螺脊，並在肩角處有小圓瘤。外唇有鋸齒邊，殼口內有脊。體層上的螺脊嵌入螺軸滑層，使得螺軸上呈現不明顯的褶襞。殼表黃褐色，有較深褐色斑紋；殼口白色。

• **棲息地** 近海砂底。

由殼頂看

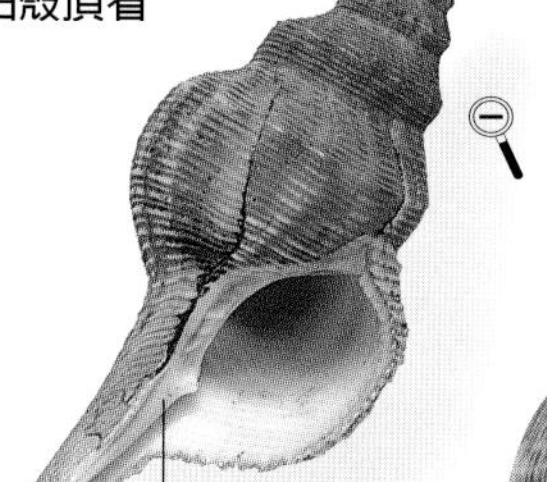

由殼口看

日本區
印度太平洋區

分布 日本至台灣	數量 ♦♦♦	尺寸 7公分

鉛螺

按其體型比例來看，這類螺或許是世間最重的螺了。體層大，前水管溝寬，螺軸有一些明顯的褶襞。新鮮螺殼有厚殼皮，呈纖維狀。產於印度洋和加勒比海域，以蠕蟲爲食。

超科　骨螺超科	科　拳螺科	種　*Turbinella pyrum* Linnaeus

印度鉛螺(Indian Chank)

殼重，堅實，體層膨大，螺塔短，前水管溝既長又寬，螺軸有3-4個強褶襞。殼平滑，有時肩部有低隆起，體層底部有螺脊。在厚厚的殼皮下，殼表乳白色，常染有粉紅色。

- **附註**　印度的鉛螺送到孟加拉製成珠寶或飾物。
- **棲息地**　淺海砂底。

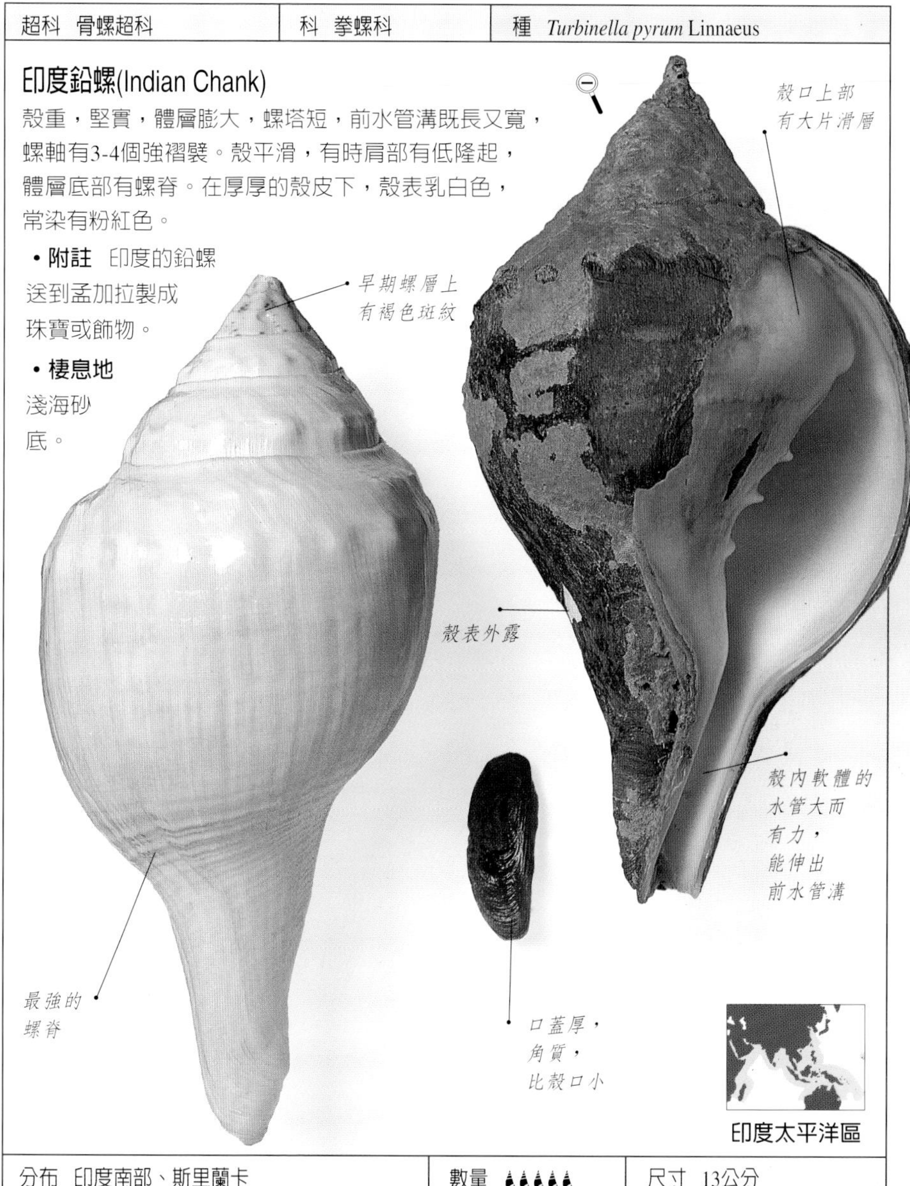

分布　印度南部、斯里蘭卡	數量	尺寸　13公分

楊桃螺

外形艷麗，花紋優美，色調明亮，使其成爲最受人青睞的海螺之一。楊桃螺約有十二種。生活於溫暖的熱帶淺海域，少數生活澳洲南部深海底。無口蓋，棲息於砂底，爲肉食性動物。

超科　骨螺超科	科　楊桃螺科	種　*Harpa costata* Linnaeus

百肋楊桃螺(Imperial Harp)

體層膨大，相較之下螺塔顯得尖而小。螺層的上部扁平，體層有一寬大的斜面。殼口大，外唇和螺軸平滑。體層有30-40根密集的縱肋，每條肋都在肩部有尖突，並向上延伸至次體層。殼表乳白色，有褐色和橙褐色斷開的螺帶；殼口黃白色，螺軸中央處有紅棕色塊斑。

- **附註**　極罕見珍貴，市價與尺寸和品相成正比。
- **棲息地**　近海砂底。

分布　模里西斯	數量	尺寸　7.5公分

超科　骨螺超科	科　楊桃螺科	種　*Harpa major* Röing

大楊桃螺(Major Harp)

殼薄但堅實，螺塔低，殼頂尖。殼口大，外唇平滑，頂端有稜角，螺軸光滑。體層上約有12條縱肋，或寬或窄，均於肩部有尖突。滑層沿殼口側邊向體層擴展，並伸往螺塔。殼表乳白色，縱肋兩側有褐色曲折紋。螺帶寬，淺褐色，螺軸及殼口滑層為咖啡色。

- **附註**　殼表的花紋在殼口內可透顯出來。
- **棲息地**　淺海砂底。

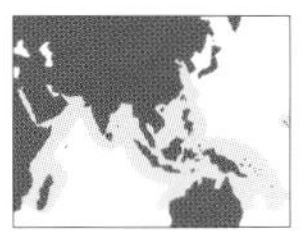

印度太平洋區

唇緣的稜角加厚

曲折的條紋能透見於殼口內

褐色斑被分斷是固定的特徵

縱肋末端彎曲

前水管溝淺而寬

分布　熱帶印度太平洋區	數量	尺寸　9公分

超科　骨螺超科	科　楊桃螺科	種　*Harpa doris* Roding

西非楊桃螺(Rosy Horp)

殼薄，螺塔低，體層長，殼頂尖，體層縫合線下有寬斜面。螺軸平滑，外唇下半部有弱齒突出。體層上有12條低縱肋，側面微呈波浪狀，縱肋頂端尖銳，肋間平滑。殼表紅色，塊斑褐色，螺帶上有白色新月紋。

- **附註**　是大西洋海域唯一的楊桃螺。
- **棲息地**　近海砂底。

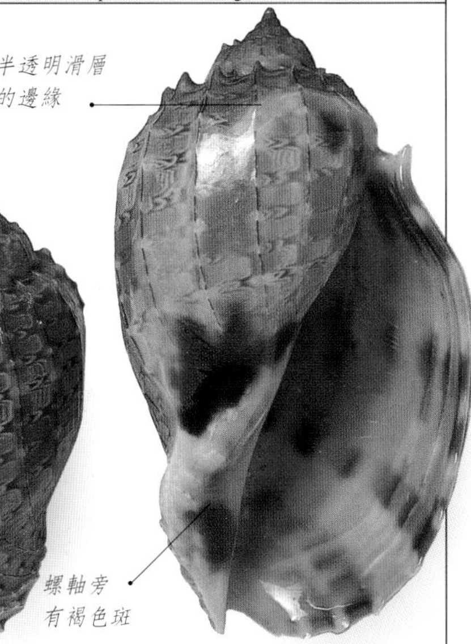

西非

分布　西非	數量 	尺寸　6公分

渦螺

形態和色彩花紋千變萬化，使渦螺成爲全世界收藏者搜尋的目標。大多數螺殼重而堅實，但體型和外貌變異多，有些種類甚至有數個變種。棲息於溫暖海域，尤其在澳洲沿海。有些種類有小口蓋，大多數都有縱折褶或縱肋，所有的種類螺軸上都有褶襞。大多數的渦螺在沙質海底打鑽洞穴居，爲肉食性動物。

超科　骨螺超科	科　渦螺科	種　*Voluta musica* Linnaeus

樂譜渦螺(Music Volute)

殼厚，螺塔短，體層膨大，殼口窄。殼頂平滑，球狀。體層和後期螺層的肩部有一些大瘤，螺軸上有強襞。殼表乳黃色或粉紅色，有褐色斑點和螺旋線，縱短線及斑點極似樂譜。口蓋小。

- **附註**　只可惜殼表的音符奏不出美妙的曲調。
- **棲息地**　淺海區。

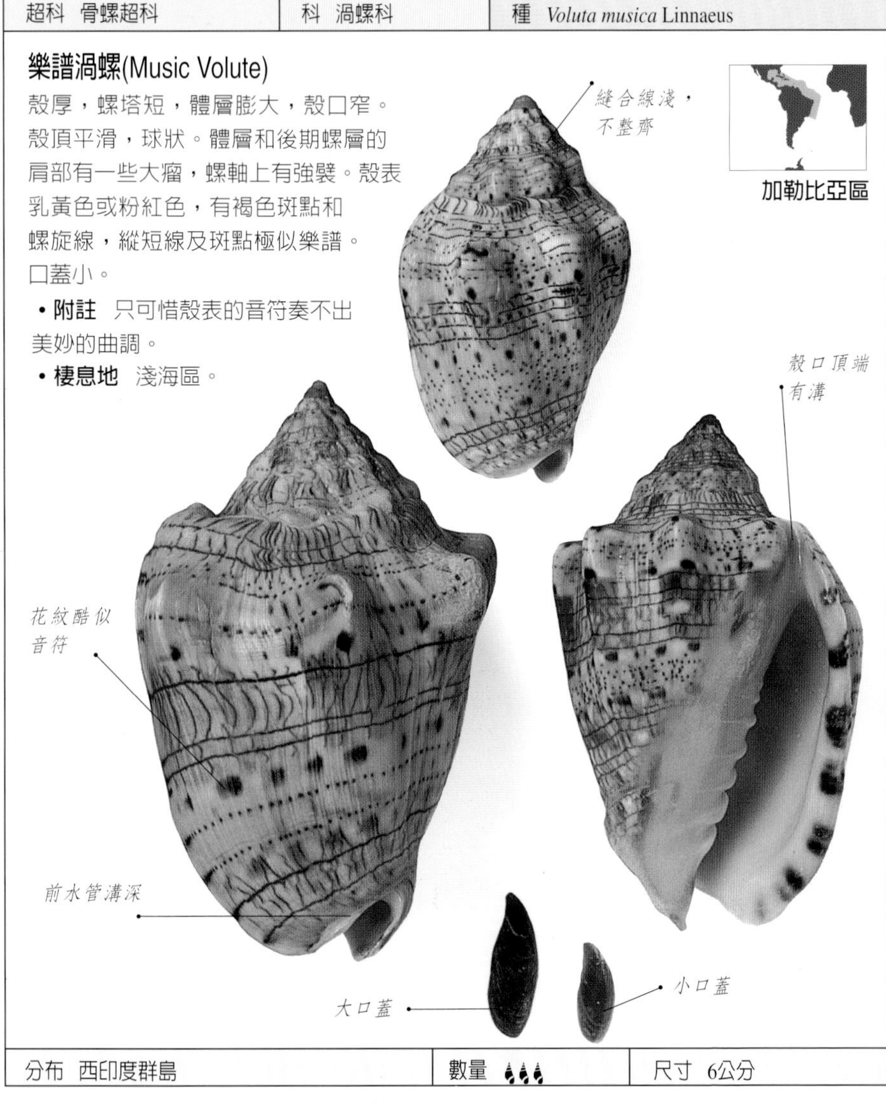

分布　西印度群島	數量	尺寸　6公分

超科　骨螺超科	科　渦螺科	種　*Voluta ebraea* Linnaeus

希伯來渦螺(Hedrew Volute)

殼堅實高大，螺塔高。由於外唇發達，體層兩側有時呈平行狀。外唇常向前水管溝傾斜，殼頂平滑渾圓，縫合線深，呈波浪狀。螺軸底部有5條強折褶，而上部折褶較弱，殼口長但略窄。在螺層上都有寬而低的脊，體層上的脊卻尖銳。殼表乳黃色，有褐色螺帶和象形文字般條紋。

• **附註**　因殼表花紋極像希伯來文字母，故而得名。

• **棲息地**　岩石間或砂質海底。

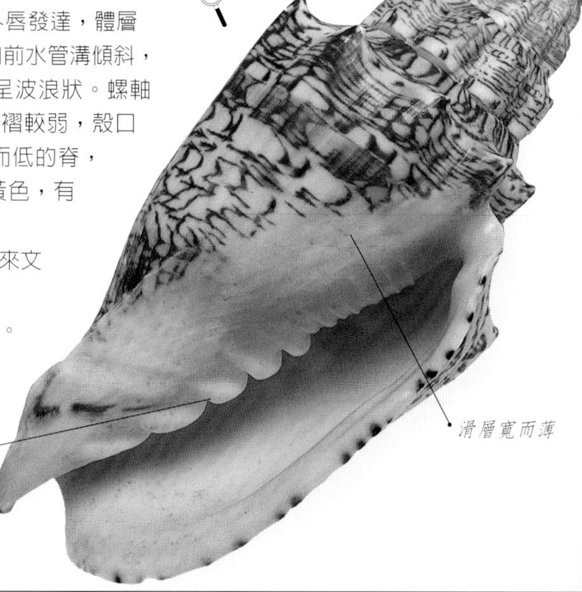

加勒比亞區

分布　巴西東北部	數量	尺寸　15公分

超科　骨螺超科	科　渦螺科	種　*Cymbiolacca pulchra* Sowerby

優美渦螺(Beautiful Volute)

螺塔低，早期螺層平滑，縫合線淺，體層修長，殼口寬大。螺軸有4條斜襞，最下面的一條一直延伸至前水管溝的邊緣。體層肩部有尖瘤，殼表淺紅或粉橙色，有白色小三角斑和三條褐色斑點構成的螺帶，螺軸白色，殼口白色而有粉紅色邊。

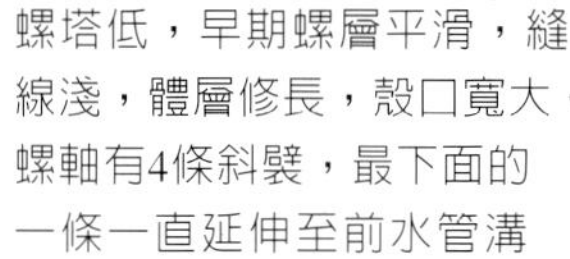

• **附註**　有幾種形態各異的優美渦螺曾被認為是不同的種。

• **棲息地**　近海砂底。

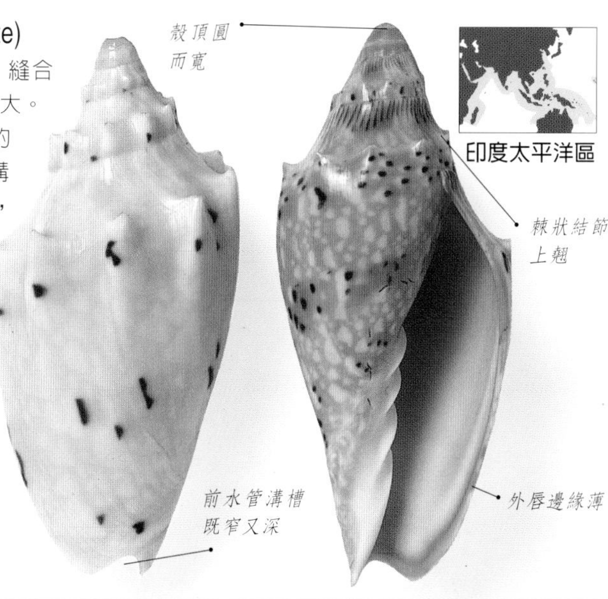

印度太平洋區

分布　澳洲東北部	數量	尺寸　7.5公分

超科　骨螺超科	科　渦螺科	種　*Alcithoe swainsoni* Marwick

史萬森渦螺(Swainson's Volute)

中度殼厚，螺塔短而窄，體層長，殼口長，唇平滑。早期螺層有時平滑、有時有縱肋，後期螺層上的縱肋逐漸退化。殼表深或淺褐色，有波紋狀螺帶。

• **附註**　以威廉·史萬森的姓氏命名，他在1821年出版第一本貝殼圖鑑。

• **棲息地**　近海水域。

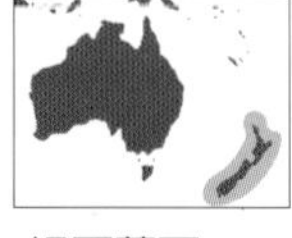

紐西蘭區

殼頂平滑且圓凸

螺軸上有5道折褶

外唇邊緣加厚

分布　紐西蘭	數量 ♦♦♦	尺寸　20公分

超科　骨螺超科	科　渦螺科	種　*Fulgoraria hirasei* Sowerby

平瀨氏渦螺(Hirase's Volute)

殼大而薄，修長型；殼口寬，長度超過膨大體層的一半。螺塔比體層短許多，縫合線淺。殼頂大而平滑，呈球形。每一螺層上都有強縱折褶，體層上的縱褶較弱，而在體層的下半部全部退化。有弱螺旋線，使得殼表呈現模糊的光彩。螺軸上略有釉光，而顯得平滑，但有時也有弱襞。殼表紅褐色，或褐色；殼口紅橙色，外唇邊緣色較淺。

• **附註**　此螺可食，常見於日本本州的魚市場。

• **棲息地**　中度水深的海底。

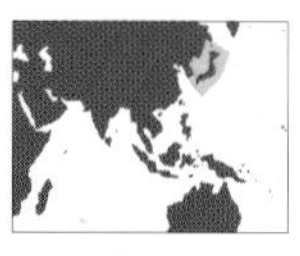

日本區

縫合線上方有窄但平滑的螺帶

殼口頂端滑層加厚

外唇緣薄但不尖銳

前水管溝寬而淺

紅棕色環帶的邊緣色較淺

分布　日本	數量 ♦♦♦	尺寸　15公分

超科 骨螺超科	科 渦螺科	種 *Lyria delessertiana* Petit

德雷氏渦螺(Delessert's Lyria)

殼厚，螺塔高，殼頂圓，縱折褶強。殼口頂端有小溝，沿整個螺軸都有褶襞。殼表粉紅色，有橙色塊斑，與褐色間斷狀螺旋線。

• **附註** 以法國貝類收藏家巴倫．本傑明．德雷姓氏命名。

• **棲息地** 近海水域。

口蓋

外唇邊緣加厚

印度太平洋區

分布 馬達加斯加、科摩洛群島、塞西爾群島	數量	尺寸 5公分

超科 骨螺超科	科 渦螺科	種 *Harpulina lapponica* Linnaeus

棕線渦螺(Brown-lined Volute)

殼重，螺塔短，體層膨大。殼頂球狀，殼頂以下的2-3層螺層上有低縱肋，其餘的螺層平滑。縫合線淺，螺軸上有7-8道折褶。殼表乳白色，體層上有三條褐色塊斑構成的螺帶的，及許多短線紋螺列。

• **棲息地** 近海水域。

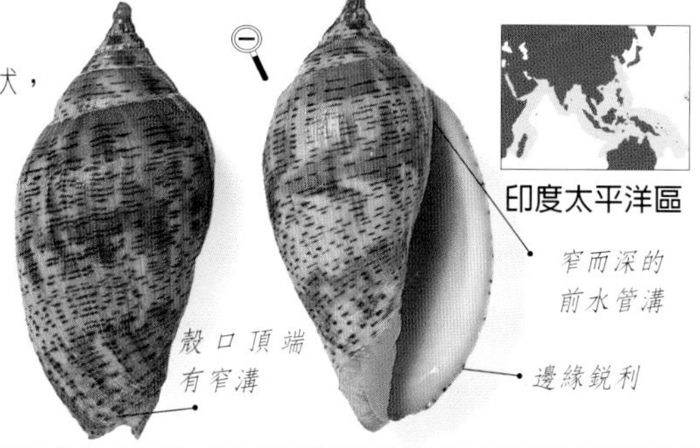

分布 斯里蘭卡、印度南部	數量	尺寸 9公分

超科 骨螺超科	科 渦螺科	種 *Volutoconus bednalli* Brazier

白蘭地渦螺(Bednall's Volute)

殼堅實而輕，表面花紋醒目而獨特。殼體修長或中度膨大，螺塔高。體層佔總殼長的大半。殼頂寬而圓，且在頂端有小刺凸出。殼口長而窄，末端與上翻的深前水管溝相接。螺軸上有4-5道折褶，殼表有細密的縱紋，通常在次體層和體層上有低而寬的縱襞。殼表乳黃色，體層上有四條咖啡色螺紋，並與角形紋相接，殼口淺粉紅色。

• **附註** 自1878年發表於科學界以來，一直是收藏者熱切渴求的目標。

• **棲息地** 近海泥沙底。

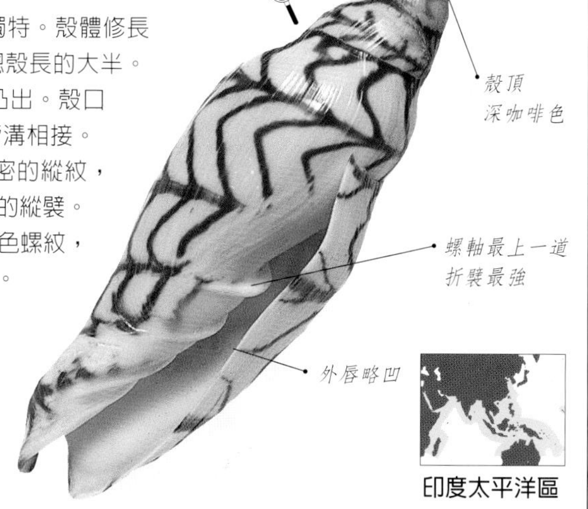

分布 澳洲北部、印尼東南部	數量	尺寸 14公分

超科　骨螺超科	科　渦螺科	種　*Scaphella junonia* Lamark

女神渦螺(The Juninia)

體層側面幾乎平直，前水管溝寬，螺軸上有4道折褶。殼表白色略帶粉紅，有螺旋形褐色斑點，排列整齊。

• **附註**　如此精緻的標本，仍屬稀世珍品。

• **棲息地**　近海砂底。

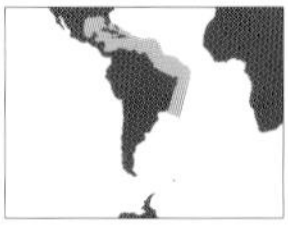

加勒比亞區

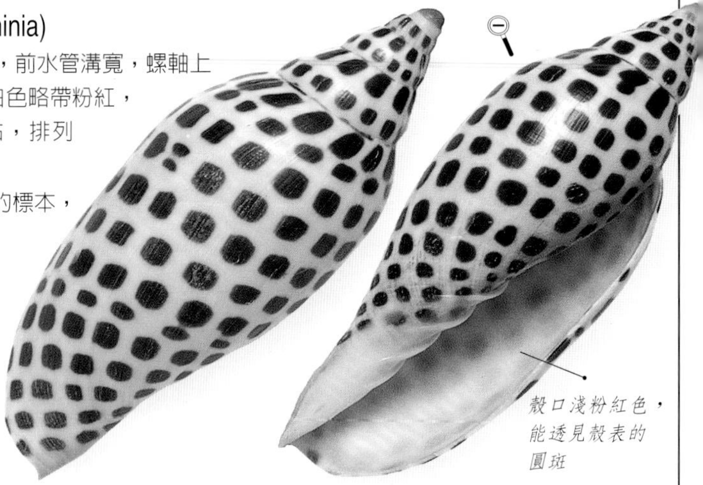

殼口淺粉紅色，能透見殼表的圓斑

分布　美國東南部	數量	尺寸　11公分

超科　骨螺超科	科　渦螺科	種　*Livonia mammilla* Sowerby

乳頭渦螺(False Melon Volute)

殼體大，體層膨圓寬大，螺塔低，有三層圓凸的螺層，殼頂如圓球，縫合線淺。殼口寬，末端與前水管溝相接。外唇反折，幾乎和整個體層等長。螺軸有三道細但曲折的褶襞，殼表局部有一層薄而透明的釉層。殼表乳黃或黃白色，有三道不規則褐色寬螺帶，由「曲折」紋或「三角」紋構成，次體層褐色，裝飾稀少；螺軸為粉橙色。

• **附註**　偶爾會被沖上海灘。

• **棲息地**　近海水域。

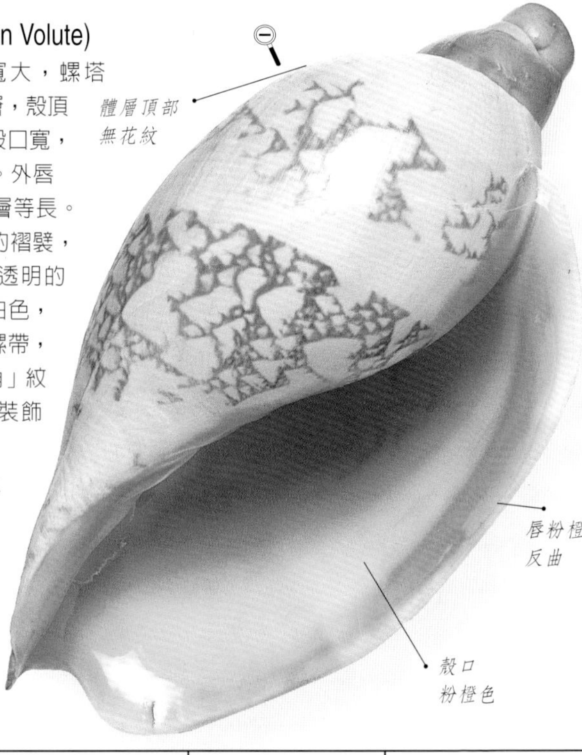

體層頂部無花紋

唇粉橙色，反曲

殼口粉橙色

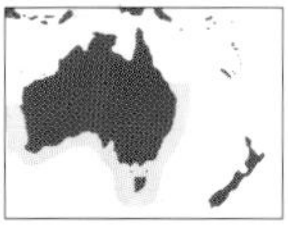

澳洲

分布　澳洲東南部、塔斯馬尼亞	數量	尺寸　25公分

超科　骨螺超科	科　渦螺科	種　*Cymbiolista hunteri* Iredale

韓特渦螺(Hunter's Volute)

殼輕，螺塔低，體層大，縫合線深。早期螺層平滑，後期螺層上有朝上的短刺。體層肩部約有12枚刺，除此以外無任何裝飾。外唇緣外張，幾乎和整個體層等長。螺軸近乎平直，有四道曲折強褶襞。殼表橙黃色，有褐色「曲折」字紋及兩道深褐色螺旋帶。

• **附註**　1821年威廉．史萬森首次出版的貝殼圖鑑中，稱之為「雲紋渦螺」。

• **棲息地**　近海水域。

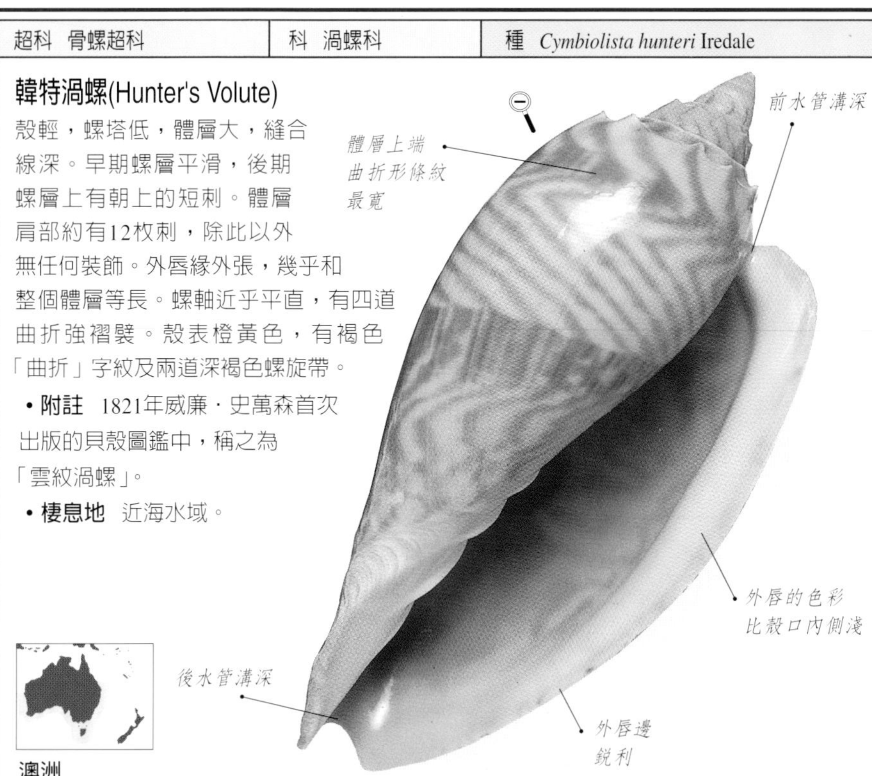

分布　澳洲東部	數量	尺寸　15公分

超科　骨螺超科	科　渦螺科	種　*Cymbium olla* Linnaeus

歐拉渦螺(Olla Volute)

殼堅實而輕，螺塔短，大部分被寬大的體層包裹。殼頂圓而平滑，縫合線深溝狀。殼口長，有時超出體層頂部。外唇彎曲，末端與寬而淺的前水管溝口相接。螺軸凸出，有兩道彎曲的褶襞。除內唇區壁有粗糙的釉唇外，殼面平滑。紅褐色或黃褐色，殼口色彩較淡；螺軸上褶襞近白色。

• **附註**　林奈取的拉丁種名意為「陶土壺」。

• **棲息地**　近海水域。

釉層
邊緣

體層頂部
平滑而圓凸

後水管溝

唇下半部薄

地中海區

分布　地中海、非洲西北部	數量	尺寸　11公分

穀米螺

穀米螺的大小常侷限在某個範圍內，大部分螺不足2公分，少數螺長度超過5公分。所有的螺殼表面平滑，有光澤，螺軸上有褶襞，前水管溝短。產於溫暖或熱帶海域，棲息於砂底，岩石下或海藻中。靠捕食其他軟體動物爲生。

超科　骨螺超科	科　穀米螺科	種　*Afrivoluta pringlei* Tomlin

南非穀米螺(Pringle's Margin Shell)

除殼體特大外，還另有一些特徵，使其在穀米螺中脫穎而出。殼薄而輕，螺塔低，殼頂大而圓鈍，縫合線淺。體層長，殼口側邊處有一大塊的滑層，殼口長而窄。螺軸有四道厚褶襞，如同擱板，每一道都以不同的角度傾斜。殼表紅棕色，外唇緣及滑層色較淺。

- **附註**　1947年，科學家首次描述此螺時，將之歸入一種罕見的渦螺。但經過認真徹底的解剖學研究，發現是體型第二大的穀米螺。
- **棲息地**　深海底。

外唇頂端的後水管溝淺

外唇中部外凸

前水管溝槽不發達

最下面的折褶最不發達

南非區

分布　南非	數量	尺寸　11公分

超科　骨螺超科	科　穀米螺科	種　*Persicula persicula* Linnaeus

斑點穀米螺(Spotted Margin Shell)

殼厚，卵形，螺塔凹陷，覆有滑層。殼口與整個螺體等長，外唇加厚，略長出殼口，螺軸上有九道襞。殼表白色、黃色或淺褐色，有褐色小斑點。

- **附註**　殼表斑點的色彩有深有淺。
- **棲息地**　近海水域。

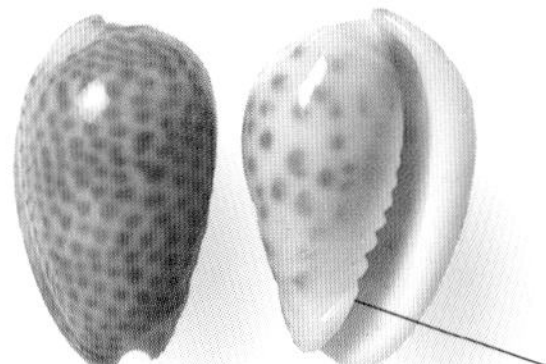

最下面的折褶最長

西非區

分布　西非	數量	尺寸　2公分

超科 骨螺超科	科 穀米螺科	種 *Bullata bullata* Born

巴西穀米螺(Blistered Margin Shell)

殼體大，殼厚，螺塔凹陷，僅在體層上方才能見到的小隆起。外唇略比體層長，殼口長而窄，螺軸有四道斜強肋。殼表淺卡其色，有數道較深色螺帶。

• **附註** 採集這樣一枚精美的標本頗為困難。

• **棲息地** 近海水域。

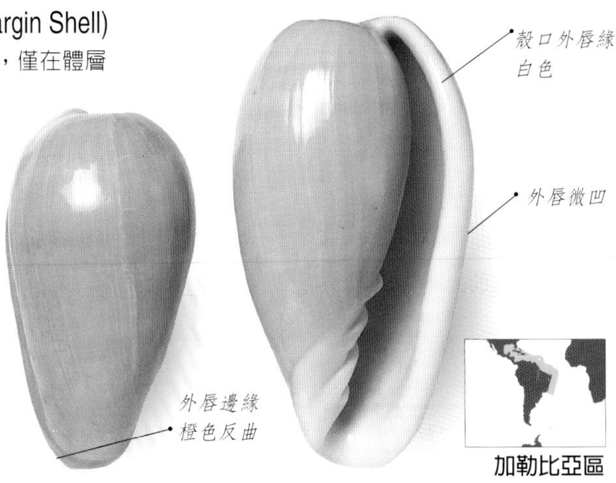

分布 巴西	數量 ♠♠	尺寸 6公分

超科 骨螺超科	科 穀米螺科	種 *Marginella glabella* Linnaeus

光滑穀米螺(Smooth Margin Shell)

殼堅實，卵形，螺塔短，殼頂圓而低。螺塔各層呈斜坡狀，微圓。體層膨脹，肩部略圓。殼口後溝處未能達到縫合線，螺軸有四條強褶襞，外唇加厚且反曲。殼表粉紅色，有三道淺褐色螺帶及白斑點。

• **附註** 此種螺體型大小及殼面花紋變異頗大。

• **棲息地** 近海水域。

縫合線下有淺紅色斑塊

西非區

後水管溝窄

外唇邊緣顏色較殼口淺

分布 非洲西北部、佛得角群島	數量 ♠♠♠	尺寸 4公分

超科 骨螺超科	科 穀米螺科	種 *Persicula cingulata* Dillwyn

線條穀米螺(Girdled Margin Shell)

殼膨大，螺塔低平，殼頂潛沒於滑層之下。外唇略突於體層之上，外唇內緣有強或弱的齒列，螺軸上共有七條折褶。殼表黃白色，有紅色螺旋線。

• **棲息地** 近海泥沙地。

西非區

螺軸與外唇白色

分布 西非	數量 ♠♠♠♠	尺寸 2公分

超科 骨螺超科	科 榖米螺科	種 *Marginella sebastiani* Marche-Marchad

色巴氏榖米螺(Sebastian's Margin Shell)

殼厚，卵形，螺塔低，有四層螺層，殼頂低而圓。體層有的膨圓，有的矮胖，也有的修長，縫合線局部被滑層遮蓋。外唇厚，未延伸到體層頂部，內緣有強齒，螺軸上有四條強褶襞。殼表乳白色到橙褐色，有淺色小斑點。

• **附註** 右圖所示殼表的斑點較一般大。

• **棲息地** 近海泥底。

後水管溝深

最下面一條折褶最長

西非區

分布 西非	數量 ♠♠♠	尺寸 4公分

超科 骨螺超科	科 榖米螺科	種 *Marginella nebulosa* Roding

雲斑榖米螺(Cloudy Margin Shell)

螺塔短，殼頂低而圓，縫合線被滑層遮蓋，體層最寬處在肩部以下。殼口大，外唇反曲，螺軸上有4道強折褶。殼表米色或黃色和斷續螺帶，由鑲黑邊的灰色或淺棕色塊斑構成。

• **附註** 與右圖所示標本不同的是，那些被海水沖刷上岸的螺殼破損嚴重，色彩暗淡，花紋消褪。

• **棲息地** 近海砂底。

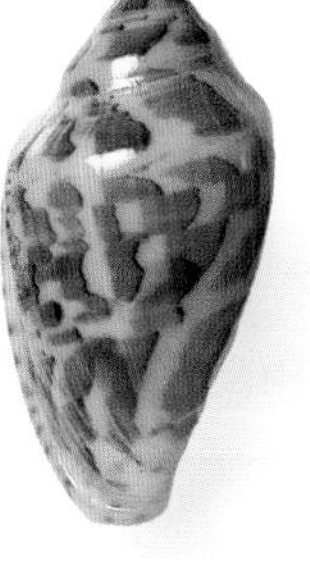

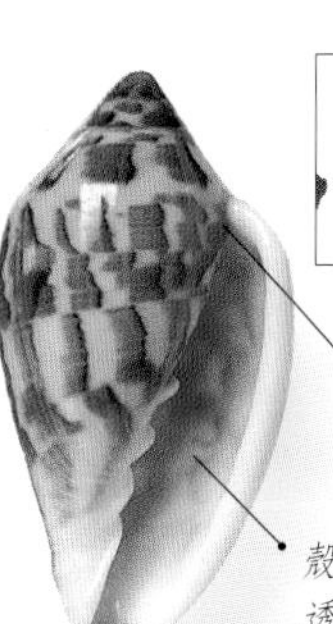

後水管溝幾乎不存在

殼表花紋透見於殼口內

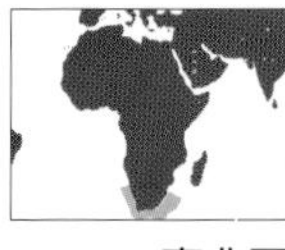

南非區

分布 南非	數量 ♠♠♠♠	尺寸 4公分

超科 骨螺超科	科 榖米螺科	種 *Cryptospira strigata* Dillwyn

金唇榖米螺(Striped Margin Shell)

殼大而厚，螺塔平，並有滑層遮蓋。通常體層膨大，呈卵形。外唇加厚而反折，下端與寬前水管溝相連，螺軸有五條強褶襞。殼表乳白或淺灰色，有橄欖綠色縱條紋及斷續的螺旋線；少數外唇為橙色。

• **附註** 右圖所示標本顯示此種螺的大小變化。

• **棲息地** 淺海底。

殼頂似小疙瘩

外唇肩角圓鈍

外唇上有弱齒

殼底橙色

印度太平洋區

分布 東南亞	數量 ♠♠	尺寸 4公分

核螺

殼小，全世界均有分布。殼表有縱肋，並常與螺肋相交，形成格子或網紋狀裝飾，螺軸上有強折褶。大多數種類產於溫暖及熱帶海域的深海底。爲植食性，無口蓋。

超科　核螺超科	科　核螺科	種　*Cancellaria spirata* Lamark

高塔核螺(Spiral Nutmeg)

螺塔低，螺層圓，縫合線深，殼頂平滑而明顯。殼口長度超過膨大體層的一半，螺軸有四條褶襞。殼表有縱肋與細螺肋相交，殼表黃褐色，有褐色塊斑。

- **棲息地**　淺海底。

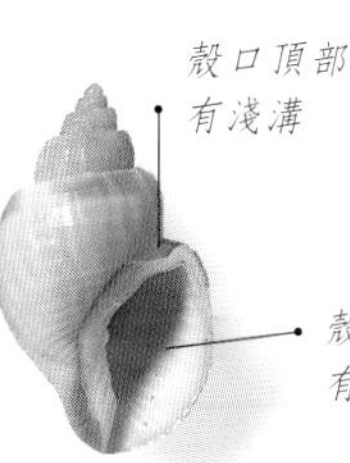

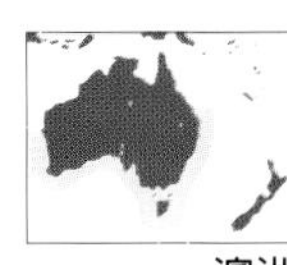

分布　澳洲南部	數量　4	尺寸　3公分

超科　核螺超科	科　核螺科	種　*Cancellaria piscatoria* Gmelin

黑口核螺(Fisherman's Nutmeg)

殼厚，體層膨大，縫合線下有寬肩部斜坡。外唇薄，螺軸平滑。縱脊與細螺肋相交，相交處成小尖突。殼表黃褐色，有較深褐色塊斑。

- **附註**　螺軸上無折褶，這在核螺中較罕見。
- **棲息地**　沿海砂底。

西非區

外唇邊緣有棘

分布　西非	數量　3	尺寸　2.5公分

超科　核螺超科	科　核螺科	種　*Trigonostoma pulchra* Sowerby

優美核螺(Beautiful Nutmeg)

殼厚，螺塔高，體層寬，縫合線深。殼口小，內有強螺脊，螺軸有3-4條小折褶。縱肋與螺脊相交，形成鱗片或尖突。殼表白色，有褐色螺帶。

- **附註**　因殼表裝飾和褐色螺帶而得名。
- **棲息地**　近海水域。

殼頂平滑而尖

巴拿馬

外唇上部較厚

臍孔深

分布　墨西哥西部至厄瓜多爾	數量　2	尺寸　3公分

超科 核螺超科	科 核螺科	種 *Cancellaria reticulata* Linnaeus

網紋核螺(Common Nutmeg)

殼厚，螺塔中高，體層膨大，縫合線深。每層螺層肩部發達，螺軸曲折，有兩條強褶襞。縱脊與螺肋相交，形成網格狀鑲飾，使得塔螺層表面呈念珠狀。殼表淺黃或乳白色，有淺或深褐色螺帶。

- **棲息地** 淺海砂底。

美東區
加勒比亞區

較大的折褶上有副脊

殼口窄，有強螺脊

分布 北卡羅萊納至巴西	數量 ♦♦♦♦	尺寸 4公分

超科 核螺超科	科 核螺科	種 *Cancellaria nodulifera* Sowerby

縱瘤核螺(Knobbed Nutmeg)

殼膨大，螺塔低，縫合線切入，臍孔深。螺塔各層側面平直，彷彿部分浸沒於寬大的體層中。螺軸上三條弱折褶，體層上有縱肋，並與螺肋相交，肩部有尖瘤；殼表杏黃色。

- **棲息地** 淺海底。

日本

殼口內平滑

外唇薄且凹凸不平

分布 日本南部	數量 ♦♦	尺寸 4.5公分

超科 核螺超科	科 核螺科	種 *Cancellaria cancellata* Linnaeus

格子核螺(Lattice Nutmeg)

螺塔高，約有八層膨圓螺層，縫合線深，臍孔小。殼口兩端窄小，螺軸上有三條明顯的折褶，最上面一條最強。縱脊明顯，與平滑的螺肋相交，交叉處形成圓鈍或尖銳的突出，偶有一些薄縱脹肋。殼表白色，有褐色螺旋帶。

- **棲息地** 淺海底。

縱脹肋薄

西非

外唇上有溝

殼口內有強螺脊

外唇薄，易損

分布 西非至阿爾及利亞	數量 ♦♦♦	尺寸 4公分

捲管螺

捲管螺是海貝中最大的一群，廣布全世界有數百種。大多數種類螺塔高，前水管溝長，外唇上端都有或長或短的缺刻或溝槽，口蓋葉狀。以海中蠕蟲爲食。

超科　芋螺超科	科　捲管螺科	種　*Lophiotoma indica* Roding

印度捲管螺(Indian Turrid)

螺層多，螺塔略長於前水管溝，外唇頂端的缺刻深而窄。螺軸直，並與長而微彎的前水管溝相接，所有螺層上都有尖銳的稜脊。殼表白色，有褐色條紋。

- **附註**　捲管螺中較大的一種。
- **棲息地**　淺海砂底。

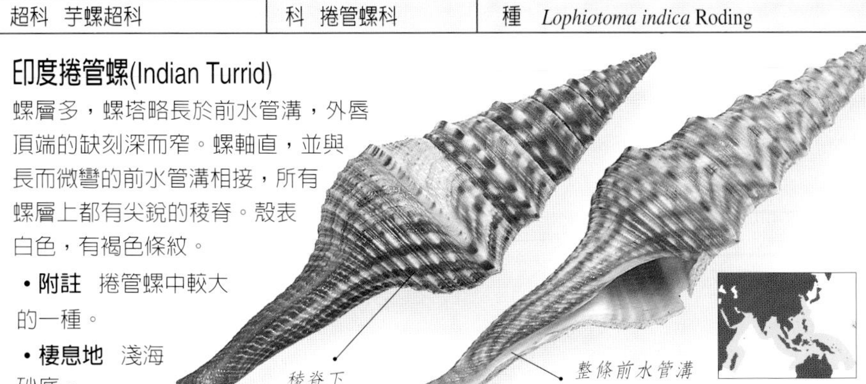

分布　熱帶印度太平洋區	數量　♠♠♠	尺寸　7.5公分

超科　芋螺超科	科　捲管螺科	種　*Turris babylonia* Linnaeus

巴比倫捲管螺(Babylon Turrid)

殼體修長而俊秀，螺層多，殼頂尖，螺塔長於體層和前水管溝的總和。外唇上端缺刻深，所有的螺層上螺脊強。殼表白色，有褐色斑點。

- **棲息地**　近海水域。

縫合線下
斑點最大

印度太平洋區

分布　熱帶印度太平洋區	數量　♠♠♠	尺寸　7.5公分

超科　芋螺超科	科　捲管螺科	種　*Turricula javana* Linnaeus

台灣捲管螺(Java Turrid)

殼薄，螺塔長度小於體層和前水管溝的總和。螺軸彎曲，外唇頂端處有寬大的缺刻。所有螺層上都有稜脊，周緣有瘤。稜脊上方的螺肋弱，往下逐漸加強。殼表淺黃色或褐色。

- **附註**　為最常見的大型捲管螺。
- **棲息地**　近海泥質底。

分布　熱帶印度太平洋	數量　♠♠♠♠	尺寸　6公分

超科 芋螺超科	科 捲管螺科	種 *Thatcheria mirabilis* Angas

旋梯螺(Japanese Wonder Shell)

殼薄，外形如螺旋式樓梯螺層，各層上半如平台狀，周緣尖銳，形成略上翹的稜脊，體層略比螺塔長。由殼頂看，外唇上半部呈寬深溝狀。殼表污黃色，殼口和螺軸均為白色。

• **附註** 以前人們僅知唯一標本長達半世紀，現今在收藏界已極為常見。

• **棲息地** 深海底。

由背面看

由殼口看

螺旋線細

螺軸平直而有釉光

生長紋細

由殼頂看

螺層邊緣昇出

日本區
印度太平洋區

分布 日本至菲律賓	數量 ♠♠♠	尺寸 10公分

超科 芋螺超科	科 捲管螺科	種 *Inquisitor griffithi* Gray

格里夫捲管螺(Griffith's Turid)

殼兩端尖錐形，殼頂極尖，縫合線淺，體層比螺塔略長。外唇邊緣肩部加厚，上端附近有一深缺刻，螺軸直。所有的螺層上有小螺肋，肩部有瘤。殼表深褐色，結節和螺肋白色。

• **附註** 以愛德華·格里夫的姓氏命名，他出版了居維葉關於動物界的古典作品的英文版。

• **棲息地** 淺海底。

窄後水管溝下有一小圓突

唇緣有鈍而小的突出

印度太平洋區

分布 印度西太平洋	數量 ♠♠♠	尺寸 4.5公分

芋螺

所有的芋螺都有一個共同的特徵：螺體呈倒錐形，極堅實。芋螺殼或重或輕。殼頂扁平，或有一個伸出的螺塔部；有的殼表平滑，有的有螺旋裝飾。色彩及花紋斑爛多姿，故而深得貝類收藏者的垂青。許多芋螺都有一小而窄的角質口蓋。殼皮或者薄如絲，或者厚而粗。

—— • ——

屬食肉性動物，以其他軟體動物、蠕蟲及小魚爲食。在「飽餐」以前，往往利用矢狀齒將毒液注入獵物，使其昏暈。因爲有些芋螺具刺螫的「武器」，所以採集時一定得小心。大多數芋螺生活在熱帶珊瑚礁間。

超科　芋螺超科	科　芋螺科	種　*Conus generalis* Linnaens

將軍芋螺(General Cone)

殼厚重，螺塔部短，側面凹，殼頂尖，後期螺層上有溝槽。體層大，側面幾乎平直，肩部微圓。色彩及花紋多變，通常呈淺褐色和深褐色，有三條白色螺帶，每條螺帶上都有褐色條紋或塊斑；殼口白色。

- **附註**　十八世紀，有些芋螺以陸軍或海軍軍官命名。
- **棲息地**　潮間帶砂底。

由殼頂看

新月形花紋

外唇頂部有深溝槽

由背面看

螺層的上部常磨損

體層微凹

由殼口看

肩部白舌條紋

殼口底部紫褐色

印度太平洋區

分布　熱帶印度太平洋	數量　♦♦♦♦	尺寸　7公分

超科　芋螺超科	科　芋螺科	種　*Conus eburneus* Hwass

黑星芋螺(Ivory Cone)

殼重，堅實，體層肩部寬闊，頂部幾乎扁平，只有早期螺層突出。大部分殼表平滑，只有在底部有明顯的螺溝。白色，有時有微弱的黃色螺帶，殼表有數列深褐色斑點構成的螺帶盤繞。

- **附註**　殼表斑點的大小及排列變異極大，有時斑點接合在一起，構成幾乎完整無缺的螺帶。
- **棲息地**　珊瑚和砂底。

殼頂極低

體層肩部渾圓

殼口白色，唇緣有花紋

印度太平洋區

分布　熱帶印度太平洋區	數量　♦♦♦♦	尺寸　6公分

超科　芋螺超科	科　芋螺科	種　*Conus spectrnm* Linnaeus

鬼怪芋螺(Spectral Cone)

殼相當厚，有絲質光澤；螺塔低，頂極尖。體層圓凸，肩部或有稜角或圓形。螺紋微弱，延續到殼底部者才清晰可見。白色底色，從大塊褐色斑之間透顯出來，有如白色雲斑。

- **附註**　當1758年林奈為之取名字時，在他看來，星雲狀白斑如鬼怪一般。
- **棲息地**　近海砂底。

缺損處重新修復的生長痕

唇緣銳利

殼表底色白色，上有大塊褐色或紫褐色斑

印度太平洋區

分布　西太平洋	數量　♦♦♦	尺寸　6公分

超科　芋螺超科	科　芋螺科	種　*Conns praecellens* A.Adams

深閨芋螺(Admirable Cone)

殼輕，兩端尖錐狀，螺塔高，螺層數多，殼頂銳利。體層肩部有稜脊，上半部凸出，下半部略凹，殼體有淺溝槽盤繞。殼表乳白色，有深褐色條紋和方塊斑。

- **附註**　此螺很獨特，學名有爭論。
- **棲息地**　深海底。

印度太平洋區

分布　西太平洋	數量　♦♦	尺寸　4公分

超科　芋螺超科	科　芋螺科	種　*Conus gloriamaris* Chemnitz

海之榮光芋螺(Glory of the Sea)

殼重，表面有光澤，螺塔相當高，體層長度約是螺塔的兩倍。螺層微凹陷，體層側面平直，或者微微內凹，縫合線呈線狀。殼口長，底部略加寬。早期螺層有細小的結節，後期螺層幾乎平滑。殼表近白色、藍白色或乳白色，有三道寬但不明顯的螺帶，以及密集重疊的淺或深褐色的帳篷狀花紋。

- **附註**　1960年以前罕見，這種優美的海貝向為收藏者夢寐渴求。現在可在於菲律賓群島獲得，殼體大而無損者，仍屬珍品之列。
- **棲息地**　深海底。

印度太平洋區

螺塔各層上都有褐色螺帶

帳篷狀花紋之中為白色

螺軸長而窄

分布　西太平洋	數量	尺寸　11公分

超科　芋螺超科	科　芋螺科	種　*Conus textile* Linnaeus

織錦芋螺(Textile Cone)

螺殼或輕或重，螺塔短，側面或直或微凹。體層有的略凸，有的極膨圓，肩部鈍圓，或者稍呈稜角。殼底部有低螺脊，其餘部位平滑。殼表白色，有大小不等且重疊的帳篷狀花紋，以及三條斷斷續續的褐色或淡黃色螺帶。

- **附註**　有劇毒的芋螺。
- **棲息地**　岩石下的砂底。

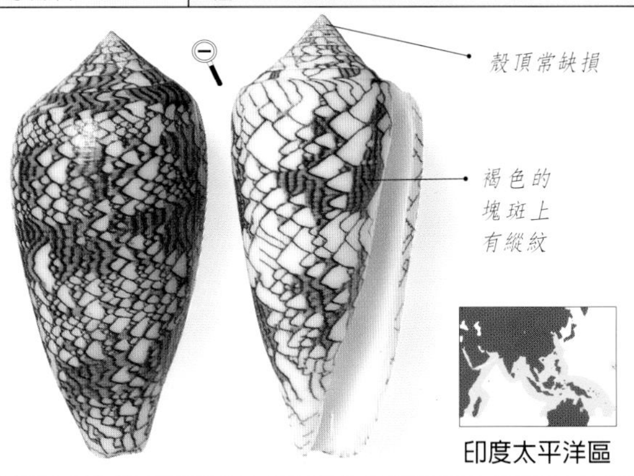

印度太平洋區

分布　熱帶印度太平洋	數量	尺寸　9公分

超科 芋螺超科	科 芋螺科	種 *Conus geographus* Linnaeus

殺手芋螺(Geography Cone)

殼薄而輕，螺塔低，體層膨大，最寬處在中下部。體層底部有幾道低螺脊，肩角處有一波狀脊。殼表乳白色或藍白色，有2-3道淺或深褐色寬帶，有褐色邊緣的帳篷狀花紋布滿殼表。

• **附註** 能吞食與自身同樣大的魚。

• **棲息地** 珊瑚礁。

印度太平洋區

分布 熱帶印度太平洋	數量 ♠♠♠	尺寸 9公分

超科 芋螺超科	科 芋螺科	種 *Conus imperialis* Linnaeus

帝王芋螺(Imperial Cone)

殼厚重，螺塔低，或幾乎呈平頂狀。體層側面平直，或者微凹，後期螺層及體層肩部的瘤或圓或鈍，體層或許有數列小凹坑。殼表乳白色，有淺褐色螺帶，及螺旋狀排列的小斑點和短線紋。

• **附註** 有些花紋明顯的變異型曾被樂觀地記述為不同的種。

• **棲息地** 淺海珊瑚礁。

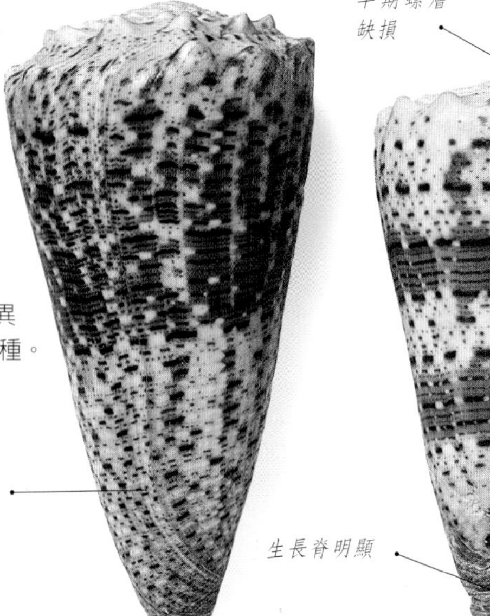

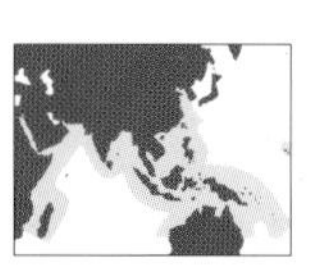

印度太平洋區

分布 熱帶印度太平洋	數量 ♠♠♠♠	尺寸 7.5公分

超科　芋螺超科	科　芋螺科	種　*Conus pulicarius* Hwass

芝麻芋螺(Flea-bite Cone)

殼厚重，螺塔低，體層短而胖，下部收窄。體層肩部寬，呈鈍角狀並有明顯的圓瘤。殼表白色，有時染有淺橙色，有黑色或紅棕色橢圓斑點。

• **棲息地**　淺海底。

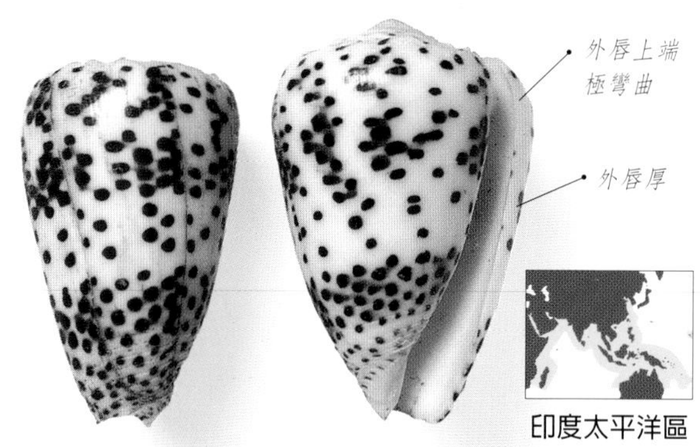

分布　印度太平洋區	數量　🐚🐚🐚🐚	尺寸　6公分

超科　芋螺超科	科　芋螺科	種　*Conus coccineus* Gmelin

棕紅芋螺(Scarlet Cone)

殼輕，中等厚薄，螺塔低，體層肩部以下呈桶形，但在底部明顯收窄。螺塔各層的表面波浪起伏，體層肩部構成稜角，並覆有低螺脊。殼表鮮紅色或咖啡色，殼腰部白色螺帶上夾雜著褐色塊斑和斑點。

• **附註**　色彩變異極大，並可能無螺脊。

• **棲息地**　淺海底。

分布　熱帶太平洋	數量　🐚🐚🐚	尺寸　4公分

超科　芋螺超科	科　芋螺科	種　*Conus ammiralis* Linnaeus

豔美芋螺(Admiral Cone)

殼厚重，表面有光澤，螺塔低，側面微凹，殼頂尖，體層側面平直。體層肩角圓鈍，螺軸短。殼表白色，褐色的寬螺帶上有白色斑片，黃色或淺褐色窄螺帶上有小花紋。

• **附註**　有些個體在肩部有結節和螺旋狀排列的顆粒。

• **棲息地**　砂底或珊瑚間。

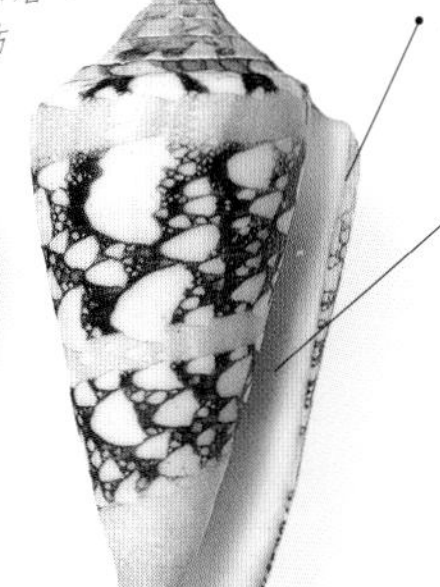

分布　熱帶印度太平洋	數量　🐚🐚	尺寸　6公分

超科　芋螺超科	科　芋螺科	種　*Conus zonatus* Hwass

帶斑芋螺(Zoned Cone)

殼厚重，有光澤，螺塔低，早期螺層磨損，故常呈圓頂狀，後期螺層及體層的肩部有低而圓的瘤。體層肩部寬，底部有螺脊，殼口上下寬度相同。殼表藍灰色，有白色斑塊組成的不規則螺帶，並盤繞著紅色細螺線。

• **附註**　殼表顏色或深或淺，螺塔也可能呈階梯狀。

• **棲息地**　淺海礁石間。

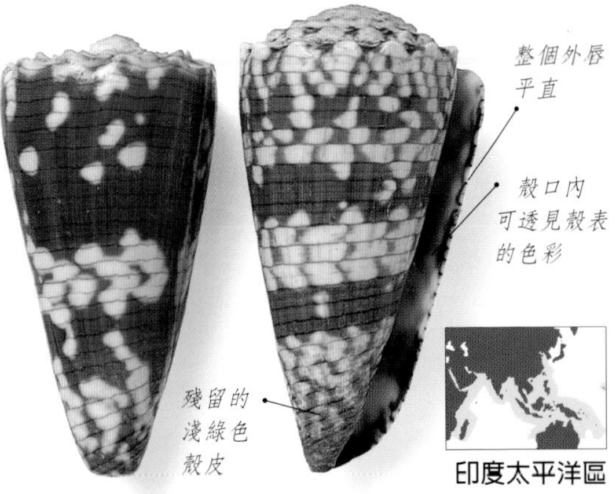

分布　印度洋	數量　♠♠	尺寸　7公分

超科　芋螺超科	科　芋螺科	種　*Conus cedonulli* Linnaeus

色東氏芋螺(Matchless Cone)

殼厚，螺塔短，略呈階梯狀。體層肩部寬，並有低螺脊覆蓋，底部的螺脊最強。殼口上下寬度相等，殼表白色，大部分被黃色、橙色或褐色所覆蓋，散佈著黑邊白斑塊、斑點構成的螺帶和螺紋。

• **附註**　大多數十八世紀的收藏者只見過書本中的圖片。

• **棲息地**　潮下岩礁間。

早期螺層磨損

斑點連成串珠狀

修補後的疤痕缺損處

加勒比亞區

分布　西印度群島	數量　♠♠	尺寸　5公分

超科　芋螺超科	科　芋螺科	種　*Conus ebraeus* Linnaeus

斑芋螺(Hebrew Cone)

螺矮胖，殼重，螺塔低，嚴重磨損，體層側面外凸，肩部膨圓，呈波浪起伏狀，有明顯螺脊。殼表白色，有三條寬大螺帶，由黑色大型方塊斑構成。

• **附註**　殼表底色常呈粉紅色，方塊斑有時融合在一起。

• **棲息地**　淺海底。

分布　熱帶印度太平洋	數量　♠♠♠♠♠	尺寸　4公分

超科 芋螺超科	科 芋螺科	種 *Conus dorreensis* Peron

主教芋螺(Ponticad Cone)

殼重但輕，螺塔呈階梯狀，體層的側面外凸。後期螺層及體層的肩部有圓瘤，整個體層都有小窪坑盤繞。殼白色，殼皮黃褐色，肩部及底部有黑色螺帶。

- **附註** 殼皮層僅有一種色彩。
- **棲息地** 淺海水域。

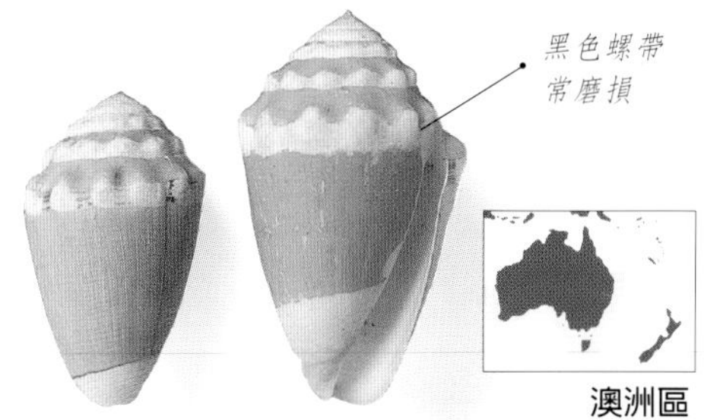

分布 澳洲西部	數量 ♦♦♦♦	尺寸 3公分

超科 芋螺超科	科 芋螺科	種 *Conus arenatus* Hwass

紋身芋螺(Sand-dusted Cone)

殼厚重，螺塔低，體層側面有的微凸，有的平直，肩角圓，體層最寬處在肩角的稍下方，體層頂部和螺塔上有明顯的圓瘤。縫合線深，螺軸短而直。殼表白色或乳白色，布滿了卵形褐色和黑色小斑點。

- **附註** 斑點的大小變異極大。
- **棲息地** 潮間帶。

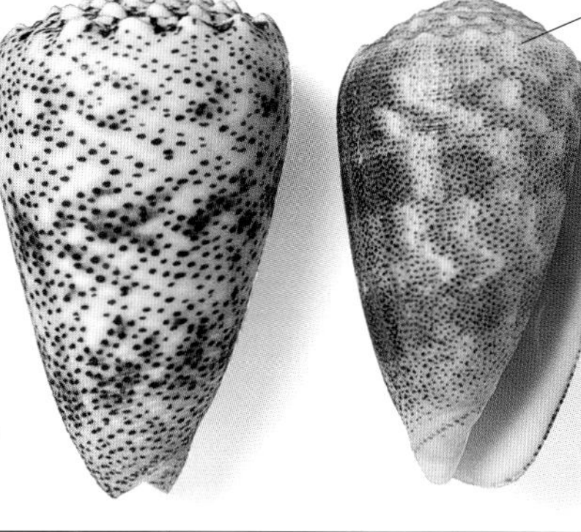

分布 熱帶印度太平洋	數量 ♦♦♦♦	尺寸 5公分

超科 芋螺超科	科 芋螺科	種 *Conus purpurascens* Sowerby

紫花芋螺(Purple Cone)

螺殼堅實，螺塔低，有時螺層略呈階梯狀，殼頂或尖或鈍圓。體層肩部有稜角，或肥圓，體層側面外凸，底部收窄。殼表常為紫色或藍色，褐色短線紋和白色斑點呈螺旋狀排列；大片褐色或灰色斑塊上這些花紋較稀薄。

- **附註** 偶而有褐色細紋盤繞。
- **棲息地** 淺海底。

分布 加利福尼亞灣至秘魯	數量 ♦♦	尺寸 5公分

超科 芋螺超科	科 芋螺科	種 *Conus pulcher* Lightfoot

蝴蝶芋螺(Butterfly Cone)

殼重，有時個體極大，螺塔低。肩部圓，體層側面或直或微凸。螺塔上沒有任何螺旋裝飾，頂部兩側微凹狀。老貝的殼頂總是磨損，體層上共有12道體層低螺脊，但在較老的標本上已消失。殼表白色或乳黃色，有橙褐色斑點和短線紋混合在一起，形成寬窄不同的螺帶。

• **附註** 這是世界上最大的芋螺，已發現超過如圖所示20公分的標本，但常見的只有其一半大。

• **棲息地** 淺海底。

螺塔各層兩側微凹

老貝殼頂部總是磨蝕

肩部有火燄狀花紋

生長脊明顯

外唇底部呈方形切斷狀

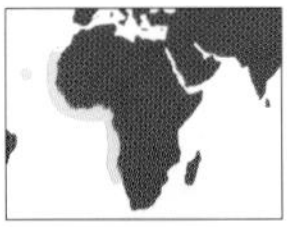

西非區

分布 西非	數量 ▲▲▲	尺寸 10公分

超科 芋螺超科 | 科 芋螺科 | 種 *Conus circumcisus* Born

陽剛芋螺(Circumcision Cone)

螺塔低，體層微凸，縫合線模糊。殼頂尖，各螺層兩側微凹，體層上有低螺脊。殼表白色、粉紅色或染有紫色。有褐色螺帶，偶有黑色或紫色斑點和短線紋。

• **附註** 殼表色彩鮮豔並具斑點的標本極罕見。

• **棲息地** 淺海和深海底。

印度太平洋區

外唇邊緣平直

殼口自頂到底逐步變寬

分布 西太平洋 | 數量 | 尺寸 6公分

超科 芋螺超科 | 科 芋螺科 | 種 *Conus nobilis* Linnaens

高貴芋螺(Noble Cone)

殼堅實，螺塔低，殼頂尖，體層側面平直或微凸。頂部螺層略凹，體層肩部有稜角。殼表淺褐色至深紅色，有密集的白色大斑塊，這些斑塊有時具黑邊。

• **附註** 此種誘人的芋螺有數個變異型。

• **棲息地** 淺海和深海底。

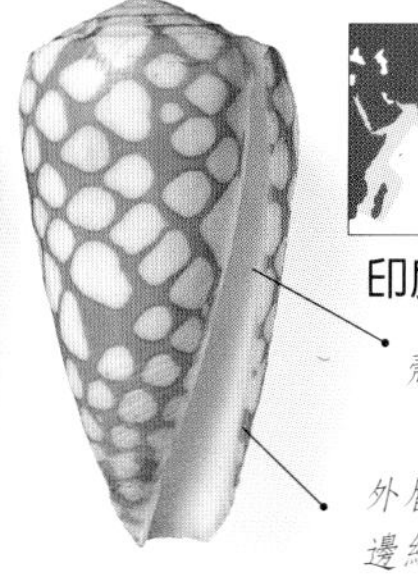

印度太平洋區

分布 熱帶印度太平洋 | 數量 | 尺寸 5公分

超科 芋螺超科 | 科 芋螺科 | 種 *Conus tessulatus* Born

紅磚芋螺(Tessellate Cone)

殼重，有光澤，早期螺層和鈍殼頂突出，各螺層頂部有螺脊。體層側面平直，或微凹；肩部寬大，或肥圓，或微有稜角。殼表白色，有橙色或紅色長方形斑紋。

• **附註** 老貝殼重，常有白色而非紫色的殼底。

• **棲息地** 淺海底。

印度太平洋區

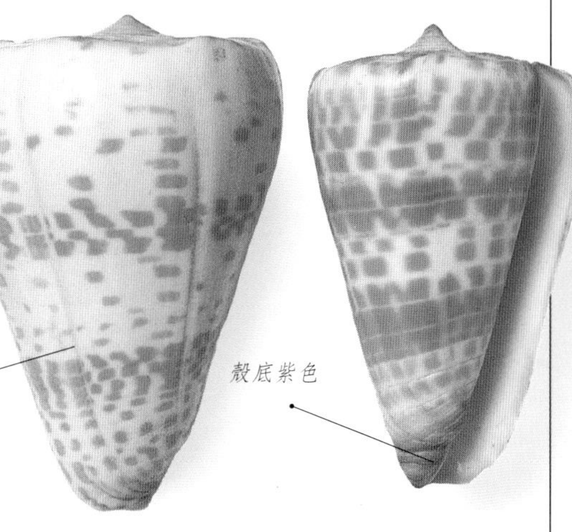

分布 熱帶印度太平洋 | 數量 | 尺寸 5公分

超科　芋螺超科	科　芋螺科	種　*Conus genuanus* Linnaeus

勳章芋螺(Garter Cone)

殼表富有光澤，螺塔低。體層平滑，僅在底部有一些不明顯的螺脊。殼表灰色，略染有粉紅色或藍色，綠褐色寬螺旋帶盤繞著整個殼體，體層有大小不一黑白相間的短線和斑點。

• **附註**　殼表迷人的色彩很快會消褪。

• **棲息地**　淺海底。

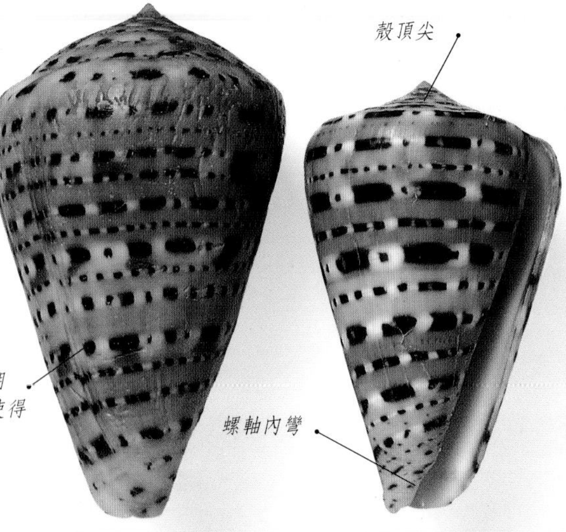

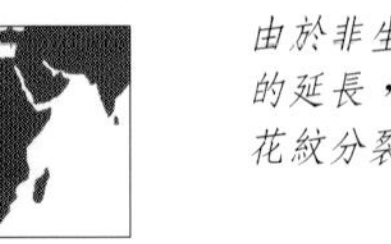

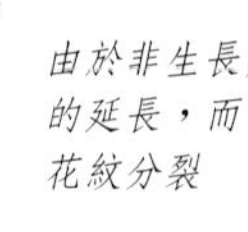

西非區

分布　西非	數量　♠♠♠	尺寸　5公分

超科　芋螺超科	科　芋螺科	種　*Conus amadis* Gmelin

阿瑪迪芋螺(Amadis Cone)

殼薄，有光澤，肩部有強稜脊，螺塔低。早期螺層明顯突出，後期螺層微凹，有時呈階梯狀，外唇彎曲。殼表白色，覆蓋著濃淡不等的淺或深褐色，並雜以白色尖角塊斑；殼口及螺軸白色。

• **附註**　有一型具深色寬螺帶和昇起的螺塔。

• **棲息地**　近海水域。

螺塔上有深褐色短線紋

螺脊不明顯

體層在底部上方微凹

印度太平洋區

分布　印度西太平洋	數量　♠♠♠	尺寸　7.5公分

筍螺

筍螺有幾百種，大多數殼體修長，殼表有光澤；有的殼厚而重，而有些則反之。殼口小，常呈矩形，殼口底端有寬而短的前水管溝；外唇薄，邊緣銳利，螺軸呈螺旋形扭曲。有角質小口蓋，無殼皮。

所有的筍螺生存於溫暖海域，大部分棲息於潮間帶，掘穴挖洞；有的則藏身於岩石或珊瑚砂堆下；以各種海洋蠕蟲爲生。

超科 芋螺超科	科 筍螺科	種 *Terebra maculata* Linnaeus

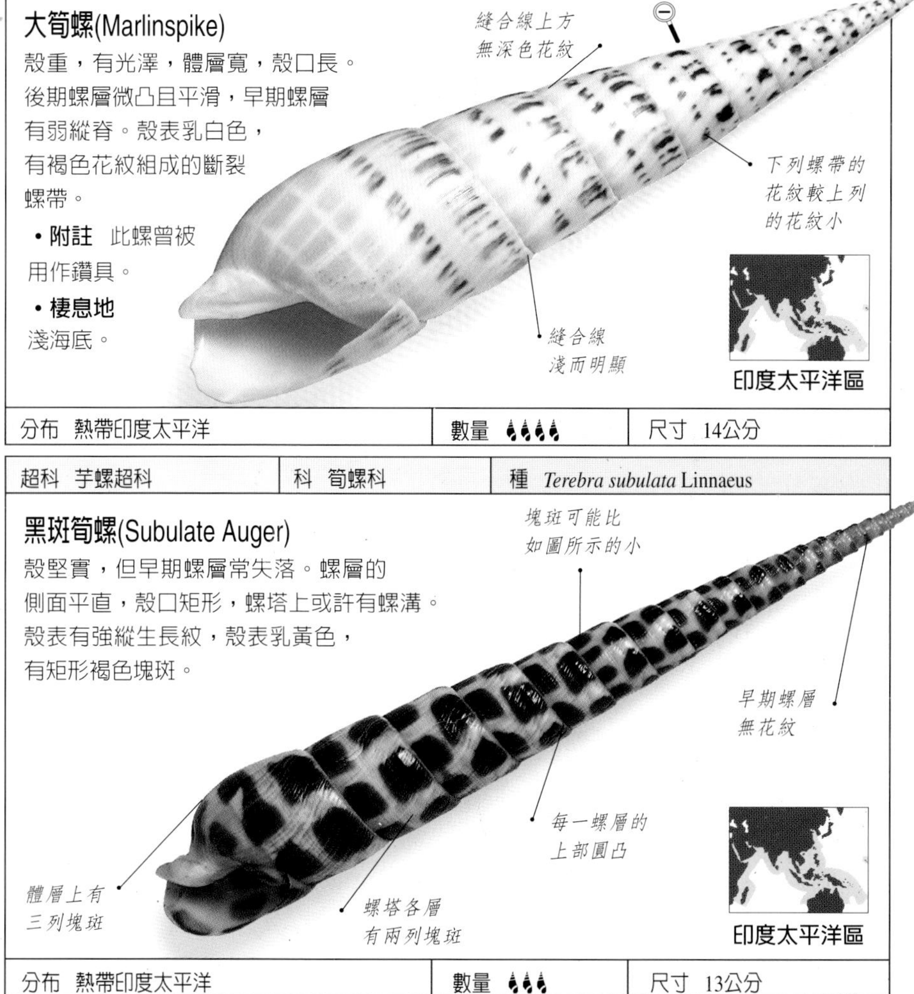

大筍螺(Marlinspike)

殼重，有光澤，體層寬，殼口長。後期螺層微凸且平滑，早期螺層有弱縱脊。殼表乳白色，有褐色花紋組成的斷裂螺帶。

• **附註** 此螺曾被用作鑽具。

• **棲息地** 淺海底。

分布 熱帶印度太平洋	數量 ♦♦♦♦	尺寸 14公分

超科 芋螺超科	科 筍螺科	種 *Terebra subulata* Linnaeus

黑斑筍螺(Subulate Auger)

殼堅實，但早期螺層常失落。螺層的側面平直，殼口矩形，螺塔上或許有螺溝。殼表有強縱生長紋，殼表乳黃色，有矩形褐色塊斑。

分布 熱帶印度太平洋	數量 ♦♦♦	尺寸 13公分

超科 芋螺超科	科 筍螺科	種 *Terebra dimidiata* Linnaeus

紅鑽螺(Divided Auger)

殼堅實，有光澤，極薄而透光。成貝約有20層，側面近乎平直。縫合線深刻，其下方有一窄螺溝，看起來像是另一道縫合線。早期螺層逐漸變細，成尖芋狀，並有弱縱脊，後期螺層有細生長紋。殼口呈圓形而非方形，螺軸近似平直，內緣有一道弱折褶。殼表橙紅色，縱條紋近白色，有時由螺旋白線將它們連接。

• **棲息地** 淺海砂底。

分布 熱帶印度太平洋	數量	尺寸 12公分

超科 芋螺超科	科 筍螺科	種 *Terebra crenulata* Linnaeus

花牙筍螺(Notched Auger)

殼堅實，螺層側面平直，縫合線為淺溝狀。幼貝的殼口方形，成貝的殼口橢圓形，螺軸微彎。後期螺層上約有15枚小瘤，在瘤下方，體層被螺溝所收窄。前水管溝的邊緣反曲，殼表為灰褐色，有紅褐色和乳黃色塊斑，以及縱條紋和螺旋狀分布的小斑點。

• **附註** 因殼表的瘤有變異，故此種螺有數個型。

• **棲息地** 淺海砂底。

分布 熱帶印度太平洋	數量	尺寸 11公分

超科　芋螺超科	科　芋螺科	種　*Terebra taurinus* Lightfoot

火燄筍螺(Flame Auger)

殼修長而且堅實，縫合線深刻，螺塔略呈塔狀。螺層微凸，早期螺層上部比下部寬。上部螺層有明顯的細縱肋，而在下部螺層的表面已不復存在。每一螺層被一個螺溝分成兩部分，上半部的細肋較斜。成貝的殼口方形，外唇微外張，前水管溝略反曲。殼表乳白色，有大塊褐色火燄狀花紋。

• **附註**　約翰．萊特福特於1786年為此螺命名，當時他正將波特蘭女公爵所的有貝殼編入英國名錄。

• **棲息地**　近海砂底。

第二條螺溝

早期螺層上部比下部寬

螺層上半部的細肋與下半部的細肋成不同斜度

螺軸極度扭曲

加勒比亞區

分布　德州至巴西	數量	尺寸　11公分

超科　芋螺超科	科　筍螺科	種　*Terebra dussumieri* Kiener

櫛筍螺(Dussumier's Auger)

所有較大型的筍螺中最獨特的一種。殼堅實，外表酷似被粗繩索緊緊地捆繞。每一螺層縱肋強，縱肋較其間的空隙窄；每一螺層的上部有一深螺溝將縱肋與繩索狀條帶隔開，而這些條帶上也有較弱的肋，縫合線大致與螺溝的深度相同。殼口長，外唇薄，螺軸微彎。殼表紫褐色，螺帶和縱肋淺黃褐色。

• **附註**　本筍螺以杜蘇爾氏為名，為了紀念這位18世紀法國的博物學家，許多動物都以他的姓氏命名。

• **棲息地**　淺海砂底。

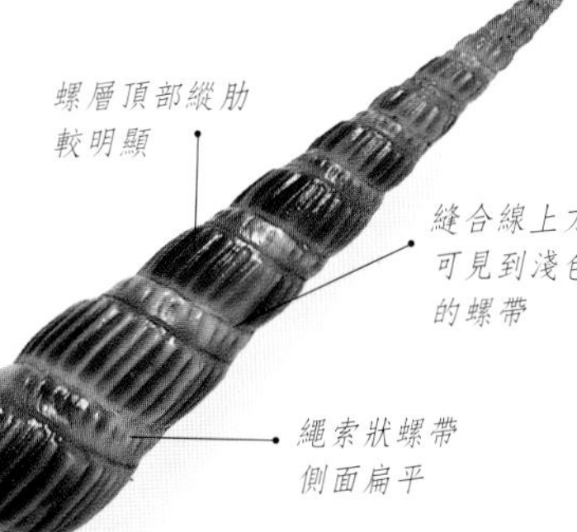

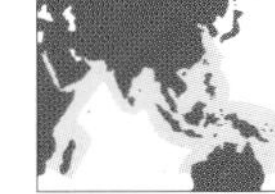

印度太平洋區

分布　中國、韓國、台灣	數量	尺寸　6公分

超科 芋螺超科	科 筍螺科	種 *Terebra commaculata* Gmelin

多斑筍螺(Mary-spotted Auger)

殼極長，堅實，至少有25層螺層，頂端尖銳，殼頂完整。螺層膨脹度低，故螺層兩邊近乎平行。縫合線下有兩條圓瘤的螺帶，居上的螺帶較大，成貝螺塔的瘤從一半處開始，逐漸變小。殼表近白色，有寬火燄狀條紋。

- **附註** 此螺的特徵在於其長而窄的殼型以及殼表連續的褐色花紋。
- **棲息地** 淺海砂底。

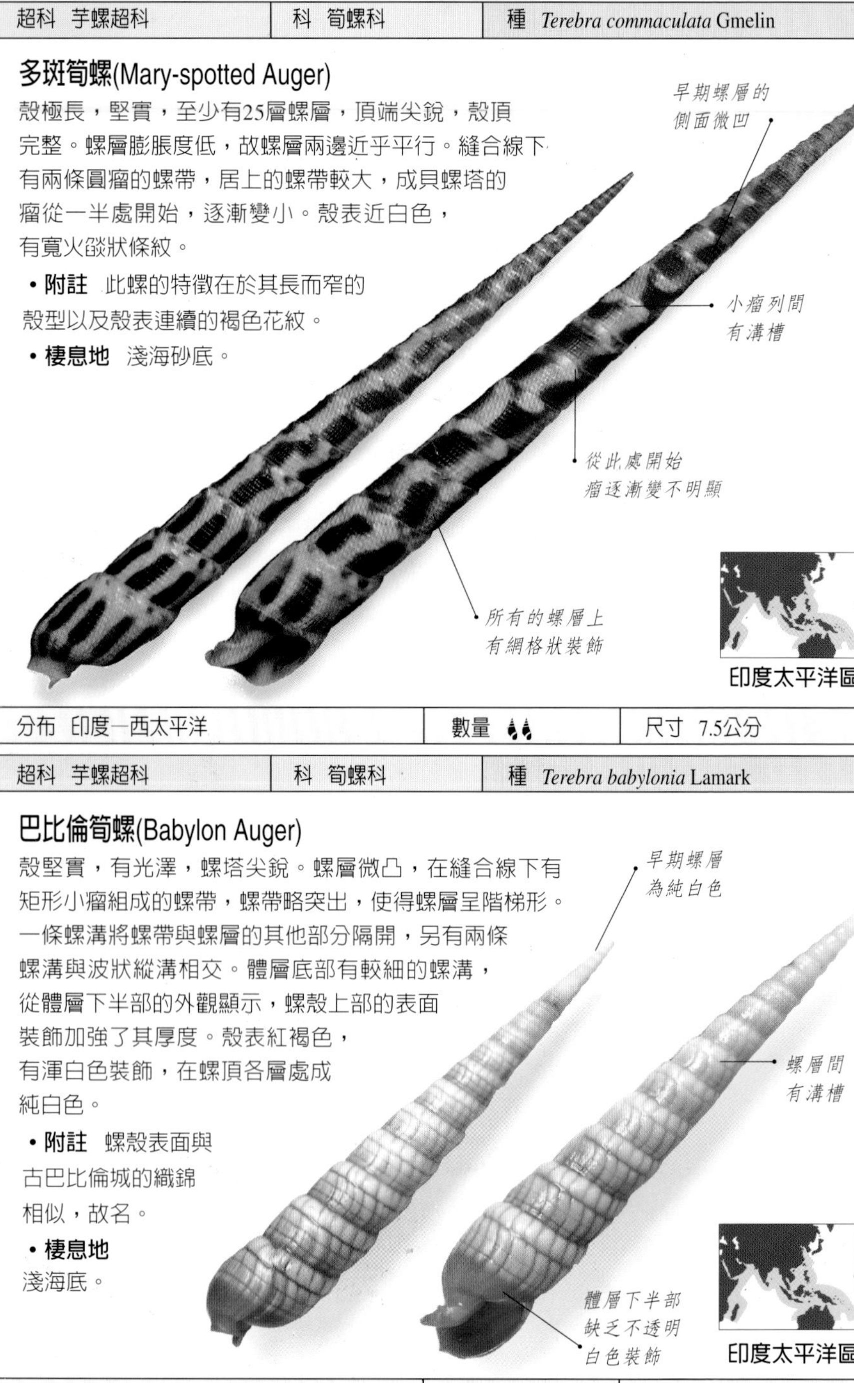

分布 印度—西太平洋	數量	尺寸 7.5公分

超科 芋螺超科	科 筍螺科	種 *Terebra babylonia* Lamark

巴比倫筍螺(Babylon Auger)

殼堅實，有光澤，螺塔尖銳。螺層微凸，在縫合線下有矩形小瘤組成的螺帶，螺帶略突出，使得螺層呈階梯形。一條螺溝將螺帶與螺層的其他部分隔開，另有兩條螺溝與波狀縱溝相交。體層底部有較細的螺溝，從體層下半部的外觀顯示，螺殼上部的表面裝飾加強了其厚度。殼表紅褐色，有渾白色裝飾，在螺頂各層處成純白色。

- **附註** 螺殼表面與古巴比倫城的織錦相似，故名。
- **棲息地** 淺海底。

分布 熱帶印度太平洋	數量	尺寸 7.5公分

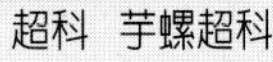

超科　芋螺超科	科　筍螺科	種　*Terebra areolata* Link

褐斑筍螺(Fly-spotted Auger)

殼個高，殼表有光澤，側面平直，約有20層螺層。早期螺層上有縱脊，而在後期螺層上逐漸消失。所有的螺層均有深溝槽盤繞，並將每一螺層按1：2比例分割。殼表乳黃色或淺黃褐色，有螺旋狀褐色斑塊點。

- **附註**　拉丁學名意為「小塊空地」，指殼表褐色塊斑。
- **棲息地**　淺海砂底。

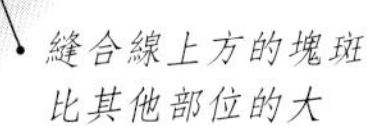

分布　熱帶印度太平洋	數量　♠♠♠	尺寸　12公分

超科　芋螺超科	科　筍螺科	種　*Hastula lanceata* Linnaens

矛筍螺(Lance Auger)

殼堅實，中等厚度，殼表有光澤，俗名確切地表明此螺有一狹窄的螺塔和銳利的殼頂。早期螺層上的縱脊平滑圓凸，但在下面幾層螺層上突然減弱，變得不明顯，甚至完全消失，縫合線淺但明顯。早期螺層略成階梯狀，而後期螺層的側面平直。螺軸上部微凹，下部反曲。殼表白色，有褐色細縱紋，但在體層上呈間斷狀。

- **附註**　在所有的筍螺中，此螺的變異最少，故不易與其他種類相混。
- **棲息地**　淺海砂底。

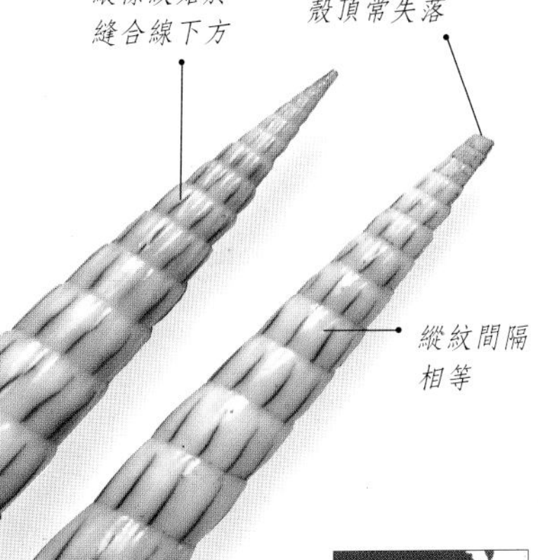

分布　熱帶印度太平洋	數量　♠♠♠♠	尺寸　5公分

塔螺

廣布全世界。螺塔高，殼表平滑或有肋。螺軸上有折褶，口蓋薄，角質。有些較大型的種類，殼表色彩鮮豔，其他的種則爲白色或半透明。寄生於其他無脊椎動物上。

超科　塔螺超科	科　塔螺科	種　*Pyramidella dolabrata* Lnnaeusad

彩環塔螺(Hatchet Pyram)

殼體較大，屬較秀麗的塔螺，殼表平滑，有光澤，螺塔高，側面近似平直，約有10層螺層。殼頂，螺層不足兩層而轉向一側，這在塔螺中相當正常，但成貝的殼頂常脫落。臍孔窄而深，外唇薄而銳利，螺軸上有三條強褶襞，成貝會發育成軸唇。殼表乳白色或灰白色，各層螺層上有三道深或淺褐色的螺旋線，體層上有四道。

• **附註**　每層螺層上可能有淺色螺帶。

• **棲息地**　近海砂底。

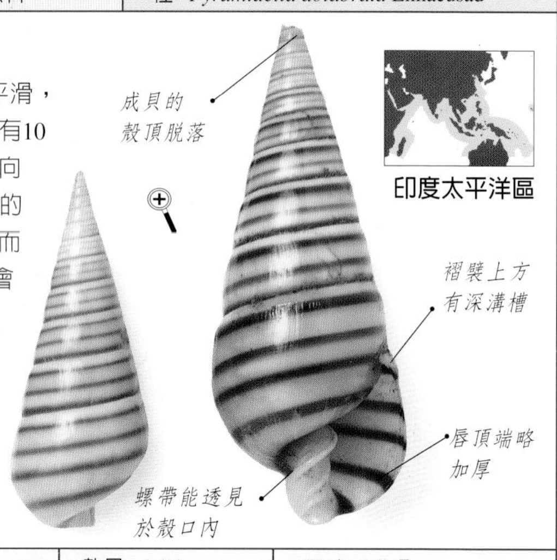

分布　熱帶海域	數量 ♠♠♠	尺寸　3公分

泡螺

雖然在構造上有些共同的特徵，這些包括在泡螺中的種類，事實上卻隸屬於不同的科。大多數具薄質泡狀外殼，有的有口蓋。多數以海藻爲食，其餘的則以無脊椎動物爲生。有些喜在溫暖泥沙地掘穴挖洞。

超科　殼蛞蝓超科	科　泡螺科	種　*Bnllina lineata* Gray

豔捻螺(Lined Bubble)

殼薄易碎，呈球狀或卵形，螺層縫合線隔開，殼體布滿扁平低螺肋。殼表近白色，有兩道紅色螺旋線，與數道較細而不連貫的紅縱波狀條紋相交。

• **棲息地**　淺海底。

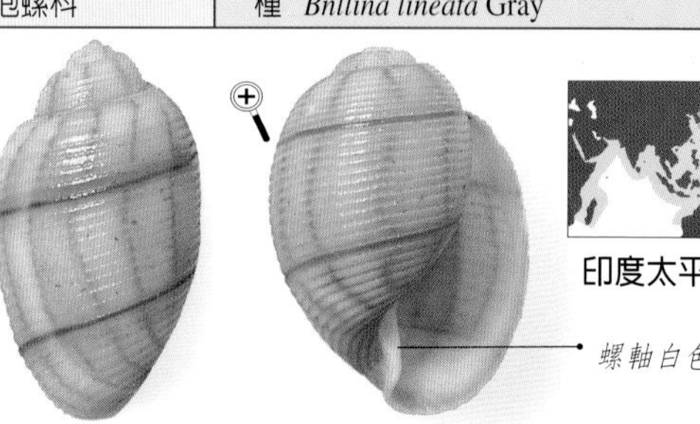

分布　熱帶印度太平洋、日本南部	數量 ♠♠♠♠	尺寸　2.5公分

超科　殼蛞蝓超科	科　捻螺科	種　*Pupa solidula* Linnaeus

硬捻螺(Solid Pupa)

殼形如下垂的淚珠。殼堅實，外唇邊近似平直。螺軸下半部有兩道褶襞，上半部僅有一道。殼體布滿了圓螺肋。殼表白色，肋上有黑色、紅色或淺黃褐色方塊斑點；殼口及螺軸為白色。

• **附註**　殼表布滿紅斑點者，是最常見的型。

• **棲息地**　淺海砂底。

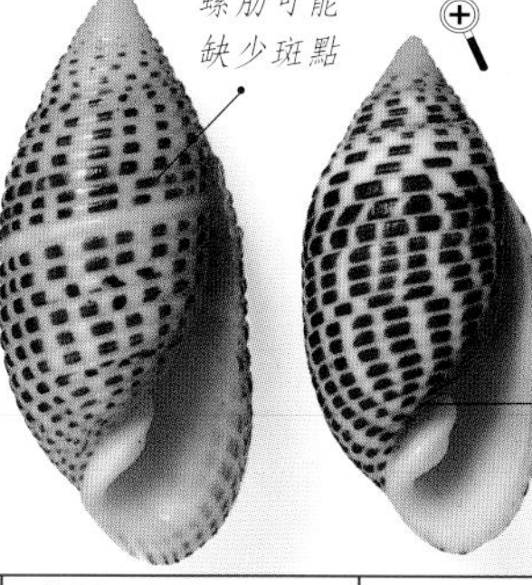

分布　熱帶印度太平洋	數量　♦♦♦	尺寸　2.5公分

超科　殼蛞蝓超科	科　捻螺科	種　*Pupa sulcata* Gmelin

刻紋捻螺(Furrowed Pupa)

殼重，螺塔短，縫合線深，體層大而微凸。螺軸下端有一大而扭曲的折褶，並以一溝槽與上方的小折褶隔開，殼體盤繞著寬而平的螺肋。殼表白色，肋上有黑煙狀花紋或淺褐色斑。

• **棲息地**　淺海砂底。

分布　熱帶印度太平洋	數量　♦♦	尺寸　2.5公分

超科　殼蛞蝓超科	科　捻螺科	種　*Acteon eloisae* Abbott

三彩捻螺(The Eloise)

殼為球形，螺塔短，深溝狀縫合線將螺層分隔，使螺層呈套接形。殼頂低，螺塔各層微凸。殼體布滿了低而平的螺肋，並與細生長紋相交。螺軸底部有厚而彎的折褶。最大的特徵是殼表的花紋：在白色底色襯托下，有大塊橙粉紅色塊斑，每一塊斑都鑲著黑或紅褐色邊；體層上有三列塊斑組成的螺帶。

• **附註**　此種玲瓏可愛的海螺於1973年首次被分類。以原發現者愛洛絲伯茨的名字為學名。

• **棲息地**　低潮帶的泥砂底。

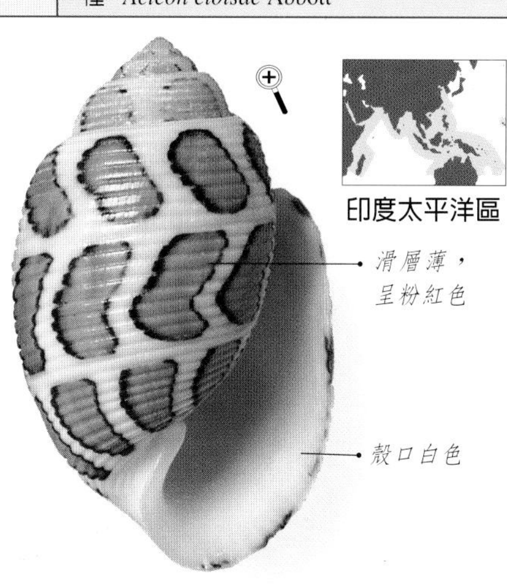

分布　阿曼的馬西拉島	數量　♦♦	尺寸　3公分

超科 殼蛞蝓超科	科 葡萄螺科	種 *Atys naucum* Linnaens

白葡萄螺(White Pacific Atys)

殼薄，球狀，渾圓外形像泡沫。螺塔深深地陷入體層中，臍孔小。殼表極平滑，且有光澤。體層上盤繞著螺溝，中間部位的螺溝淺間隔寬，兩端的愈深而密集，有微弱的生長紋與螺溝相交。殼表白色，有橙褐色殼皮。

• **附註** 右圖所示的標本有發達且略反曲的軸唇。

• **棲息地** 海水沖擊的海灘。

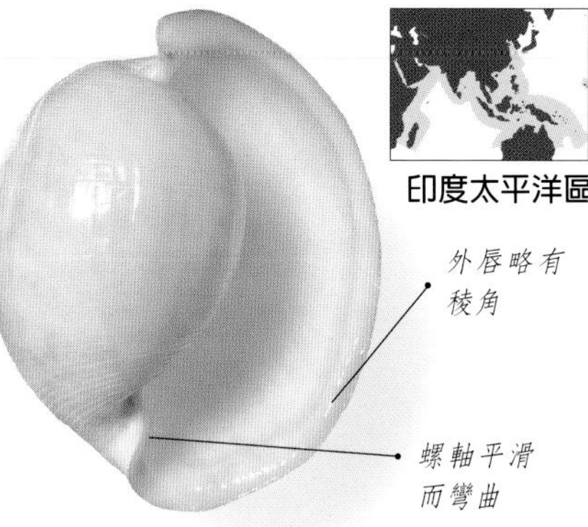

分布 熱帶印度太平洋區	數量 ♦♦♦	尺寸 4公分

超科 殼蛞蝓超科	科 泡螺科	種 *Micromelo undata* Bruguiere

波紋豔泡螺(Miniarure Melo)

殼薄，球形，螺塔被體層包裹，殼的頂部寬而圓，略高出殼口。殼表乳白色，有三條紅色螺旋線，其間有淺紅色縱紋。

• **附註** 殼內軟體伸出有淺藍、粉紅斑點的肉足和頭葉，匍匐在綠色羽狀海藻中，美不勝收。

• **棲息地** 低潮帶海藻中。

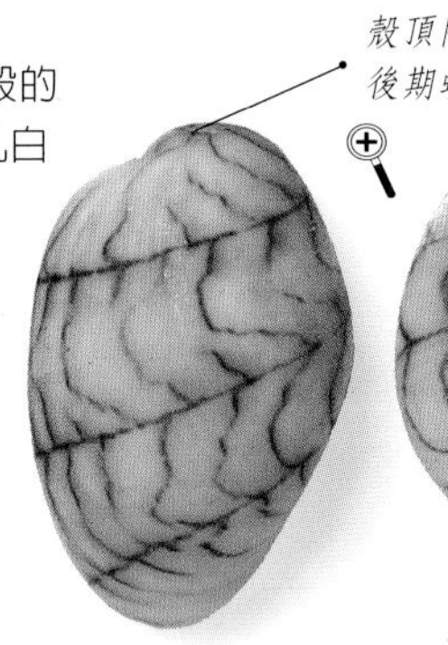

分布 佛羅里達東南部至巴西、阿聖辛島	數量 ♦♦	尺寸 1.2公分

超科 殼蛞蝓超科	科 泡螺科	種 *Hydatina amplnstre* Linnaens

玫瑰泡螺(Royal Paper Bubble)

殼薄，球形，表面平滑，螺塔扁平而略下陷。螺軸直且平滑。通常體層有兩道粉紅色螺旋寬帶，其邊緣為深褐色螺帶，另有三條白色帶，其中之一位於殼體中央。

• **附註** 右圖所示標本，殼中央處為褐色，而非白色的螺帶。

• **棲息地** 淺海泥砂底。

分布 熱帶太平洋	數量 ♦♦♦	尺寸 2.5公分

超科 殼蛞蝓超科 | 科 泡螺科 | 種 *Hydatina albocincta van der* Hoeven

三帶泡螺(Lined Paper Bubble)

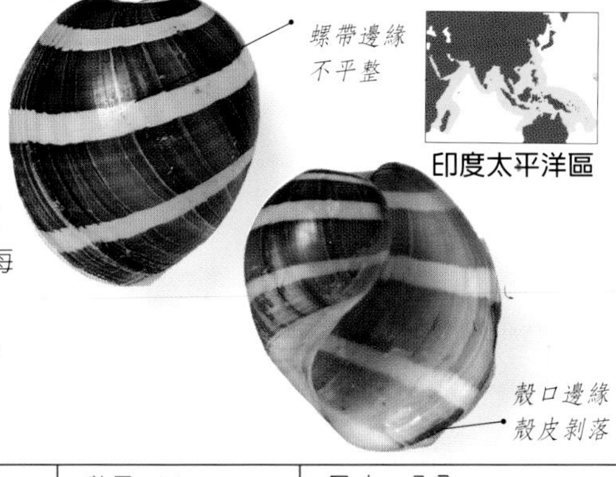

殼薄如紙，成份中碳酸鈣含量極少，有點彈性且極易破碎。殼表平滑有光澤，螺塔凹陷，殼口高度大於寬度。螺軸極度彎曲，有一層薄而半透明的內唇壁滑層。體層上盤繞著5道白色螺帶，和4道更寬的褐色螺帶；每一條褐色螺帶都夾雜著淺色細縱紋。

- **附註** 殼表有一層琥珀色的薄殼皮。
- **棲息地** 近海水域。

分布 熱帶印度太平洋區 | 數量 ♦♦ | 尺寸 5公分

超科 殼蛞蝓超科 | 科 泡螺科 | 種 *Hydatina physis* Linnaens

密紋泡螺(Green Paper Bubble)

殼薄易碎，殼口極大，在殼底部極度伸張。殼表光澤，有不規則生長紋，以及缺損修補的疤痕。螺塔下陷，縫合線呈溝槽狀。臍孔窄，幾乎被平滑而直的螺軸反捲的邊緣所封閉。殼表乳黃色，有密集的波紋狀螺旋線，但間隔不一；殼口白色。

- **附註** 新鮮的螺殼有一層橙褐色或綠色的殼皮。
- **棲息地** 淺海淤泥砂底。

印度太平洋區

殼口上端
微收窄

唇緣略加厚

分布 熱帶海域 | 數量 ♦♦♦ | 尺寸 3公分

超科 殼蛞蝓超科 | 科 棗螺科 | 種 *Bulla ampulla* Linnaeus

台灣棗螺(Flask Bubble)

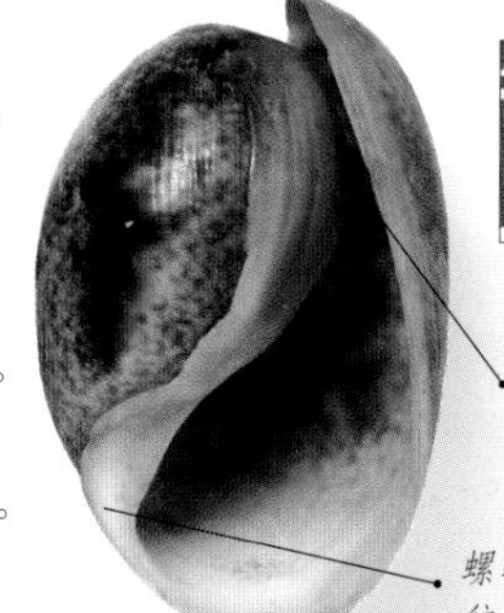

殼薄，不透明。殼頂內陷，似窄而深的臍孔。外唇高突於其他部位之上；上部較窄，下部擴張。內唇滑層不透明，並一直延續到平直的螺軸上。殼表灰色或褐色，有紫色塊斑、條紋或白色斑點，極少的螺殼上有兩道螺帶。殼口白色，可透見殼表顏色。

- **附註** 白天藏身在沙中，夜間外出覓食海藻。
- **棲息地** 潮間帶砂底。

分布 印度太平洋區、南非 | 數量 ♦♦♦♦♦ | 尺寸 5公分

蝶螺

殼易碎，有光澤，屬翼足類軟體動物。常被海水沖上海灘，全世界海洋均有分布，一般生活在上層水域。所以稱爲「蝶螺」，是因爲螺殼上有翼狀突出，爲數量繁多的海洋動物。

超科　被殼翼足超科	科　駝蝶螺科	種　*Cavolinia uncinata* Range

露珠蝶螺(Hooked Covoline)

殼小易碎，外形類似珍奇的昆蟲(1758年林奈曾經將一近緣種歸為昆蟲)。殼表光亮，圓凸，殼口窄，局部被脊盾所遮蓋，盾的後端伸展成三個尖突；殼表琥珀色。

- **附註**　喜棲息於溫暖區。
- **棲息地**　寬闊的海洋。

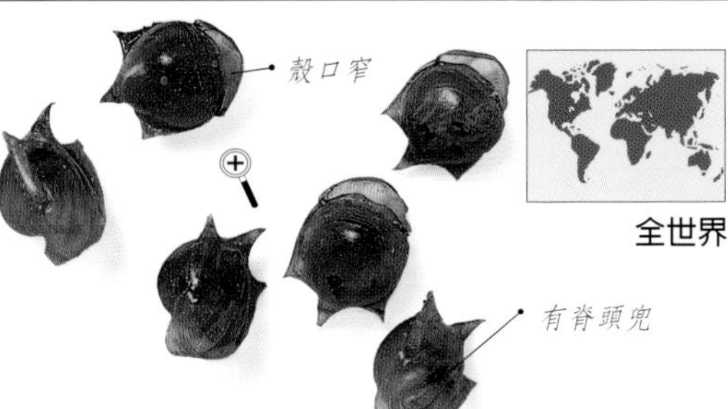

分布　全世界	數量 ♦♦♦♦♦	尺寸　1.2公分

超科　被殼翼足超科	科　蝶螺科	種　*Cavolinia tridentata* Niebnhr

三齒蝶螺(Three-toothed Cavoline)

殼有光澤，透明，平滑，上半部圓凸(最上的標本呈顛倒狀)。越長的個體越扁平，下半部有一邊緣狀突出物。每一邊為一條長裂縫所分隔。殼中央有一條長棘；琥珀色。

- **附註**　如其他蝶螺一樣，無口蓋。
- **棲息地**　寬闊的海洋。

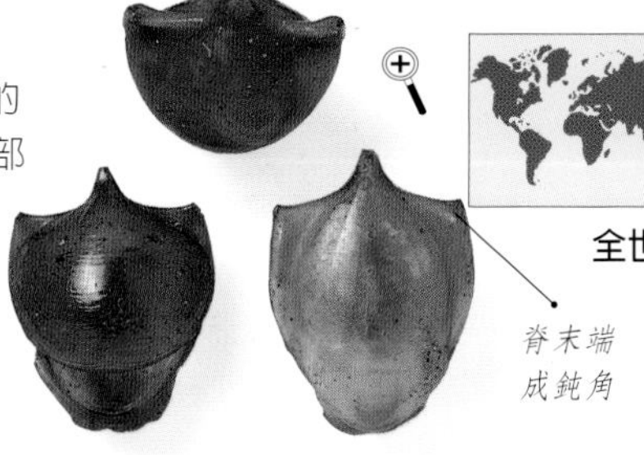

分布　全世界	數量 ♦♦♦♦♦	尺寸　2公分

超科　被殼翼足超科	科　駝蝶螺科	種　*Diacria trispinosa* Blainville

三尖蝶螺(Three-spined Diacria)

殼小，有光澤，透明，微凸。殼口的唇加厚，上片唇邊緣直且上翻。殼口兩邊各有一枚尖棘，底部有漏斗狀。

- **附註**　長棘，殼表無色，但邊緣為褐色。
- **棲息地**　寬闊的海洋。

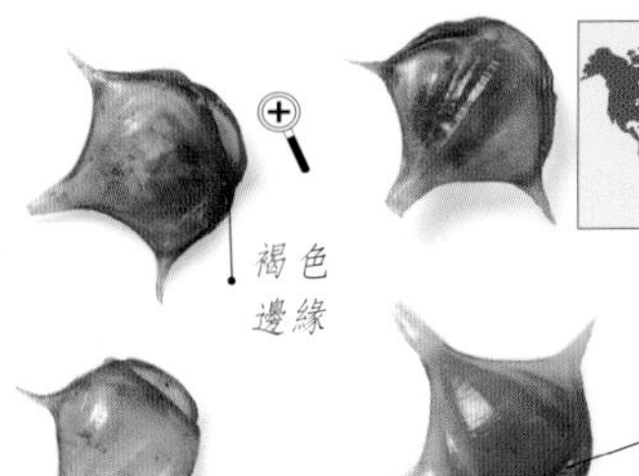

分布　全世界	數量 ♦♦♦	尺寸　1.2公分

掘足綱

象牙貝

典型特徵是：微彎的管狀，向後端漸由粗變細，殼表裝飾極少，只有一些縱向的肋和環紋。後端孔邊緣有槽口或裂縫或短管。掘足類又叫象牙貝，存於近海水域，喜藏於砂質海底。

目 象牙貝目	科 象牙貝科	種 *Dentalium elephantinum* Linnaeus

綠象牙貝(Elephant Tusk)

林奈將此貝喻為「象牙」是再恰當不過的了。殼堅實，略有光澤，較細的後端有一不明顯的溝槽。殼體因有10條突出的縱肋而更加堅固，這些縱肋間有較細的小肋，和深刻的條紋，從殼的截面可以看出縱肋間的空隙呈深溝狀。殼口處深綠色，越向後端色彩越淡。

• **棲息地** 近海砂底。

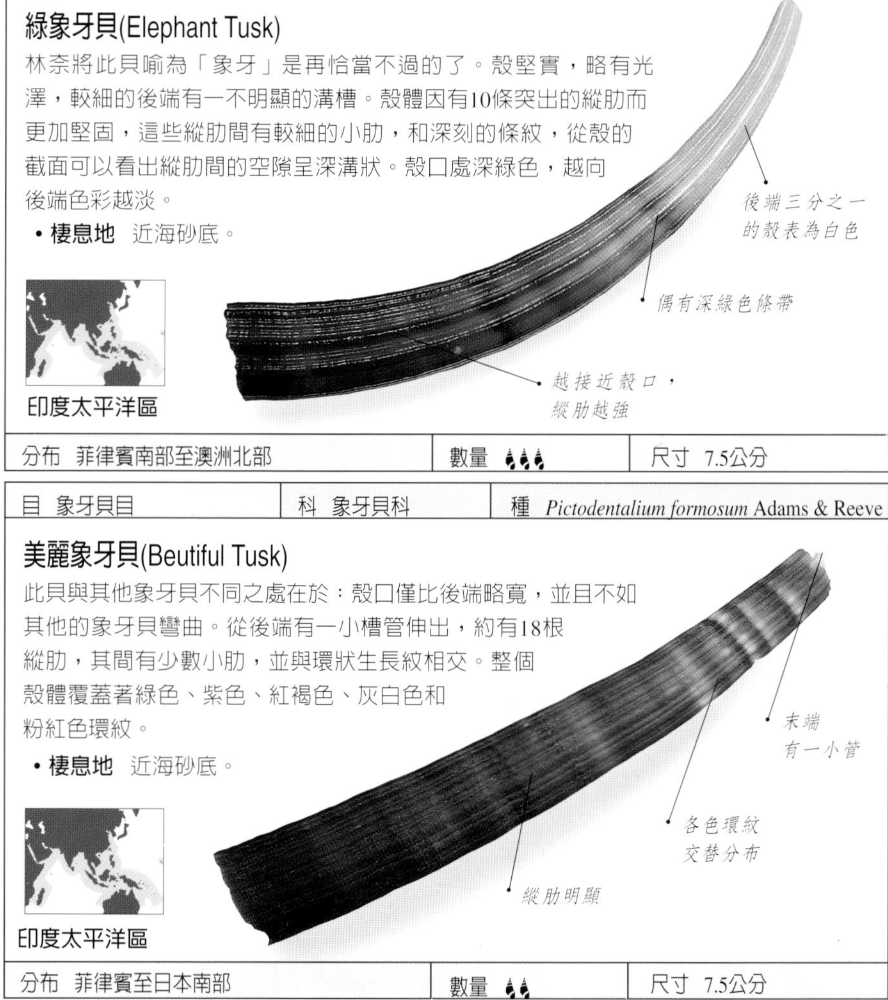

分布 菲律賓南部至澳洲北部	數量 ▲▲▲	尺寸 7.5公分

目 象牙貝目	科 象牙貝科	種 *Pictodentalium formosum* Adams & Reeve

美麗象牙貝(Beutiful Tusk)

此貝與其他象牙貝不同之處在於：殼口僅比後端略寬，並且不如其他的象牙貝彎曲。從後端有一小槽管伸出，約有18根縱肋，其間有少數小肋，並與環狀生長紋相交。整個殼體覆蓋著綠色、紫色、紅褐色、灰白色和粉紅色環紋。

• **棲息地** 近海砂底。

分布 菲律賓至日本南部	數量 ▲▲	尺寸 7.5公分

目 象牙貝目	科 象牙貝科	種 *Fissidentalium vernedei* Sowerby

圓象牙貝(Vernede's Tusk)

個體頗長而微彎，相對於體長而言，兩端之間寬度差距不大。後端有帶槽口的內管，殼口邊緣極薄。從截面可以看出，因為殼表的裝飾極不發達，而近乎圓形。有細縱肋，縱肋間有窄溝，並與少數的生長環相交；成貝的殼口有缺損的修補痕。殼表底色為白色，有時夾雜著黃色或淺褐色的寬、窄環帶。

• **附註** 為象牙貝中個體最大者。其學名以維多利亞時代一位貝殼收藏家的姓氏來命名。

• **棲息地** 近海砂底。

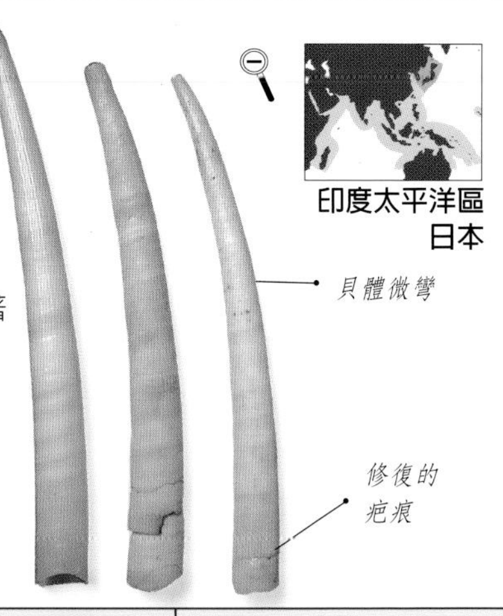

分布 菲律賓至日本	數量 ♠♠♠♠	尺寸 13公分

目 象牙貝目	科 象牙貝科	種 *Antalis longitrorsum* Reeve

細長象牙貝(Elongate Tusk)

殼薄而有光澤，個體修長，彎曲度柔和優雅，殼口處邊緣粗糙。後端較窄，有一個極小的槽口。幼貝的後端呈針尖狀，有既長又細的象牙貝，但絕少像左圖這般優柔彎曲。除在後端有極細的縱紋與少數的生長紋外，殼表幾乎光滑。表面白色，有黃色或淺綠色色暈。

• **附註** 偶爾也能發現粉紅色或杏黃色的標本。

• **棲息地** 近海砂底。

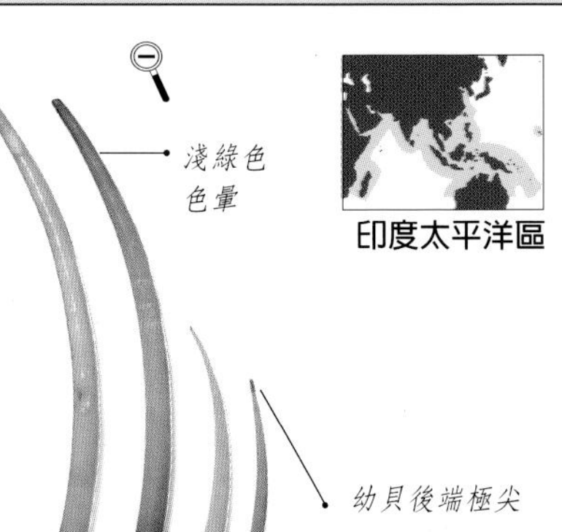

分布 熱帶印度太平洋	數量 ♠♠♠	尺寸 9.5公分

目 象牙貝目	科 象牙貝科	種 *Antalis dentalis* Linnaeus

歐洲象牙貝(European Tusk)

殼邊緣粗糙，殼口比後端寬大。殼體起初微彎，越向後端彎度越大，有時能在中央部形成角度。縱肋強，殼口上方縱肋最弱。殼表白色、淺褐色或粉紅色。

• **附註** 儘管殼質並不堅實，但很少發現有修補的缺損痕跡。

• **棲息地** 近海砂底。

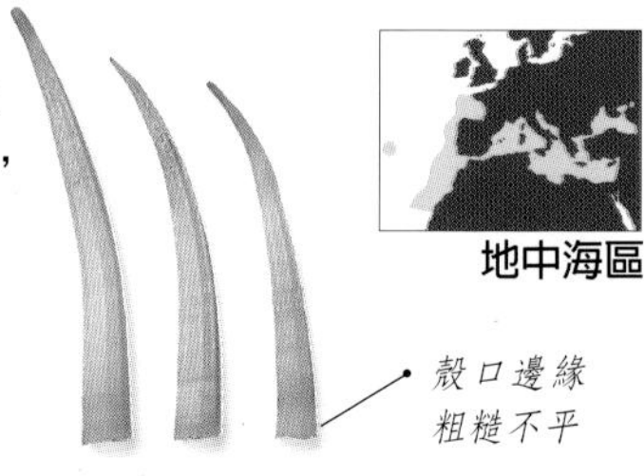

分布 地中海及亞得里亞海	數量 ♠♠	尺寸 3公分

多板綱

石鱉

此類軟體動物的特點是：背部有八塊互疊的殼板，每一塊殼板均可活動，由肌肉質環帶適當地固定。環帶或光滑，或有多種裝飾。石鱉亦稱鐵角，大多數海域均有分布，生活在岩石下。

目　新石鱉目	科　石鱉科	種　*Chiton tuberculatus* Linnaeus

西印度石鱉(West Indian Chiton)

與大多數石鱉一樣，長度大於寬度，有八塊殼板，呈明顯的弓形。殼板的中央條光滑，兩側的三角形部位覆蓋著密集的波紋狀縱細肋，靠近環帶的翼部有六道珠狀橫向小肋，尾板上有密集的放射狀細珠肋。整個環帶寬度相等，並有小而光滑的鱗片。殼表灰綠色或淡褐色，有淺綠色鱗和珠。

• **附註**　環帶上的裝飾如鯊魚皮。

• **棲息地**　岩石海岸。

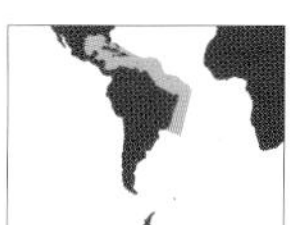

加勒比亞區

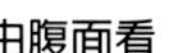

由側面看　由腹面看　由背面看

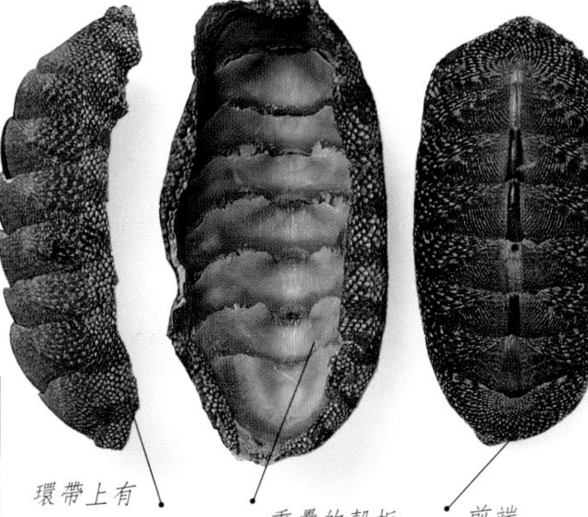

環帶上有暗色條帶

重疊的殼板

前端

分布　佛羅里達東南部、西印度群島	數量	尺寸　6公分

目　新石鱉目	科　石鱉科	種　*Chiton marmoratus* Gmelin

花斑石鱉(Marbled Chiton)

體型長，兩側近似平行，殼板光滑，頗扁平。環帶窄，被菱形的鱗片覆蓋。色彩和花紋變異頗大，有橄欖綠，褐色或灰色，具暗色斑紋和條紋，環帶上有綠色和灰色鱗片相間的條帶。

• **附註**　此貝的特點在於：殼板表面完全光滑。

• **棲息地**　岩石海岸。

後端

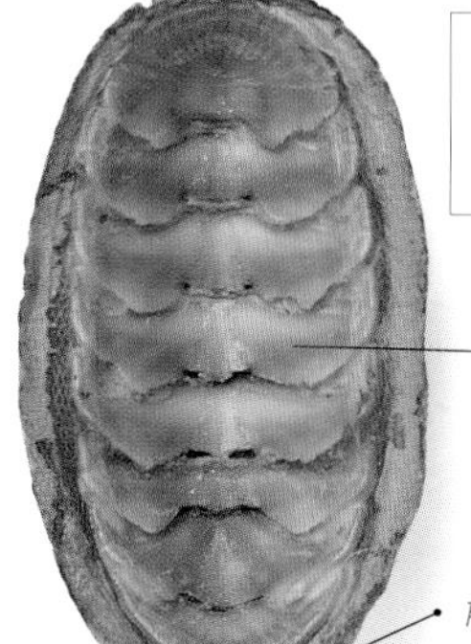

加勒比亞區

殼板內面呈藍綠色

前端

分布　佛羅里達東南部及西印度群島	數量	尺寸　6公分

目　新石鱉目	科　石鱉科	種　*Chiton striatus* Barnes

條紋石鱉(Magnificent Chiton)

體型大，殼板呈弓形，環帶寬。每塊殼板的中間部位，有密集平直的小肋，殼板的峰部常被磨平。每塊殼板的翼部有粗糙的橫肋，頭板和尾板有粗糙的放射肋，環帶上布滿了光滑的方形顆粒。殼表黑褐色，環帶墨綠色。

• **棲息地**　潮間帶岩石間。

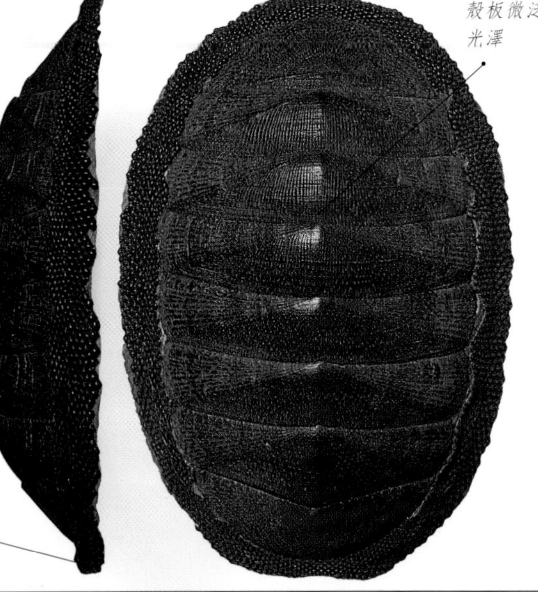

秘魯區

分布　智利	數量	尺寸　9公分

目　新石鱉目	科　鋸石鱉科	種　*Ischnochiton comptus* Gould

薄石鱉(Decked　Chiton)

體型長，殼板寬，環帶窄，覆蓋著密集的小鱗。殼板光滑，殼表紅色、黑色、白色、黃色或雜色；環帶則為近綠色。

• **附註**　與此相近的一種石鱉的環帶上布滿了鱗。

• **棲息地**　淺海岩石下。

日本區

分布　日本	數量	尺寸　2.5公分

目　新石鱉目	科　鋸石鱉科	種　*Ischnochiton contractus* Reeve

格子薄石鱉(Lattice Chiton)

中間兩塊殼板較其他殼板寬，尾板的長度和寬度相當。中間殼板上有肋和小顆疹，環帶上有鱗片。同種間的色彩和花紋變異極大，殼板中央部位常有條紋。

• **附註**　此貝的變異型常被認為是其他種。

• **棲息地**　潮間帶岩石間和貝殼上。

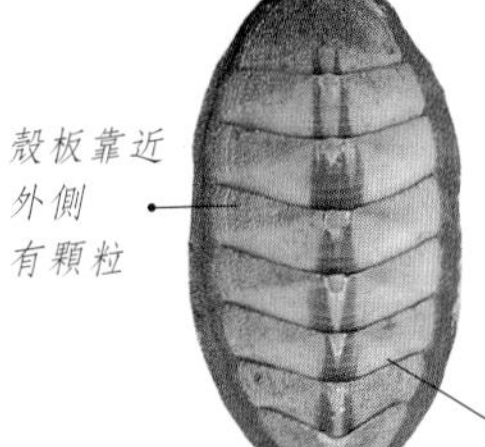

澳洲區

分布　澳洲南部	數量	尺寸　4公分

目 新石鱉目	科 石鱉科	種 *Tonicia chilensis* Frembly

智利斑石鱉(Elegant Chiton)

環帶薄而寬，光滑，環繞著殼板，位於頭板之後的第一中間板比其他殼板都大。殼表紅褐色，有黃色條紋和塊斑，頭板、尾板和中央板尤其明顯。

- **附註** 貝殼晾乾時，環帶邊緣處易起皺折。
- **棲息地** 淺海岩石上。

秘魯區
麥哲倫區

此側環帶圓滑

分布 秘魯至智利	數量 	尺寸 5公分

目 新石鱉目	科 鏈石鱉科	種 *Chaetopleura papilio* Spengler

蝴蝶石鱉(Buterfly Chiton)

體型頗大，環帶寬，新鮮的標本環帶上有硬短毛。殼板微弓，中線上有弱脊，且極光滑。殼表深褐色，每塊殼板的中央區有一個黃褐色塊斑。殼板底部近白色，側邊染有藍白色。環帶深褐色，殼板的內面黃白色。

- **附註** 殼板極像擦亮的紅木傢俱。
- **棲息地** 低潮帶岩石下。

後端
殼板光滑
前端
殼板邊緣色淺

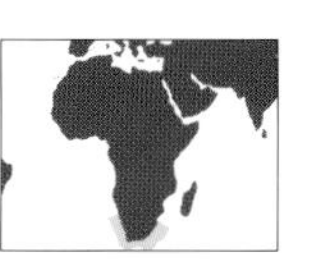

南非區

分布 南非	數量	尺寸 6公分

目 新石鱉目	科 石鱉科	種 *Acanthopleura granulata* Gmelin

顆粒棘石鱉(Fuzzy Chiton)

殼極度隆起，環帶厚，且覆有密集的粗棘。完整無損的殼板表面有顆粒，呈褐色但更常呈灰褐色，殼板峰部和側邊是深褐色。環帶灰白色，有淺黑色條帶。

- **附註** 殼板常嚴重磨損。
- **棲息地** 潮間帶岩石間。

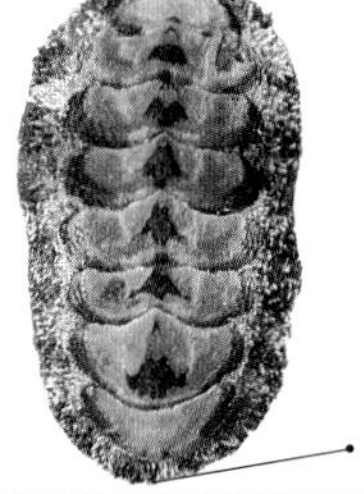

前端

加勒比亞區

分布 佛羅里達南部、西印度群島	數量	尺寸 6公分

雙殼綱

芒蛤

貝殼易碎，呈長型，殼表有光亮的殼板。鉸合部無齒，韌帶長，有內韌帶型，也有外韌帶型。殼皮薄，紅褐色，常有淺色放射帶。屬分布廣泛的原始族群，種類稀少，又名蟶螂。

超科 芒蛤超科	科 芒蛤科	種 *Solemya togata* Poli

土嘉芒蛤(Toga Awning Clam)

殼易碎，呈雪茄狀，兩端開口。殼皮有光澤，並一直延伸出貝殼邊緣，前端尤其特出。殼頂發育不全，因此鉸合線近似一直線，在後閉殼肌痕的前部有不發達的放射肋。殼無色，殼皮深褐色，並有淺色放射紋。

• **棲息地** 泥砂底。

貝殼邊緣

地中海區

西非區
南非區

分布 地中海至南非	數量 ♦♦	尺寸 5公分

銀錦蛤

小型，呈三角形，殼頂明顯，前端較後端突出。兩殼呈弓形的鉸合部明顯弓突，有利齒，且排成兩列，分別位於殼頂的兩側。生存於近海泥砂底，全世界均有分布。

超科 彎錦蛤超科	科 彎錦蛤科	種 *Nuculata sulcata* Bronn

歐洲銀錦蛤(Furrowed Nut Shell)

殼堅實，色調晦暗，呈三角形，殼頂小而尖。殼表有細輪肋，並與不明顯的放射紋相交。雙殼的殼頂兩邊均有尖齒分布，殼的下緣呈鋸齒狀。殼表黃綠色，殼內面有珍珠光澤。

• **棲息地** 近海泥沙地。

北歐區
地中海區

前端

分布 北海至安哥拉	數量 ♦♦♦	尺寸 2公分

魁蛤

雙殼綱中的一個大科。殼長型，有強肋，鉸合部有成排的齒。韌帶區寬，足絲常從雙殼的縫隙中伸出，將魁蛤固著在堅硬的物體上。有許多種類廣泛分布於全世界又名蚶。

超科　魁蛤超科	科　魁蛤科	種　*Arca noae* Linnaeus

諾亞魁蛤(Noah's Ark)

殼極長，殼頂位置偏後端。鉸合部有許多齒，兩殼的閉殼肌痕大小相等，放射肋粗糙。殼表近白色，有曲折褐色條紋。

- **附註**　足絲孔位於殼頂的下方。
- **棲息地**　近海岩石間。

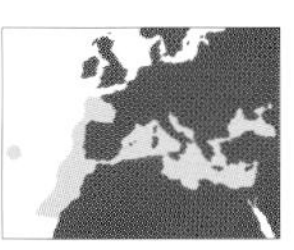
地中海區

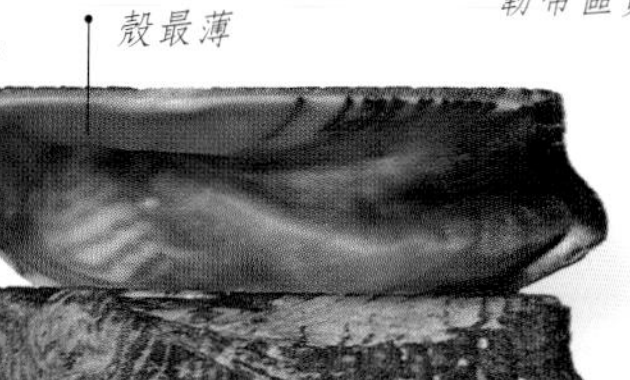

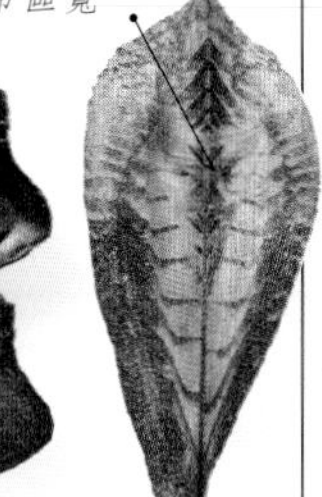

分布　地中海和大西洋東部	數量　4	尺寸　7公分

超科　魁蛤超科	科　魁蛤科	種　*Anadara uropygimelana* Bory

焦邊毛蚶(Burnt-end Ark)

殼厚而膨大，輪廓近似矩形，殼頂寬，鉸合緊密。放射肋強，但光滑扁平，殼內緣溝槽深。殼表白色，有褐色殼皮，內面淺黃色。

- **棲息地**　潮間帶岩石裂縫間。

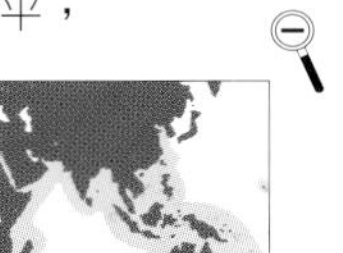
印度太平洋區

分布　熱帶印度太平洋	數量　4	尺寸　6公分

超科　魁蛤超科	科　魁蛤科	種　*Anadara granosa* Linnaeus

血蚶(Granular Ark)

殼厚而重，殼頂寬，位於鉸合部上方中央。殼頂下的列齒最小，放射肋強，排列整齊，整條肋上都有厚鱗片。殼表白色，殼皮厚，為褐色。

- **附註**　放射肋上具鱗片是本種的特徵。
- **棲息地**　沿海泥沙地。

印度太平洋區

分布　太平洋西南部	數量　5	尺寸　6公分

超科 魁蛤超科	科 魁蛤科	種 *Barbatia amygdalumtostum* Roding

紅鬍魁蛤(Burnt-almond Ark)

貝殼兩邊平行，兩端渾圓。鉸合部兩端的齒較大，輪脊和放射脊隨著貝殼的生長而漸強。殼表深紫褐色，有褐色纖維狀殼毛，閉殼肌痕紫褐色。

• **附註** 殼毛易刮落。

印度太平洋區

分布 熱帶印度太平洋	數量	尺寸 4公分

超科 魁蛤超科	科 魁蛤科	種 *Barbatia foliata* Forssiahl

葉形鬍魁蛤(Leafy Ark)

殼扁，兩殼下殼緣間有寬的裂縫。韌帶與鉸合部長度相等，放射肋強，殼表常有或強或弱的輪肋裝飾。殼表白色，有深褐色茸毛狀殼皮。

• **棲息地** 沿海岩石下。

印度太平洋區

韌帶區
有深溝

分布 印度太平洋和南非	數量	尺寸 6公分

超科 魁蛤超科	科 魁蛤科	種 *Trisidos tortuosa* Linnaeus

扭魁蛤(Propellor Ark)

雙殼極度扭曲，有一稜與鉸合線成銳角(殼內面處如深溝)。鉸合部長，近似直線，兩殼的下緣彎曲。放射肋細，輪狀生長脊粗糙。殼表黃白色，殼皮為褐色。

• **附註** 鉸齒不發達。

• **棲息地** 淺海底。

印度太平洋區

下緣彎曲

分布 熱帶太平洋	數量	尺寸 7.5公分

蚶蜊

殼厚，鉸合部有齒列，與魁蛤近緣，全世界約有150種。貝殼外廓呈卵形或圓形，殼頂明顯。外韌帶型，殼表有肋或近似光滑。生活於近海水域，喜在砂質或礫石海底掘洞穴。

超科　笠蚶超科	科　蚶蜊科	種　*Glycymeris glycymeris* Linnaeus

歐洲蚶蜊(European Bittersweet)

殼厚而堅實，輪廓近似圓形，韌帶在殼頂下方的寬三角區。殼表白色，上面還有深和淺褐色曲折花紋呈帶狀排列。

- **附註**　有深褐色殼皮。
- **棲息地**　近海泥砂底。

北歐區
地中海區

分布　北海至地中海	數量 ▲▲▲▲	尺寸　6公分

超科　笠蚶超科	科　蚶蜊科	種　*Glycymeris reevei* Mayer

芮氏蚶蜊(Reeve's Bittersweet)

殼膨大，前端有稜角，殼頂兩邊傾斜。放射肋寬，殼表褐色，肋間有淺黃色溝槽，前端有白色斑。

- **附註**　四邊形輪廓為此蛤所特有。
- **棲息地**　淺海砂底。

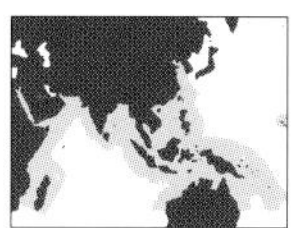

印度太平洋區

分布　太平洋西南部	數量 ▲▲▲	尺寸　5公分

超科　笠蚶超科	科　蚶蜊科	種　*Glycymeris formosa* Reeve

優美蚶蜊(Beautiful Bittersweet)

殼厚，呈扁平狀，輪廓近似圓形。鉸合線微彎，兩殼的下內緣呈密集的鋸齒狀。殼表淺黃色，有深褐色放射狀短線紋；殼內面白色，有褐色大斑塊。

- **附註**　殼頂小而尖。
- **棲息地**　近海砂底。

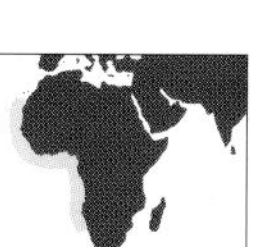

西非區

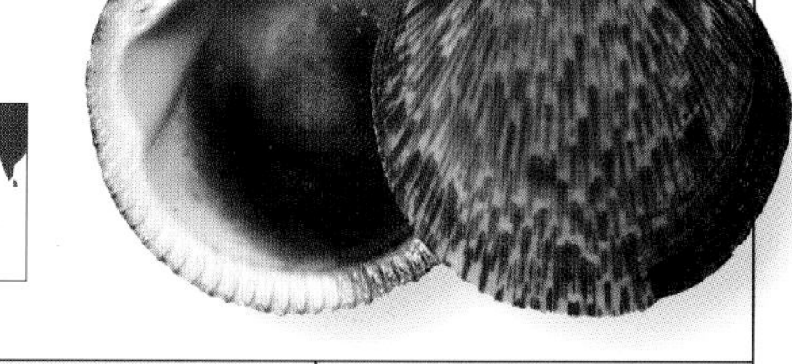

分布　西非	數量 ▲▲▲	尺寸　4公分

殼菜蛤

雙殼貝中數量最豐富的一族群，全世界岩、礫海岸均有分布。殼薄，鉸合部短，無明顯鉸齒。兩殼由一條長韌帶在前半部接合，殼內軟體以一束足絲將自己附著在堅固的物體上。

超科　殼菜蛤超科	科　殼菜蛤科	種　*Mytilus edulis* Linnaeus

黑殼菜蛤(Common Blue Mussel)

殼薄但堅實，輪廓近似三角形，殼頂位於前端。韌帶區直，並一直延伸至離殼最高點的一半處，殼內面全部或局部有珍珠層。殼表藍色或褐色，常有深色放射帶；內面為白色。

- **附註**　盛產於世界各地海域，可食用。
- **棲息地**　潮間帶岩石及礫石海岸。

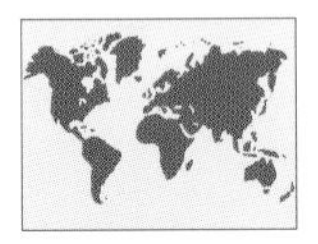

全世界

前端有小齒

分布　大部分海域	數量　♠♠♠♠♠	尺寸　7.5公分

超科　殼菜蛤超科	科　殼菜蛤科	種　*Choromytilus chorus* Molina

合唱殼菜蛤(Chorus Mussel)

成貝很可能是殼菜蛤中最大的一種，屬於少數幾種內面前端無閉殼肌痕的貝。成長的最大型的標本殼厚，顏色晦暗。生長脊明顯，殼頂微彎。韌帶長，幾乎佔據了殼邊總長的一半，所佔據的部位，鑲有一條薄而尖的脊，兩殼後端處各有大閉殼肌痕。新鮮的貝殼覆有綠色厚殼皮，殼皮下是藍色的殼表；內面藍色，有白色珍珠層。

- **附註**　殼表經高度磨光，可製成裝飾品。
- **棲息地**　淺海岩石間。

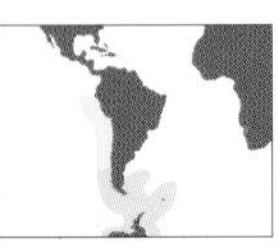

秘魯區
麥哲倫區

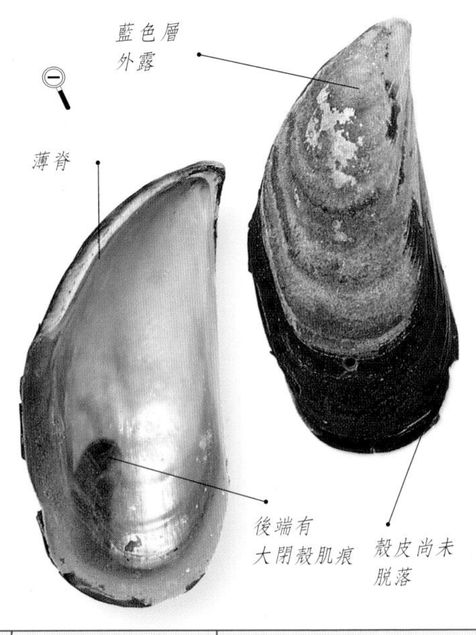

分布　秘魯至火地島	數量　♠♠♠♠	尺寸　10公分

江珧蛤

江珧蛤大多薄而扁，中型至大型，外表呈槳狀，或寬或窄。殼表常裝飾著葉片或管狀鱗。殼頂位於前端，韌帶長度與直而無齒的鉸合部一致。廣泛地分布於溫暖海域。

超科 江珧超科	科 江珧科	種 *Pinna rudis* Linnaeus

鱗江珧蛤(Rough Pen Shell)

殼薄，外形似船槳，兩殼沿中線拱起。放射肋在生長後期發育成葉片或管狀鱗。殼表橄欖褐色，鱗色較淺。

- **附註** 兩殼的寬後端處裂口寬大。
- **棲息地** 近海砂底。

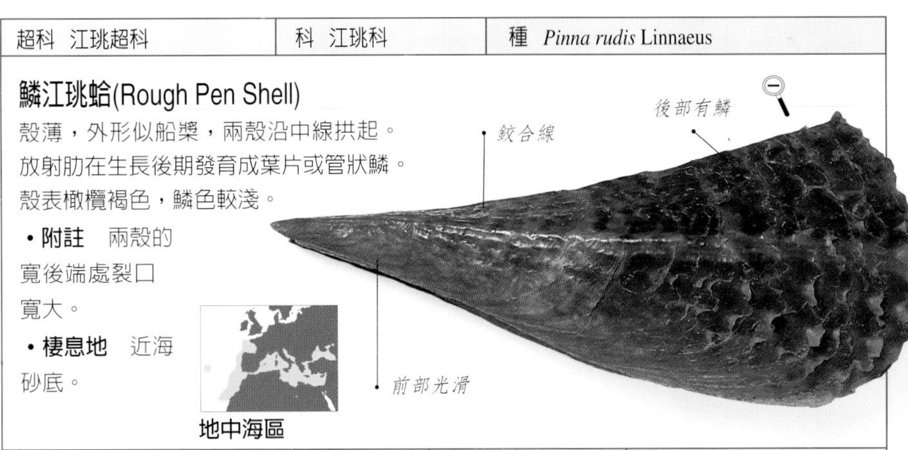

地中海區

分布 地中海、西非、加勒比海	數量 ♦♦♦	尺寸 20公分

超科 江珧超科	科 江珧科	種 *Atrina vexillum* Born

旗幟江珧蛤(Flag Pen Shell)

殼體大，輪廓呈三角形，但其中二邊較渾圓，兩殼中央最膨大。殼表有的近乎光滑，有的具放射肋，有時發育成鱗。內面有珍珠光澤，寬大的後半部有一個大閉殼肌痕；殼表紅褐色至黑色。

- **附註** 殼極像飄揚的旗幟，故名。
- **棲息地** 近海砂底。

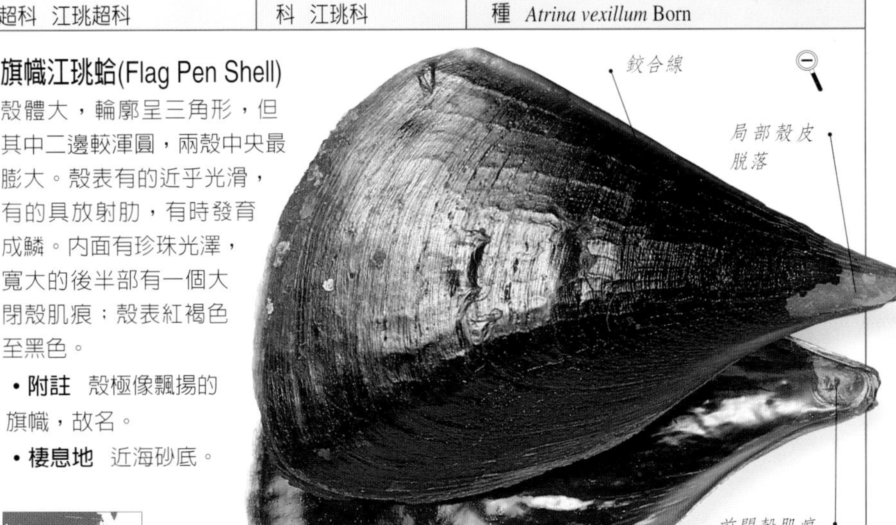

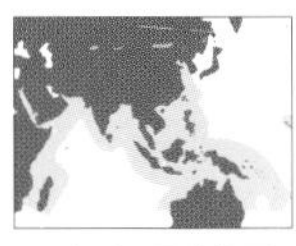

印度太平洋區

分布 印度洋至玻里尼西亞	數量 ♦♦♦♦	尺寸 25公分

鶯蛤

多數鶯蛤前後兩端都極度突出，形如兩翼；以足絲將自己吸附在堅固物體上。其他如珍珠蛤等，無翼狀突起，外形較圓，生活於柳珊瑚中。鉸合部有弱齒或無齒；殼內面有珠光層。

超科 珍珠蛤超科	科 珍珠蛤科	種 *Pteria tortirostris* Dunier

扭鶯蛤(Twisted Wing Oyster)

正如其他鶯蛤，殼薄，右殼小於左殼。鉸合線兩端有一小翼狀突起，後翼較長且寬。右殼的殼頂下方有兩枚弱齒，左殼僅有一枚。兩殼殼頂後方的鉸合部下有長而薄的脊，兩殼的中央處有大閉殼肌痕。殼表深至淺褐色，有時有波狀輪帶或放射線；內面具珍珠光澤。

• **附註** 翼狀突起可以幫助殼内的軟體定位。

• **棲息地** 近海柳珊瑚上。

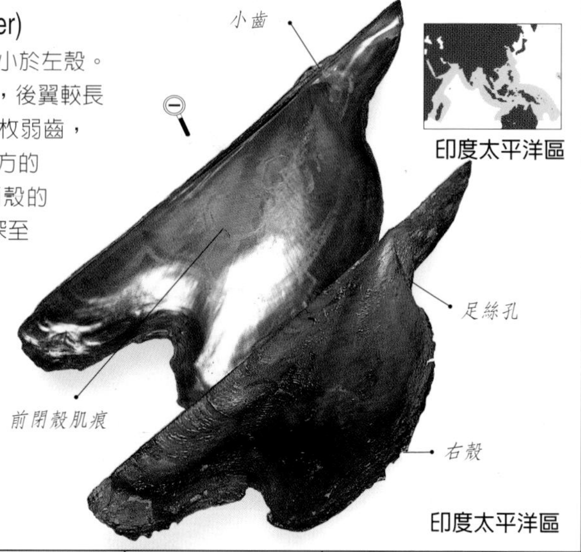

分布 印度太平洋	數量 ♦♦	尺寸 7.5公分

超科 珍珠蛤超科	科 珍珠蛤科	種 *Pinctada radiata* Leach

輻射珍珠蛤(Rayed Pearl Oystet)

有幾種珍珠蛤，殼表及外形變異極大，因此很難加以鑑定。本種外形呈卵狀或似圓盤，左殼比右殼略大。殼表有輪脊，靠近邊緣處脊上有鱗片。鉸合部長，兩端都有小齒，兩殼的中央處有一個大閉殼肌痕。殼表淺褐色或灰色，有濃密的紅褐色放射紋；内面具珠母光澤。

• **附註** 較大的標本發現於在較深的水域。

• **棲息地** 淺海岩間。

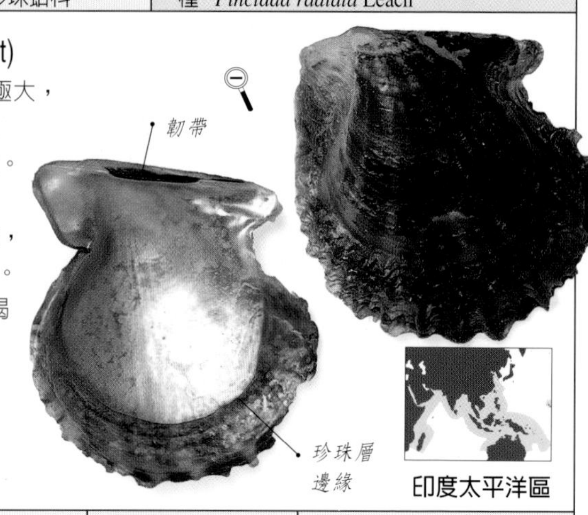

分布 熱帶印度太平洋	數量 ♦♦♦♦♦	尺寸 7.5公分

障泥蛤

障泥蛤是鶯蛤的近親。因其喜附著於紅樹氣根，而有這樣的英文名字；韌帶位於鉸合部的溝裂中，每殼有一個大閉殼肌痕。

超科　珍珠蛤超科	科　障泥蛤科	種　*Crenatula picta* Deshayes

彩紋障泥蛤(Painted Tree Oyster)

殼薄，極扁平，外形近似矩形。殼頂小而尖，位於前端處。沿鉸合部有一列小凹槽，以容納韌帶。殼表黃色，有波狀褐色放射帶，鉸合部下面有珍珠層。

- **棲息地**　海綿體中。

印度太平洋區

分布　熱帶印度太平洋	數量　♦♦♦	尺寸　5公分

丁蠣

種類稀少，有一兩種的外形酷似鎚頭。殼長型，邊緣凹凸不平。鉸合部無齒，韌帶短，其下有一個大閉殼肌痕；棲息於砂底或泥砂底。

超科　珍珠蛤超科	科　丁蠣科	種　*Malleus albus* Lamarck

丁蠣(White Hammer)

殼長而窄，兩邊呈波浪狀。兩翼延伸，使貝殼成丁字形。殼頂端緊鄰著短韌帶處，有小而尖的殼頂。韌帶下方的殼內面有一個大閉殼肌痕。殼表污白色，肌痕黑色。

- **附註**　偶爾會被誤認為是加了裝飾的槌子。
- **棲息地**　淺海砂底。

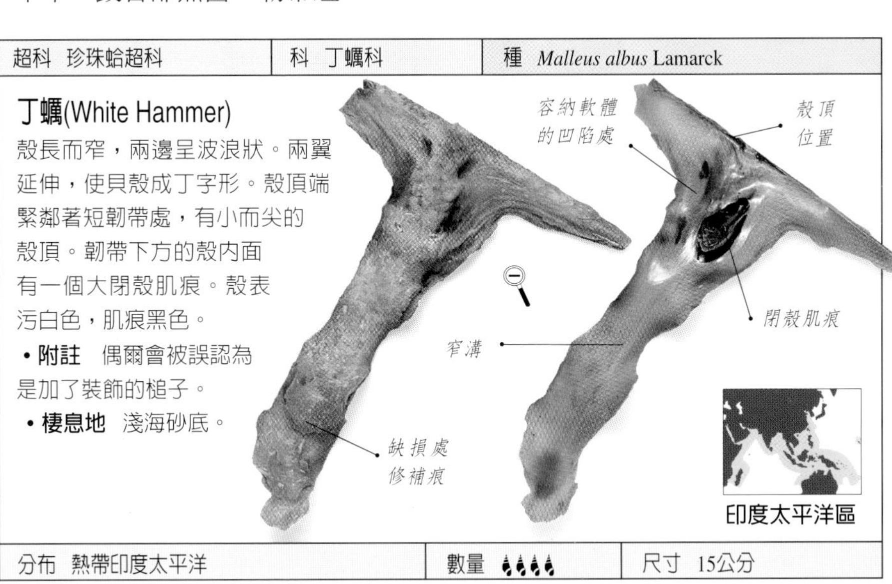

分布　熱帶印度太平洋	數量　♦♦♦♦	尺寸　15公分

海扇蛤

海扇蛤是知名度最高的雙殼貝。外形似扇，殼頂前、後方有兩個大小不等的「耳」，內韌帶位於殼頂之下的三角凹陷處。

— • —

成貝的鉸合部無齒，各殼的中央處有一個大閉殼肌痕，此肌柱可作精美菜餚食用；幼貝常用足絲將自己附著在堅固的物體上。海扇蛤種類繁多，遍布於全球。

超科　海扇蛤超	科　海扇蛤科	種　*Pecten maximus* Linnaeus

巨海扇蛤(Great Scallop)

可能是所有海貝中最廣為人知的一種，被採用為商標、煙灰缸；出現在藝術家波提切利的不朽名畫「維納斯的誕生」中。外形近似圓形，右(下)殼凸圓，扁平的左(上)殼疊在上面。兩耳極明顯，大小近似。兩殼的表面有15－17條寬放射肋，並與細輪線相交，殼邊緣有寬鋸齒。殼表色彩差異極大，從白色、黃色至褐色，有時有深褐色輪帶及曲折紋；內面白色。

• **附註**　海扇蛤棲息於海底，扁平的左殼在上面。

• **棲息地**　近海砂底或石礫底。

左殼的肋扁平

右殼的肋圓凸

右殼極度彎曲

北歐區
地中海區

分布　挪威至地中海	數量　●●●●	尺寸　13公分

超科 海扇蛤超科	科 海扇蛤科	種 *Chlamys islandica* Muller

冰島海扇蛤(Iceland Scallop)

殼窄扇形，一耳是另一耳長度的兩倍，兩殼均微凸。殼表約有50條排列緊密的粗糙放射肋，每一條肋在殼邊緣處分成兩條，殼內面有與肋相應的溝槽。殼表乳黃色，常有輪帶，耳上的色彩較淡。

- **附註** 內面的色彩與殼表相似，但顏色較深。
- **棲息地** 淺、深海底均有分布。

北歐區

北極區

分布 北極海至美國西北部和東北部	數量 ♦♦♦♦♦	尺寸 9公分

超科 海扇蛤超科	科 海扇蛤科	種 *Chlamys australis* Sowerby

澳洲海扇蛤(Austral Scallop)

兩殼的側邊從殼頂處陡峭地傾斜，然後迅速變寬，形成完整的扇狀。殼的一耳比另一耳大許多，而且多鱗。約有20條放射狀圓肋，肋間有弧形溝槽。每條肋面布滿了小尖鱗，短肋上的鱗很明顯。貝殼的色彩有數種，包括橙色、紫色及黃色。

- **棲息地** 近海水域。

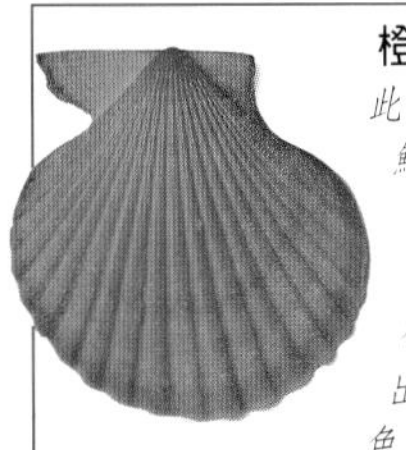
橙色殼表

此貝的色彩鮮豔，無雜色。同一顏色在殼表可能出現不同的色調。

短肋上的鱗較顯著

澳洲區

邊緣呈明顯的扇形

分布 澳洲南部和西部	數量 ♦♦♦	尺寸 7.5公分

超科　海扇蛤超科	科　海扇蛤科	種　*Aequipecten opercularis* Linnaeus

皇后海扇蛤(Queen Scallop)

左殼比右殼凸圓，兩側自殼頂緩緩傾斜。兩耳大小略有差距，約有20條圓凸但微皺的放射肋。殼表色彩有紅色、粉紅色、褐色、黃色和紫色。

• **附註**　右圖所示標本是色彩較醒目的一種。

• **棲息地**　近海石礫及泥砂底。

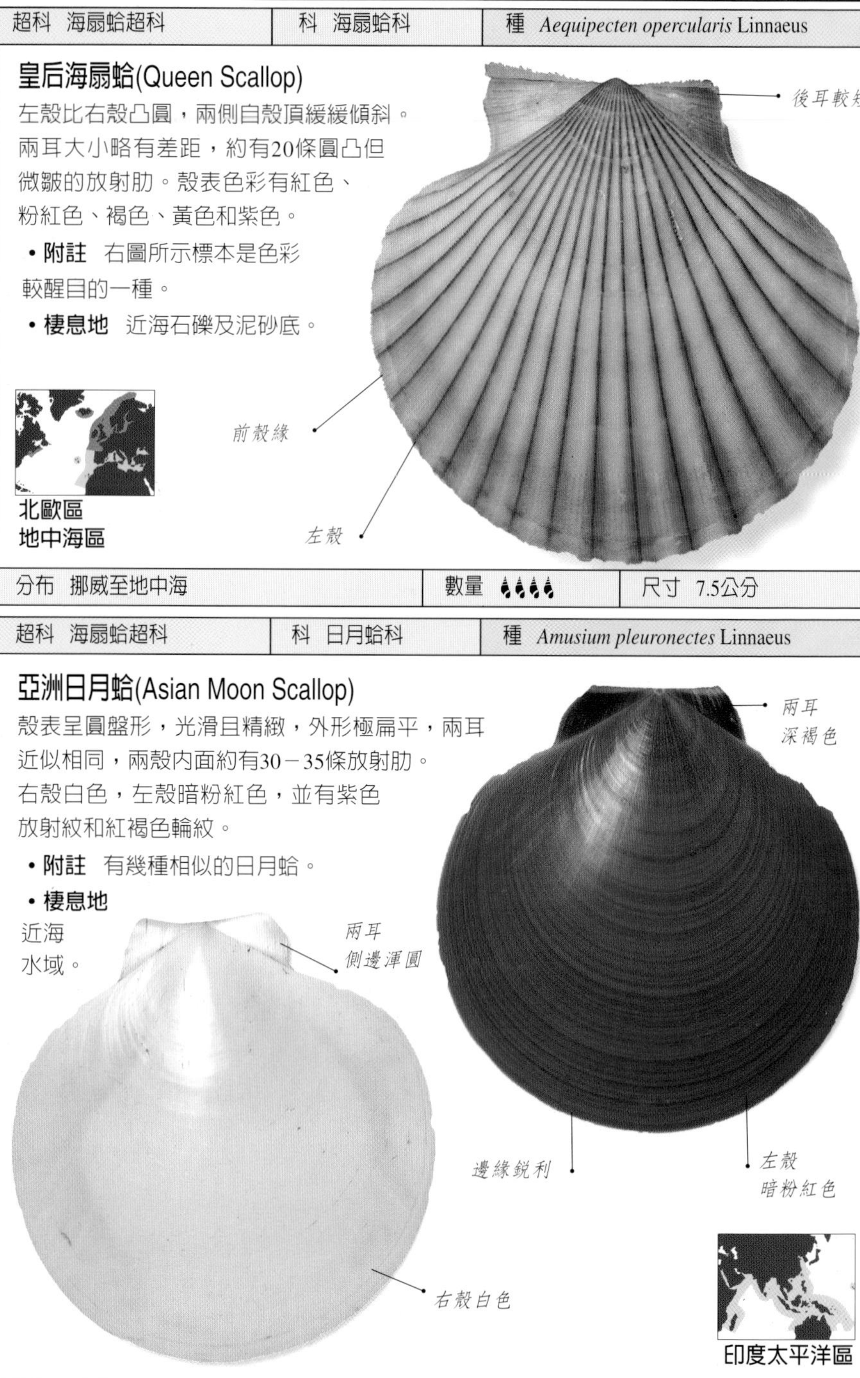

分布　挪威至地中海	數量　♠♠♠♠	尺寸　7.5公分

超科　海扇蛤超科	科　日月蛤科	種　*Amusium pleuronectes* Linnaeus

亞洲日月蛤(Asian Moon Scallop)

殼表呈圓盤形，光滑且精緻，外形極扁平，兩耳近似相同，兩殼內面約有30－35條放射肋。右殼白色，左殼暗粉紅色，並有紫色放射紋和紅褐色輪紋。

• **附註**　有幾種相似的日月蛤。

• **棲息地**　近海水域。

分布　印度、太平洋西南部	數量　♠♠♠♠	尺寸　9公分

超科 海扇蛤超科	科 海扇蛤科	種 *Cryptopecten pallium* Linnaeus

油畫海扇蛤(Royal Cloak Scallop)

殼厚，兩殼凸圓均等，兩耳大小略有差異。殼表有13－14條間隔均一，寬而突起的放射肋，每條肋上有2－3條細肋，放射肋與細肋表面均有小鱗。殼內面有與殼表肋相應的溝。殼表白色，有紅紫色塊斑和斑點，殼頂部位常為白色，內面白色，內面邊緣則染有殼表的顏色。

• **棲息地** 珊瑚礁。

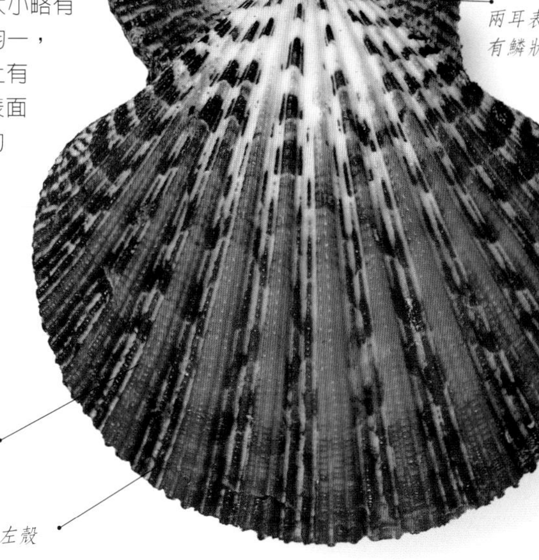

印度太平洋區

分布 熱帶印度太平洋	數量 ♦♦♦♦	尺寸 6公分

超科 海扇蛤超科	科 海扇蛤科	種 *Lyropecten nodosus* Linnaeus

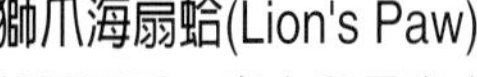

獅爪海扇蛤(Lion's Paw)

殼厚而重，寬度和長度大致相當，一耳比另一耳長兩倍。殼表面有7－9條大而寬的放射肋，並混合著大而中空的結節。殼表覆有強放射細肋，並與細小的輪脊相交。殼表顏色有暗紅色、鮮紅色、橙色和黃色。

• **附註** 右圖所示殼表的結節極不發達。

• **棲息地** 近海水域。

殼內面紫褐色

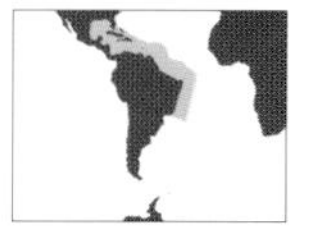

加勒比亞區

分布 美國東南部至巴西	數量 ♦♦♦	尺寸 10公分

海菊蛤

色彩豔麗，生長早期即將右殼永遠黏附在固體上。殼表四射的棘具僞裝和保護作用。兩殼各有兩枚強齒，並嵌入相應的凹槽，韌帶深陷於兩隻不發達的「耳」間；熱帶海域均有分布。

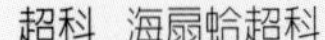

超科　海扇蛤超科	科　海菊蛤科	種　*Spondylus princeps* Broderip

中美海菊蛤(Pacific Thorny Oyster)

殼重，棘厚而寬，末端鈍且微彎，在生長後期，呈密集狀。在數列較長的棘間，有較尖的短棘和放射肋。色彩常呈紅色或粉紅色，棘常為白色；內面白色，其邊緣與殼表顏色一致。

- **附註**　深受收藏者的青睞。
- **棲息地**　堅硬的物體。

巴拿馬區

分布　加利福尼亞灣至秘魯	數量	尺寸　10公分

超科　海扇蛤超科	科　海菊蛤科	種　*Spondylus linguaefelis* Sowerby

貓舌海菊蛤(Cat's-tongue Oyster)

貝殼輪廓呈卵形，成貝外廓極難看清楚，因為殼邊緣蓋滿尖銳的棘。通常只在殼頂周圍有一小片部位比較無棘。殼表橙褐色、黃色、淡紫色，殼頂部位常呈玫瑰色，內面白色。

- **附註**　生長在保護性安定環境的海菊蛤的棘較長。
- **棲息地**　珊瑚間。

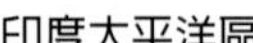

印度太平洋區

殼頂下方無長棘

殼邊緣的棘最長

肋上有棘

分布　南部太平洋	數量	尺寸　7.5公分

銀蛤

殼易碎，沒有固定外形，最大特徵是右殼上有一個大孔，軟體通過此孔伸出肉柄，以便黏附在堅硬的物體上，內韌帶位於新月狀的凹槽內。有珍珠光澤，互相碰撞時，能發出「叮噹」聲。

超科　銀蛤超科	科　銀蛤科	種　*Anomia ephippium* Linnaeus

歐洲銀蛤(European Jingle Shell)

殼薄，光澤耀眼，輪廓不規則，以黏附物體為模塑成殼形。左殼有三個小閉殼肌痕，右殼只有一個大肌痕。

- **附註**　左殼覆在右殼上。
- **棲息地**　淺海底。

殘留的韌帶

足絲孔長

北歐區
地中海區

分布　歐洲西北部、地中海、西非	數量	尺寸　4公分

牡蠣

具有重要的經濟價值，無固定形狀，故難以鑑定，將自己的左殼黏附在礁石及其他貝殼上。為內韌帶型，鉸合部無齒，有幾種有鋸齒狀殼邊。大多數牡蠣可供食用，有些可人工養殖。

超科　牡蠣超科	科　牡蠣科	種　*Lopha cristagalli* Linnaeus

鋸齒牡蠣(Cock's-comb Oyster)

殼厚，堅實，兩殼有尖銳的脊，在邊緣形成一列4－6個的弓形物，兩殼的弓形物互相咬合。脊上有棘狀突出，殼頂部位尤為明顯。殼表有顆粒覆蓋，表面暗紫色，內面為褐紫色。

- **附註**　有些標本皺褶很多，並且有鱗脊。
- **棲息地**　在近海水域集結在一起。

印度太平洋區

分布　熱帶印度太平洋	數量	尺寸　9公分

狐蛤

屬不等邊雙殼貝，兩耳短，韌帶位於中央凹槽。有時放射肋上具尖銳利的鱗，鉸合部無齒，每殼有一個閉殼肌痕，藉拍合雙殼游動。狐蛤種類多，分布於全世界。

超科 狐蛤超科	科 狐蛤科	種 *Lima vulgaris* Link

太平洋狐蛤(Pacific File Shell)

殼呈槳狀，雙殼的膨度均等，鉸合線沿三角形韌帶凹槽的兩邊傾斜。殼頂寬圓，並放射出約20條密集的圓肋，每條肋上布滿了銳利的凹槽狀鱗。殼內緣呈寬鋸齒狀，雙殼後端略有裂開。殼表黃白色，內面白色。

- **附註** 漂白後的貝殼呈純白色。
- **棲息地** 淺海底。

分布 熱帶印度太平洋	數量 ♠♠♠♠	尺寸 6公分

三角蛤

現存種類稀少，為古老貝類的殘留種，堪稱「活化石」，目前僅限產於澳洲近海。殼呈三角形，內面有珍珠光澤，一殼有三枚鉸齒，另一殼有二枚。可製成各式各樣的裝飾品。

超科 三角蛤超科	科 三角蛤科	種 *Neotrigonia margaritacea* Lamarck

澳洲三角蛤(Austalian Brooch-clam)

殼堅實，三角形，肋上有顆粒。包括大型鉸齒在內的殼內面，都有珍珠光澤。殼表粉紅白色，內面略帶金色。

- **附註** 新鮮貝殼有褐色殼皮。
- **棲息地** 近海泥底。

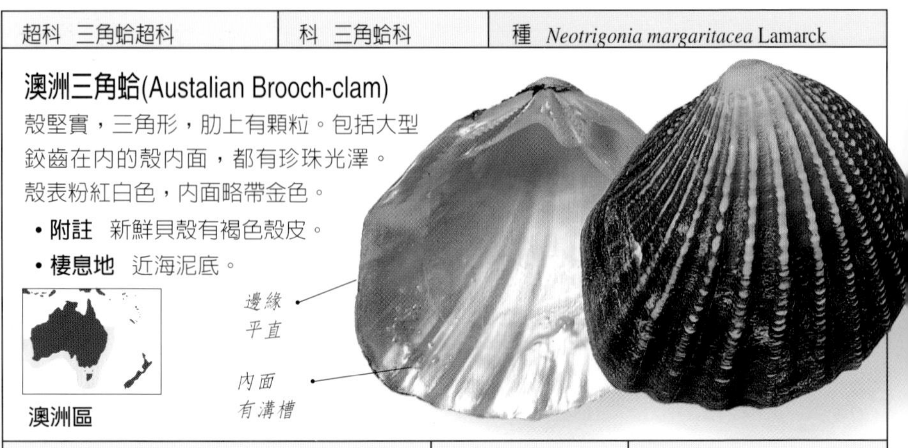

分布 澳洲東南部、塔斯馬尼亞	數量 ♠♠♠	尺寸 4公分

滿月蛤

大多呈扁圓形，小月面極小，韌帶長，有內韌帶型和外韌帶型。與簾蛤相似，兩者的區別在於：滿月蛤的前閉殼肌痕大而窄，無外套彎入。主要生活在溫暖海域，喜在泥砂地掘穴。

超科　滿月蛤超科	科　滿月蛤科	種　*Codakia punctata* Linnaeus

刻紋滿月蛤(Pitted Lucine)

殼厚，圓盤狀，殼頂尖，小月面極小，內韌帶長。放射狀溝槽不整齊，並與強生長紋相交。殼上有兩枚主齒，無外套彎入。殼表乳白色，稍帶紫色。外套痕以內的內面為黃色，以外為橙色。

• **棲息地**　淺海砂底。

印度太平洋區

分布　熱帶印度太平洋	數量	尺寸　7.5公分

超科　滿月蛤超科	科　滿月蛤科	種　*Lucina pectinata* Gmelin

厚滿月蛤(Thick Lucine)

殼厚，扁平，從殼頂到後緣有圓脊。輪脊尖銳，間隔寬，前閉殼肌痕長而窄。小月面突起，使得兩殼的前緣側面呈彎曲狀；殼表淺黃色。

• **棲息地**　淺海底。

加勒比亞區
美東區

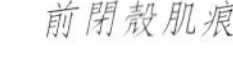

分布　北卡羅萊納至巴西	數量	尺寸　5公分

超科　滿月蛤超科	科　滿月蛤科	種　*Divaricella huttoniana* Vanatta

胡東氏滿月蛤(Hutton's Lucione)

有幾種滿月蛤與之相似。殼膨大，輪廓近似圓形。主要特徵為殼溝細密，表面上有「v」形寬紋，前閉殼肌痕長而窄，韌帶長；殼體全白色。

• **棲息地**　近海泥或砂底。

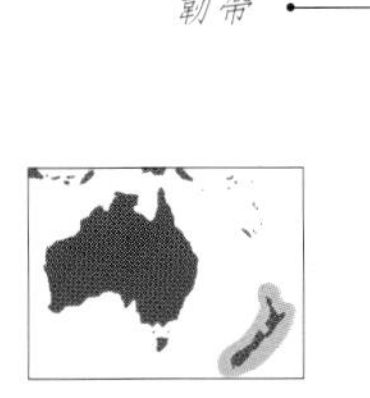

紐西蘭區

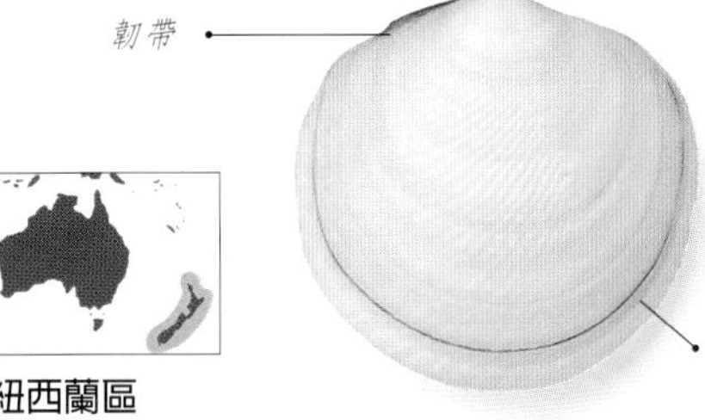

分布　紐西蘭	數量	尺寸　4公分

愛神蛤

殼厚，淺褐色，輪廓多半呈三角形。外表或光滑，或具輪肋。新鮮的殼有厚殼皮，各殼都有兩個閉肌痕，並由外套痕將其連在一起，無外套殼彎入。大多數棲息於極寒冷的海域。

超科　愛神蛤超科	科　愛神蛤科	種　*Astarte castanea* Say

栗愛神蛤(Chestnut Astarte)

殼扁平，輪廓呈圓三角形。殼頂明顯突起，近似鉤狀。殼表光滑，有低輪脊。鉸合部寬，每殼瓣有三枚齒，韌帶小，內緣鋸齒狀。殼表淺褐色。

- **附註**　殼皮容易擦除。
- **棲息地**　近海泥、砂底及石礫底。

北歐區，美國

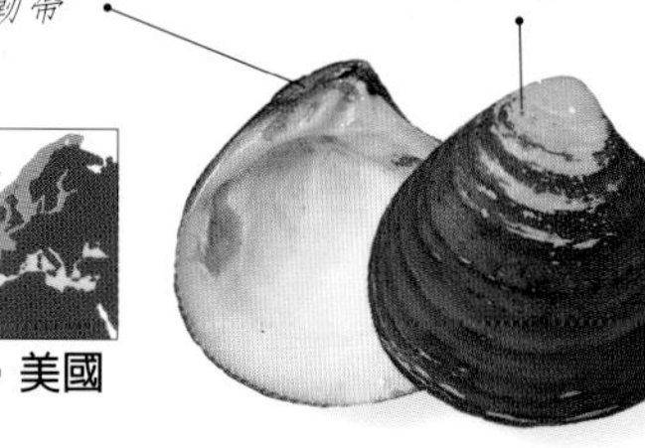

分布　新蘇格蘭到紐澤西	數量　♦♦♦♦	尺寸　2.5公分

厚蛤

三角形的厚蛤，殼重，呈扁平狀，有褐色厚殼皮，有幾種厚蛤具輪肋。內韌帶鑲入三角形凹槽中，右殼有三枚主齒，左殼有兩枚。常見於澳洲南部近海。

超科　厚蛤超科	科　厚蛤科	種　*Eucrassatella decipiens* Reeve

南澳厚蛤(Deceptive Crassatella)

殼厚而重，殼頂尖，鉸合線自殼頂沿兩邊極度傾斜。內韌帶三角狀，後側齒較前側齒長。殼表褐色，偶爾有淺紅色射線紋。內面下部乳白色，上部杏黃色。

- **附註**　閉殼肌痕為栗色。
- **棲息地**　近海水域。

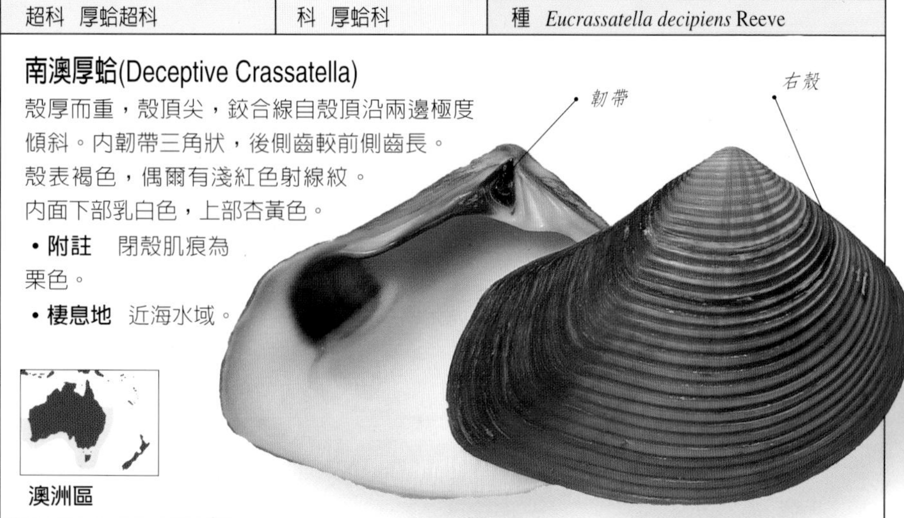

澳洲區

分布　澳洲南部及西南部	數量　♦♦	尺寸　7.5公分

算盤蛤

殼堅實，船形，有粗壯的放射肋，並與輪肋相交錯。鉸合部發達，偏向前端，屬外韌帶型。殼內面有兩個閉殼肌痕，無外套線彎入，殼內緣鋸齒狀。廣泛地分布在溫暖海域。

超科　算盤蛤超科	科　算盤蛤科	種　*Megacardita incrassata* Sowerby

厚算盤蛤(Thickened Cardita)

殼厚而重，船形，約有16道寬而圓的放射肋。小月面小，韌帶長。殼表白色，有褐色輪帶，有時輪帶呈粉紅色，內面白色。

- **附註**　右圖標本為常見粉紅色型。
- **棲息地**　潮間帶岩石下。

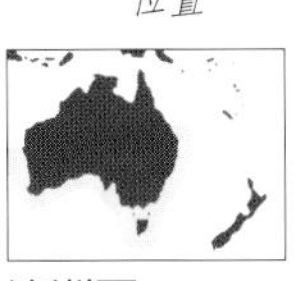
澳洲區

小月面所在的位置

分布　澳洲(南部海岸除外)	數量　♦♦♦	尺寸　4公分

偏口蛤

殼既厚又重，形似鮮豔奪目的海菊蛤。殼頂彎曲，喜將自己黏附在堅固的物體上。殼表具鱗或棘，但這些特徵常被殼表雜物遮掩。除極少數例外，基本上棲息於熱帶海域。

超科　偏口蛤超科	科　偏口蛤科	種　*Chama lazarus* Linnaeus

菊花偏口蛤(Lazarus Jewel Box)

屬個體較大的偏口蛤，左殼淺，黏附於固體上。右殼圓凸，以寬大的鉸合部與左殼相接。右殼自殼頂至下緣，覆蓋著葉片狀輪板。殼表白色，有2-3條紅紫色放射紋，內面白色。

- **附註**　幼貝色彩較鮮明。
- **棲息地**　淺海岩石上。

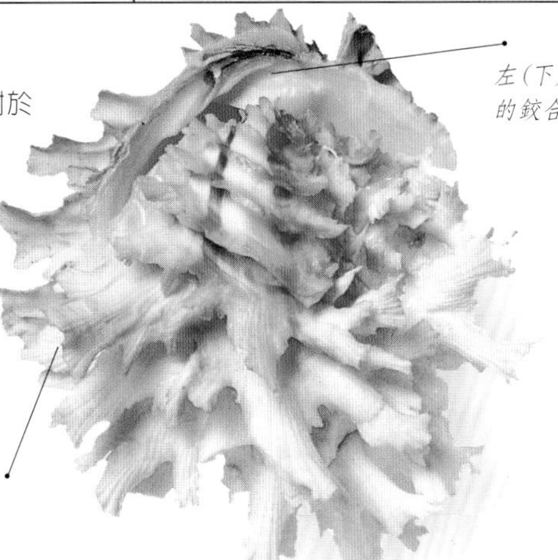

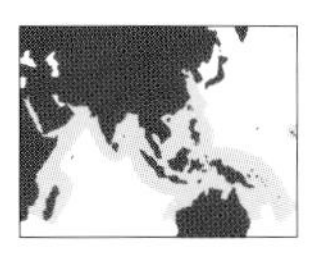
印度太平洋區

分布　熱帶印度太平洋	數量　♦♦♦	尺寸　7.5公分

鳥尾蛤

全世界均有分布，其中包括幾種人們極熟悉的海鮮。兩殼對稱，具放射肋，肋上或許有發達的棘，殼內緣呈鋸齒形。兩閉殼肌痕大小相等，無外套彎入。外韌帶位於殼頂之後，各殼有兩枚主齒。大多數擅在泥沙地挖穴，有時在一小片區域能出現龐大的數量。

超科　鳥尾蛤超科	科　鳥尾蛤科	種　*Cerastoderma edule* Linnaeus

歐洲鳥尾蛤(Common European Cockle)

殼膨大，外韌帶明顯，呈弓形。前殼緣渾圓，後殼緣有稜角或近似平直。放射肋強，並且布滿鈍鱗。殼表淺黃色或淺褐色，內面白色，後閉殼肌痕染有褐色。

- **附註**　為北歐重要海鮮之一。
- **棲息地**　淺海砂底。

分布　拉普蘭至西非	數量　♦♦♦♦♦	尺寸　4公分

超科　鳥尾蛤超科	科　鳥尾蛤科	種　*Laevicardium attenuatum* Sowerby

金華鳥尾蛤(Attenuated Cockle)

殼堅實，槳狀，外表有光澤，兩側邊陡斜，殼頂尖，彼此接觸。殼表面有細放射線，在內面有相應的淺溝。鉸合部短而弓形，右殼的前側齒極發達，最裏面的齒最大，殼內緣鋸齒狀。殼表黃色，有橙紅色斑紋和輪帶。

- **附註**　殼頂粉紅色。
- **棲息地**　淺海底。

韌帶位置

後側平直

殼內緣為黃色

殼緣有細鋸齒

印度太平洋區

分布　熱帶印度太平洋區	數量　♦♦	尺寸　5公分

超科　鳥尾蛤超科	科　鳥尾蛤科	種　*Fragum unedo* Linnaeus

草莓鳥尾蛤(Strawberry Cockle)

殼厚，呈四方形，殼頂明顯，外韌帶短。約有25-30條放射肋，肋上有細鱗。殼內緣呈鋸齒狀，後緣的鋸齒突出成尖角。殼表白色或黃色，鱗為紫紅色，內面白色。

• **棲息地**　淺海底。

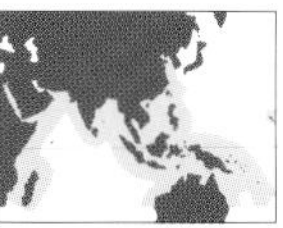

印度太平洋區

分布　熱帶印度太平洋	數量　4	尺寸　4公分

超科　鳥尾蛤超科	科　鳥尾蛤科	種　*Lyrocardium lyratum* Sowerby

金絲鳥尾蛤(Lyre Cockle)

殼相當薄，殼頂渾圓且相接觸，兩殼輪廓近似圓形。鉸合部薄而微彎。兩殼的前半部約有16條間隔寬的斜脊，為此屬的標記。殼表紅紫色，內面粉紅色和黃色。

• **棲息地**　近海水域。

印度太平洋區
日本區

分布　日本至澳洲北部	數量　3	尺寸　4公分

超科　鳥尾蛤超科	科　鳥尾蛤科	種　*Acanthocardia echinata* Linnaeus

歐洲棘鳥尾蛤(European Prickly Cockle)

兩殼極膨大，殼頂寬，在鉸合線上高高突起。殼表有許多放射肋，並布滿了成列的尖棘。殼頂處尖棘稀疏，但愈靠近後端和下緣，棘就愈多愈密集，而且也愈長，後端的棘最長，前端無棘，只有疣狀結節，殼內緣鋸齒狀。殼表黃色或灰褐色，有時有斑紋。

• **棲息地**　近海砂底。

北歐區
地中海區

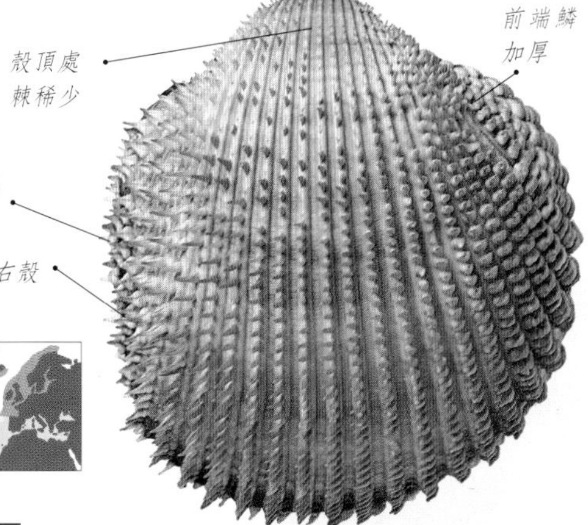

分布　挪威至地中海	數量　4	尺寸　6公分

超科 鳥尾蛤超科	科 鳥尾蛤科	種 *Plagiocardium pseudolima* Lamarck

巨鳥尾蛤(Giant Cockle)

是鳥尾蛤中最大，也是最重的一種。殼厚又膨大，殼頂內卷，幾乎接觸在一起。無論從前端或後端觀察，相合的雙殼呈心形。肋寬而膨大，被細窄的「v」形溝槽隔開，在生長後期，肋上有鈍棘。殼表橙褐色轉為紫色，內面白色或肉色。

- **附註** 有生長期標記。
- **棲息地** 近海砂底。

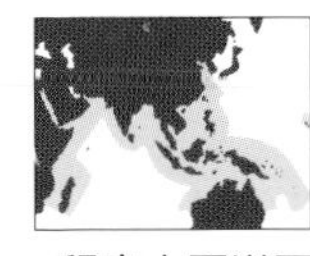

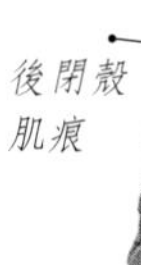

海域 東非至印尼	數量	尺寸 15公分

超科 鳥尾蛤超科	科 鳥尾蛤科	種 *Corculum cardissa* Linnaeus

雞心蛤(True Heart Cockle)

殼精緻，半透明狀，精巧的雙殼吻合在一起，呈典型的心形。尖銳的稜脊，邊緣微朝前，呈鉅齒狀，殼前半部有放射肋。殼表黃色、紫色、白色或粉紅色，有時有粉紅色斑點。

- **附註** 右殼頂覆蓋左殼頂。
- **棲息地** 淺海砂底。

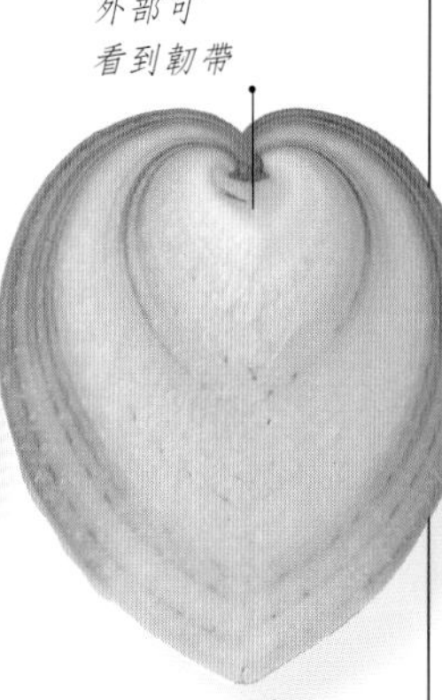

分布 菲律賓及西太平洋	數量	尺寸 5公分

硨磲

殼厚而重，放射肋強壯，有時具凹槽狀鱗。殼形呈扇狀，雙殼彼此咬合。雙殼間的裂縫處有足絲伸出，兩閉殼肌痕相鄰。有近十餘種硨磲生存在熱帶印度和太平洋海域的珊瑚礁間。

超科　硨磲超科	科　硨磲科	種　*Tridacna squamosa* Lamarck

鱗硨磲(Fluted Giant Clam)

殼極厚，呈杯碗形扇狀。就體型比例而言，是硨磲中最重的蛤，但其尺寸和重量遠不及巨硨磲(*Tridacna gigas Linnaeus*)。殼頂後方有一大足絲孔，殼表有4-12條肥圓而突出的放射肋，其寬度從殼頂到殼緣迅速膨大。肋上有凹槽狀鱗，自上至下逐漸變大。殼緣的形狀與肋與其間隔溝槽的輪廓相對應。殼表白色，常染有橙色及黃色，內面白色。

- **附註**　突起的鱗片是鱗硨磲的標記。
- **棲息地**　珊瑚礁。

分布　東非至南太平洋	數量　♦♦♦♦♦	尺寸　25公分

馬珂蛤

馬珂蛤廣泛分布於全世界。船形或三角形，殼頂居中。套線彎入深，各殼有兩個閉殼肌痕。主要的特徵是具有容納內韌帶的缽狀凹槽，喜在砂底穴居。

超科　馬珂蛤超科	科　馬珂蛤科	種　*Mactra corallina* Linnaeus

射線馬珂蛤(Rayed Trough Shell)

殼薄而有光澤，輪廓呈三角形，前端略呈稜角。殼頂下方是寬大的三角形凹槽，套線彎入寬而深。殼表白色，染有紫色，內面白色或紫色。

- **附註**　殼上有時具淺色放射紋。
- **棲息地**　近海潔淨砂底。

北歐區
地中海區

左殼的凹槽

海域　挪威至塞內加爾、地中海	數量　♦♦♦♦	尺寸　5公分

超科　馬珂蛤超科	科　馬珂蛤科	種　*Mactrellona exoleta* Gray

大馬珂蛤(Mature Trough Shell)

殼體大，殼薄，半透明，殼表有細輪紋，從殼頂至後端有稜脊。殼頂的凹槽，側齒短。殼表及內面均為黃白色。

- **棲息地**　近海砂底。

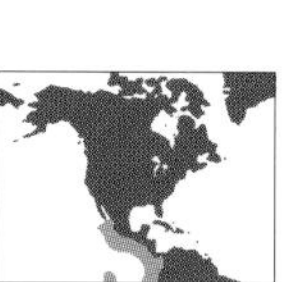

巴拿馬區

凹槽
側齒短

海域　加利福尼亞灣至秘魯	數量　	尺寸　10公分

超科　馬珂蛤超科	科　馬珂蛤科	種　*Spisula solida* Linnaeus

堅固馬珂蛤(Solid Trough Shell)

殼堅實，兩殼膨凸相當，鉸合部厚，殼頂低而圓。殼表布滿了細的輪紋和輪溝。右殼有三枚分離的主齒，兩枚前側齒及兩枚後側齒。殼裏外均為白色。

- **附註**　各生長期的標記明顯。
- **棲息地**　近海砂底。

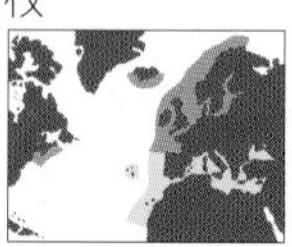

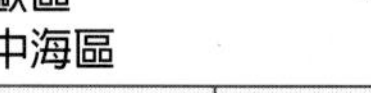

北歐區
地中海區

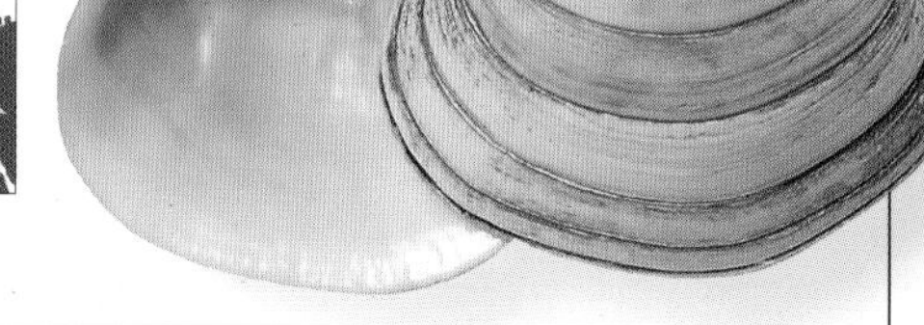

分布　挪威至地中海	數量　♦♦♦♦	尺寸　4公分

竹蟶

俗名「剃刀蛤」，又有「傑克的刀」，「棒狀餌」，「手指牡蠣」等名稱。由此可知其殼緣銳利，殼表光滑。鉸合部位於前端，並有外韌帶、不顯眼的主齒及薄側齒。是砂底穴居者。

超科 竹蟶超科	科 刀蟶科	種 *Ensis siliqua* Linnaeus

大刀蟶(Giant Razor Shell)

殼長而窄，截面呈「O」形，剔除殼內的軟體，可以透過前端清晰地看到主齒。殼表近白色，有紫褐色條紋和塊斑，並被貫穿於殼表的斜紋分隔。橄欖綠色殼皮覆蓋在邊緣。

• **附註** 閉殼肌痕是重要的鑑定特徵。

• **棲息地** 淺海細砂底。

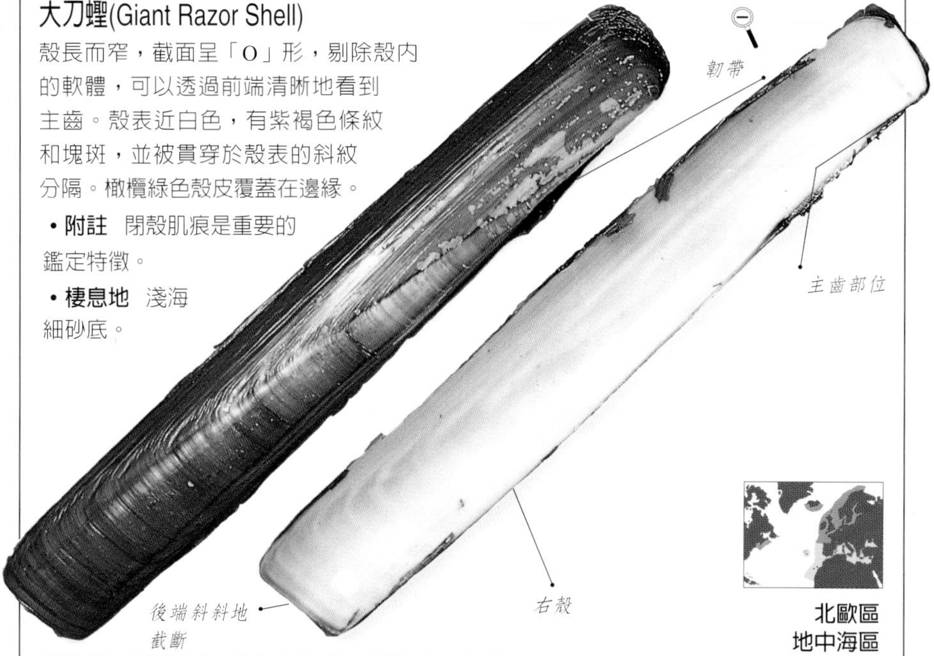

韌帶

主齒部位

後端斜斜地截斷

右殼

北歐區
地中海區

分布 挪威至地中海	數量	尺寸 15公分

超科 竹蟶超科	科 刀蟶科	種 *Siligua radiata* Linnaeus

光芒豆蟶(Sunset Siligua)

殼極薄，有光澤，船形，前端開口，後端接合。從殼頂下方斜放射出寬而扁平的脊，一直到對面的殼緣。殼表紫色，有4條放射狀白色帶。

• **附註** 最前端的放射帶與內脊相應。

• **棲息地** 淺海泥底。

印度太平洋區

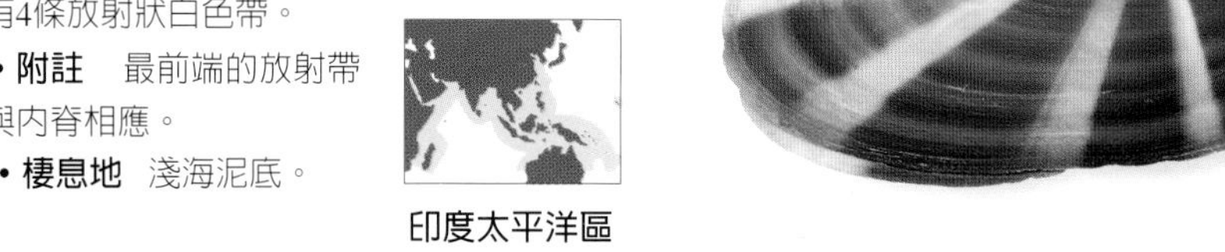

分布 印度洋	數量	尺寸 7.5公分

櫻蛤

殼表色彩鮮明，外形優雅。大多數櫻蛤兩側扁平，前端圓形，後端有稜角。外韌帶位於鉸合部的後半部，套線彎入大而深。許多種類生存在暖溫海域。

超科　櫻蛤超科	科　櫻蛤科	種　*Tellina virgata* Linnaeus

日光櫻蛤(Striped Tellin)

殼側扁，為長三角形，前端圓形，後端有稜角，從殼頂到後緣有一條微脊，殼表有細輪肋。粉紅的底色上有白色放射帶。

• **棲息地**　淺海砂底。

後端傾面有一脊

印度太平洋區

分布　熱帶印度太平洋	數量	尺寸　6公分

超科　櫻蛤超科	科　櫻蛤科	種　*Tellina madagascariensis* Gmelin

西非櫻蛤(West African Tellin)

殼薄，側扁，殼頂大致位於中央處，殼下緣平直，後端呈鈍角狀。細密的輪紋使殼表具絲質光澤，套線彎入深。殼表粉紅色，內面桃紅色。

• **棲息地**　淺海底。

前閉殼肌痕大

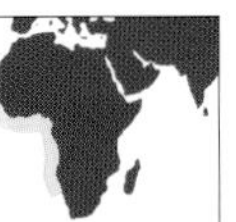

西非區

分布　西非	數量	尺寸　7.5公分

超科　櫻蛤超科	科　櫻蛤科	種　*Tellina radiata* Linnaeus

輻射櫻蛤(Sunrise Tellin)

長型，殼表極富光澤，雙殼相當膨凸。後端下緣略呈內凹狀，前端圓凸。套線彎入大，幾乎與前閉殼肌痕相接。殼表乳白色，有粉紅色，黃色或淺紅色放射帶。

• **附註**　色彩變異大，但殼頂總是紅色。

• **棲息地**　淺海的珊瑚砂底。

鉸合部薄而長

右殼

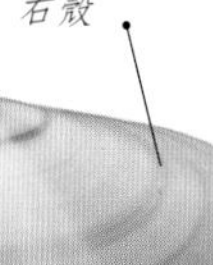

凹邊緣

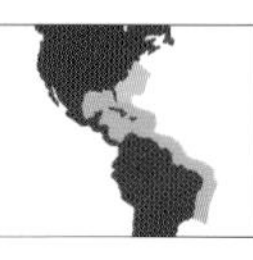

加勒比亞區
美東區

分布　美國東南部至南美洲的東北部	數量	尺寸　7.5公分

超科　櫻蛤超科	科　櫻蛤科	種　*Tellina scobinata* Linnaeus

銼紋櫻蛤(Rasp Tellin)

輪廓近似圓形，殼厚，從殼頂至後殼緣有一條斜脊，內面相處呈溝槽狀。殼表布滿了輪狀小鱗片，套線彎入極大。

• **附註**　殼表的鱗片酷似金屬銼刀。

• **棲息地**　淺海砂底。

斜脊

套線彎入

右殼

印度太平洋區

分布　熱帶印度太平洋	數量	尺寸　6公分

超科　櫻蛤超科	科　櫻蛤科	種　*Tellina listeri* Roding

李氏櫻蛤(Speckled Tellin)

殼頗厚，側扁，自殼頂放射出一條斜脊至後殼緣。殼表布滿了輪紋，殼表白色，有紫褐色短線紋和曲折花紋，內面染有黃色。

• **棲息地**　近海砂底。

內面能看到殼表花紋透出

前閉殼肌痕

微凹邊緣

加勒比亞區
美東

分布　北卡羅萊納至巴西	數量	尺寸　7.5公分

超科　櫻蛤超科	科　櫻蛤科	種　*Tellina linguaefelis* Linnaeus

貓舌櫻蛤(Cat's-tongue Tellin)

殼側扁，堅實，呈圓卵狀，從殼頂向後端有一條斜脊。鉸合部窄，韌帶小，殼表布滿了細小粗糙的鱗片。除殼頂為朱紅色外，殼面全白色。

• **附註**　林奈將此殼喻為貓舌，真是絕妙無比。

• **棲息地**　淺海砂底。

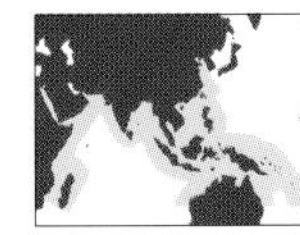

印度太平洋區

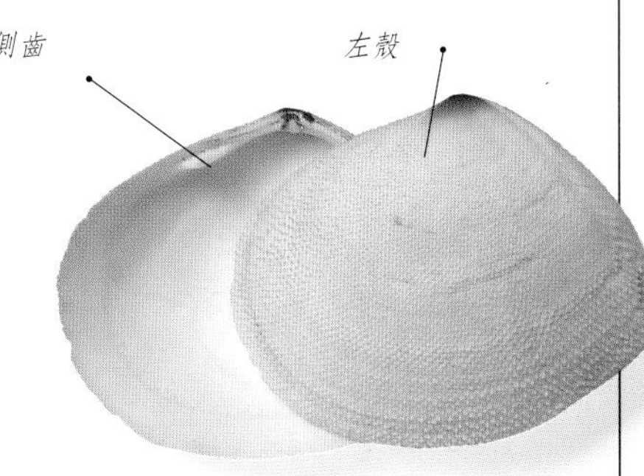

分布　太平洋西南部	數量	尺寸　4.5公分

超科 櫻蛤超科	科 櫻蛤科	種 *Phylloda foliacea* Linnaeus

枯葉櫻蛤(Leafy Tellin)

殼輕，極扁，半透明，外形呈寬三角形，中央殼頂低。雙殼前緣微微裂開，從殼頂處放射出一條斜脊直至後殼緣。殼表除斜脊與鉸合部間有細微的皺褶外，其他部位光滑。表面黃橙色，有白色輪紋，有褐色薄殼。

• **棲息地** 近海砂底。

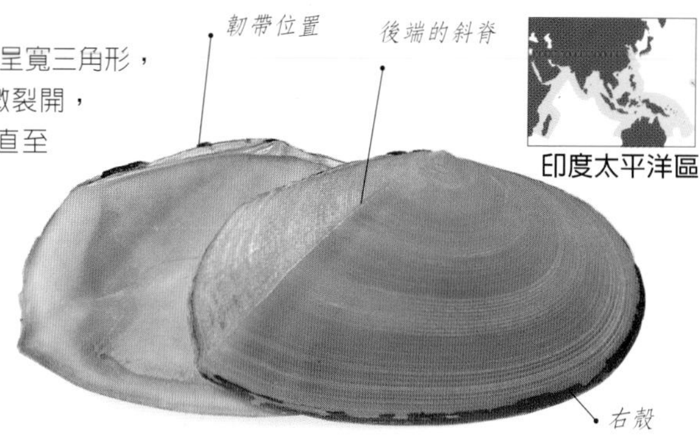

分布 熱帶印度太平洋	數量 ♦♦♦	尺寸 7.5公分

超科 櫻蛤超科	科 櫻蛤科	種 *Tellidora burneti* Broderip & Sowerby

布氏櫻蛤(Burnet's Tellin)

外形奇特，左殼扁平，右殼微膨。殼頂尖，有鋸齒脊，兩殼瓣的側面自殼頂處向下急速傾斜，殼下緣優美地彎曲。瓣表有不規則的細輪紋，輪狀生長脊明顯。殼表全白色，有時染有藍色。

• **棲息地** 淺海區。

分布 加利福尼亞灣至厄瓜多爾	數量 ♦♦♦	尺寸 4公分

超科 櫻蛤超科	科 櫻蛤科	種 *Tellina laevigata* Linnaeus

光滑櫻蛤(Smooth Tellin)

殼堅實，圓卵形，略微側扁，自殼頂至後殼緣有斜脊。殼表有光澤，極光滑，但布滿了細密的放射線和輪紋。殼表全白色，或有橙色放射帶，內面白色或黃色。

• **棲息地** 淺海砂底。

兩枚主齒
美東區
加勒比亞區
右殼
殼緣銳利

分布 美國東南部至加勒比海	數量 ♦♦♦	尺寸 7.5公分

斧蛤

廣泛分布於全世界，三角形或楔形，殼頂離後端較近。外韌帶短，各殼有兩枚主齒。套線彎入深，棲埋於砂質海底。有些斧蛤色彩鮮豔，有些則可食。

超科　櫻蛤超科	科　斧蛤科	種　*Hecuba scortum* Linnaeus

皮革斧蛤(Leather Donax)

輪廓呈三角形，殼頂內捲，後端尖，呈拖長狀。從殼頂放射出一條尖脊至後端，殼表布滿了輪脊。殼表淺褐色，內面紫色。

- **附註**　殼皮深褐色。
- **棲息地**　淺海泥底。

只有一枚主齒
左殼
殼緣處有脊突出
印度太平洋區

分布　印度洋	數量　♦♦♦♦	尺寸　5公分

超科　櫻蛤超科	科　斧蛤科	種　*Donax cuneatus* Linnaeus

楔形斧蛤(Cradle Donax)

和大多數斧蛤一樣，外形呈三角狀，殼扁平，前端比後端圓，外韌帶短，套線彎入異常大。殼表灰白色，有褐色或紫色放射帶。

- **棲息地**　沙灘。

印度太平洋區

分布　印度太平洋	數量　♦♦♦	尺寸　4公分

超科　櫻蛤超科	科　斧蛤科	種　*Donax trunculus* Linnaeus

截形斧蛤(Truncate Donax)

殼中度膨凸，長三角形，殼頂渾圓，位於韌帶前的部位比後部的要長得多。表面有細放射紋，內緣有密集的鋸齒。殼表有橙色、褐色、黃色、紫色及白色，常有放射帶，內面常呈紫色。

- **棲息地**　淺海砂底。

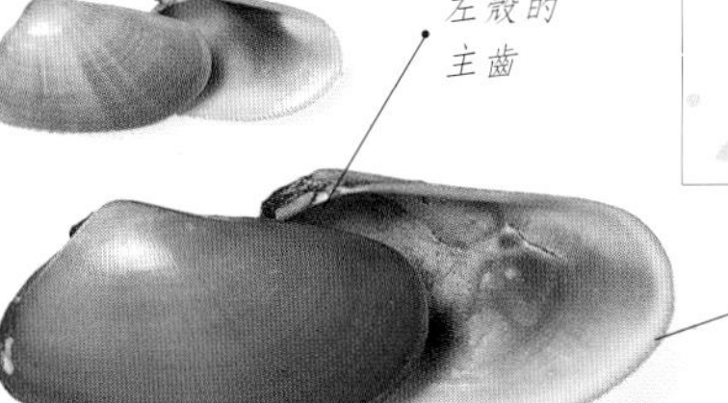

地中海區

分布　西南歐至地中海	數量　♦♦♦♦	尺寸　3公分

紫雲蛤

貝殼呈船形，生活於泥質海底。殼頂幾乎位於中央，雙殼或許不對稱。外韌帶位於從鉸合部向上突出的薄板上，套線彎入大。殼表大都光滑，紫色或粉紅色。

超科 櫻蛤超科	科 紫雲蛤科	種 *Sanguinolaria cruenta* Lightfoot

紫紅蛤(Blood-stained Sanguin)

右殼膨凸，左殼扁平。雙殼後端略有稜角，前端較圓。殼內外均為粉紅色，殼頂紅色。

• **棲息地** 淺海砂底。

加勒比亞區

分布 加勒比海至巴西	數量	尺寸 6公分

超科 櫻蛤超科	科 紫雲蛤科	種 *Hiatula diphos* Linnaeus

西施舌(Diphos Sanguin)

大型，殼薄，輪廓呈船形，後端雙殼微微張開。韌帶附著的板葉從鉸合部向上突起。殼表紫色，有淺色輪帶。

• **附註** 新鮮的殼有橄欖綠色的殼皮。

• **棲息地** 淺海泥底。

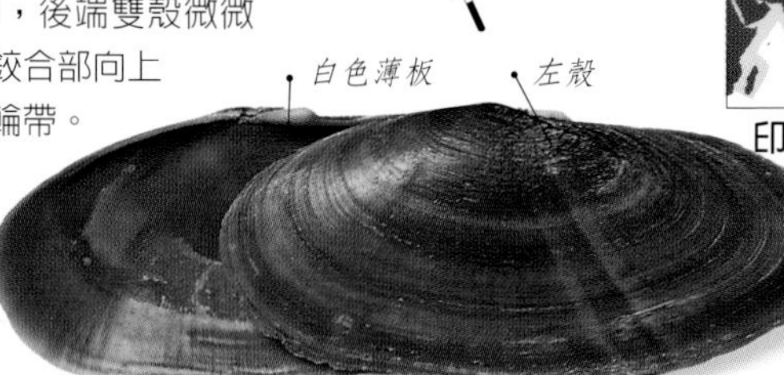

印度太平洋區

分布 印度太平洋	數量	尺寸 9公分

超科 櫻蛤超科	科 紫雲蛤科	種 *Asaphis violascens* Forsskåhl

紫晃蛤(Pacific Asaphis)

殼厚，船形，前端圓，後端截平。放射脊強，與明顯的輪生長紋相交。殼表黃白色，有紫色染斑。

• **棲息地** 淺海底。

後緣內面紫色

印度太平洋區

分布 熱帶印度太平洋	數量 	尺寸 6公分

雙帶蛤

殼多半具豔麗色彩。兩殼略張開，殼頂居中，內韌帶位於深溝槽內。各殼有兩枚主齒，套線彎入既深又寬。棲息在河口和海灣，喜於砂質海底掘穴。

超科 櫻蛤超科	科 雙帶蛤科	種 *Semele purpurascens* Gmelin

紫雙帶蛤(Purplish Semele)

兩殼的鉸合部窄，各殼有兩枚明顯的主齒，殼表布滿了細輪肋。表面乳白色或灰色，有紫色或橙色塊斑，內壁有紫色大塊斑。

• **棲息地** 淺海砂底。

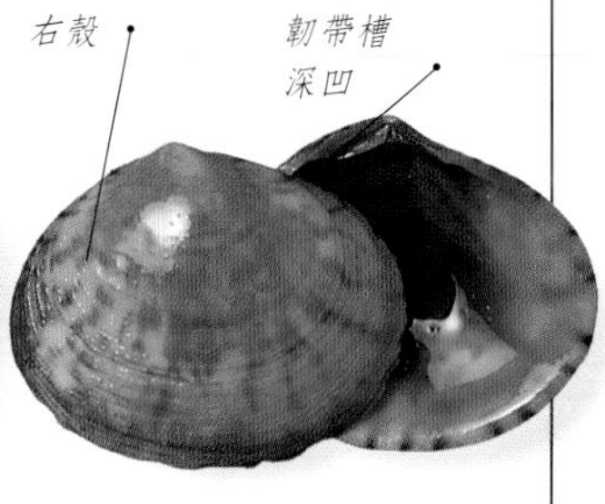

加勒比亞區

分布 北卡羅萊納至巴西	數量 ♦♦♦	尺寸 3公分

船蛤

船蛤的種類稀少。船形或不等邊四邊形，殼堅實，有時具粗糙的肋，外韌帶位於殼頂後方，韌帶下方有細窄的絞板。主齒短但極厚，套線彎入通常不發達。殼表主要呈白色，但有些種類的內面爲紫色。大多數棲息於珊瑚礁附近。

超科 北極蛤超科	科 船蛤科	種 *Trapezium oblongum* Linnaeus

方形船蛤(Oblong Trapezium)

殼堅實，通常厚而重。殼寬度大於高度，輪廓呈不等邊四邊形，殼頂位於前端。側齒短但極發達，殼頂後方的韌帶短。殼表光滑，或有粗糙的放射肋及明顯的生長脊。殼表白色或灰色。

• **棲息地** 淺海珊瑚礁附近。

印度太平洋區

分布 熱帶印度太平洋	數量 ♦♦♦	尺寸 6公分

簾蛤

屬最華麗的雙殼類。外形變化多端，從圓形到三角形不等，殼表光滑或有肋。盾面和小月面極發達，有一個外套彎入。大多喜於砂底掘穴，河口時有發現；全世界暖溫海域均分布。

超科　簾蛤超科	科　簾蛤科	種　*Circe scripta* Linnaeus

唱片簾蛤(Scrupt Venus)

殼堅實，極側扁，自殼頂至後殼緣有一條不發達的脊。殼表布滿了強輪肋，有三枚大主齒。殼表淺黃色，有褐色放射紋、色帶及曲折形紋；內面白色。

- **附註**　不同標本的差異甚大。
- **棲息地**　淺海砂底。

位於左殼的韌帶

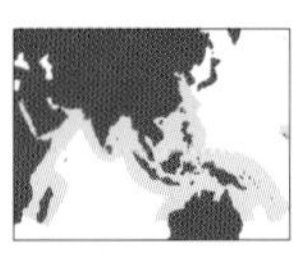

印度太平洋區

分布　熱帶印度太平洋	數量　4	尺寸　4公分

超科　簾蛤超科	科　簾蛤科	種　*Gafrarium divaricatum* Gmelin

岐紋縱簾蛤(Forked Venus)

殼厚而扁，呈圓三角形，殼頂寬，韌帶下陷。各殼的前半部有弱結節狀肋，並與同樣的肋相會，形成人字紋，內面下緣有細鋸齒。殼表乳白色，有紅棕色條紋、線條及帳篷狀花紋。

- **棲息地**　淺海砂底。

右殼的閉殼肌痕

印度太平洋區

分布　熱帶印度太平洋	數量　4	尺寸　4公分

超科　簾蛤超科	科　簾蛤科	種　*Pitar dione* Linnaeus

女神黃文蛤(Royal Comb Venus)

殼緣從殼頂逐漸彎曲至後殼緣，有一縱脊，脊上有長棘，這些棘正好位於每道輪脊的末端。殼表呈粉紅紫色，內面白色。

- **附註**　只有兩種簾蛤具有棘，此為其中之一。
- **棲息地**　近海砂底。

右殼的韌帶

後端無脊

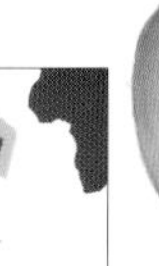

加勒比亞區

分布　西印度群島	數量　3	尺寸　4公分

超科 簾蛤超科	科 簾蛤科	種 *Callista erycina* Linnaeus

仙女長文蛤(Red Callista)

殼體大而壯，殼凸圓而堅實，外形呈船形，殼頂明顯朝向前方，外帶韌長，前端較後端渾圓。殼表有間隔一致、寬而扁的肋，肋間溝槽窄。閉殼肌痕輪廓明顯，韌帶長。殼表乳黃色淺褐色及橙紅色，並有紅褐色放射帶；內面黃白色，有橙紅色殼緣。

- **棲息地** 低潮帶砂底。

分布 印度西太平洋	數量 ♠♠♠♠	尺寸 7.5公分

超科 簾蛤超科	科 簾蛤科	種 *Dosinia anus* Philippi

老娘鏡文蛤(Old-woman Dosinia)

幾十種殼扁圓、色彩柔和且外形極相仿的蛤類之一。殼頂小而尖，向前突出；小月面呈心狀，且下陷。殼表布滿了粗糙的輪肋，絞合線從殼頂後方下傾，肋後端近似鱗片。鉸板寬而厚實，主齒發達。殼表灰褐色有紅褐色輪帶，內面白色。

- **棲息地** 砂質海灘。

分布 紐西蘭	數量 ♠♠♠♠	尺寸 7公分

超科 簾蛤超科	科 簾蛤科	種 *Chamelea gallina* Linnaeus

雞簾蛤(Chicken Venus)

殼厚，呈船形，後端尖，前端圓。小月面短而呈心形，有細放射脊。輪脊規則，布滿了殼表，間的溝槽有細輪紋。殼表黃白色，有紅褐色放射帶。

• **棲息地** 近海砂底。

北歐區
地中海區

分布 西北歐至地中海	數量 ♦♦♦♦♦	尺寸 4公分

超科 簾蛤超科	科 簾蛤科	種 *Paphia alapapilionis* Roding

蝶翼橫簾蛤(Butterfly-wing Venus)

殼形優雅，呈船形，有瓷質感。殼頂寬，向前突出，前後兩端均圓。殼表的肋寬而平，肋間有窄溝。鉸板薄，韌帶長，有三枚主齒。殼表黃橙色，有淺褐色斑點，有4條間斷的紅褐色放射帶。

• **棲息地** 淺海砂底。

印度太平洋區

分布 熱帶印度太平洋	數量 ♦♦♦♦	尺寸 7.5公分

超科 簾蛤超科	科 簾蛤科	種 *Lioconcha castrensis* Linnaeus

秀峰文蛤(Camp Pitar-venus)

殼堅實有圓而明顯的殼頂。輪紋精細，使殼表具絲質光澤。盾面大，內韌帶型，外套線彎入淺，前側齒發達。殼表白色，有營帳狀或象形文字狀花紋。

• **棲息地** 淺海砂底。

印度太平洋區

前側齒

分布 熱帶印度太平洋	數量 ♦♦♦♦	尺寸 4.5公分

超科 簾蛤超科	科 簾蛤科	種 *Chione subimbricata* Sowerby

階梯鬼簾蛤(Stepped Venus)

殼呈三角形，殼頂寬而平。輪肋大，間隔寬。小月面和盾面不明顯，內韌帶短。殼表白色，夾雜褐色曲折形條紋，以及2-3條深褐色放射紋。

- **附註** 脊的數量及強度變異大。
- **棲息地** 潮間帶沙灘。

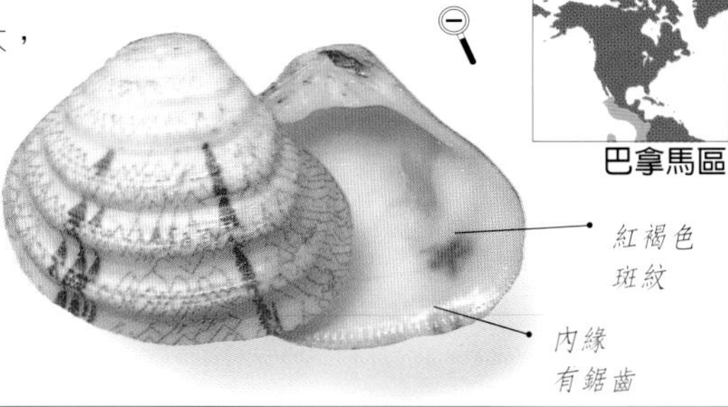

分布 加利福尼亞南部至秘魯北部	數量	尺寸 3公分

潛泥蛤

殼體大，屬深度穴居的軟體動物，喜居於近海或潮間帶的泥底裏。種類稀少，廣泛分布在寒帶及溫帶海域，但只有在北美沿海才深爲人知。貝殼外形因生長環境的不同而有所差異，多多少少呈矩形。除鉸板外，雙殼的側邊均張開。套線彎入大而寬，外套線明顯。各殼上僅有一枚明顯的主齒；屬外韌帶型。

超科 縫棲蛤超科	科 縫棲蛤科	種 *Panopea glycymeris* Born

歐洲潛泥蛤(European Panopea)

殼體大，呈斜矩形，殼膨大，三側邊張開，鉸板是兩殼唯一相接合處。殼頂低而寬，殼表有不規則輪狀生長紋。各殼上僅有一枚小主齒，外套線彎入寬但不深。

- **棲息地** 近海泥底。

韌帶位於板片後部

左殼

生長紋粗糙

地中海區

分布 大西洋東部至地中海	數量	尺寸 24公分

心蛤

雖然在化石記錄中極具代表性，但目前僅有少數心蛤存活。殼厚，極膨大，殼頂大而內捲，有外韌帶，殼表光滑或者有肋。有些種類從殼頂到後殼緣有一條稜脊。

超科　心蛤超科	科　心蛤科	種　*Glossus humanus* Linnaeus

龍王心蛤(Ox-heart Clam)

殼體笨大，殼重，輪廓呈心形；殼頂大而內捲，為所有現存軟體動物中所僅見。除殼頂外，殼表有細密輪紋。各殼上有三枚主齒，外套線無彎入。殼表黃褐色或黃白色，內面白色；大多數標本覆有褐色殼皮。

• **棲息地**　近海泥砂底。

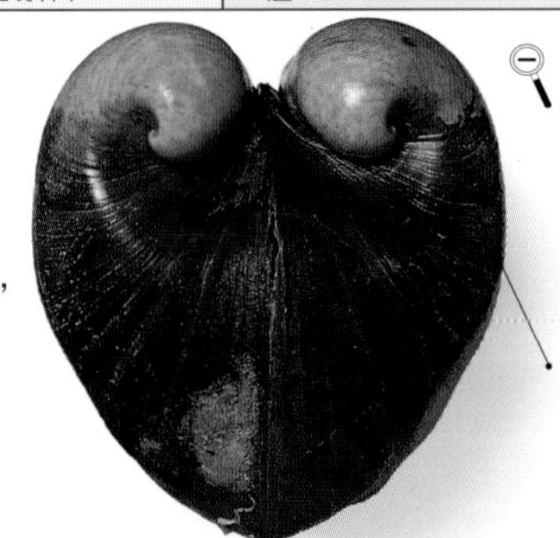

北歐區
地中海區

分布　冰島至地中海	數量　4	尺寸　9公分

海螂

這些黃褐色白堊質薄殼蛤，屬寒海的軟體動物，穴居於泥質海底。兩殼大小不等，內韌帶型。左殼鉸板中央有一突出的凹槽，以容納韌帶。

超科　海螂超科	科　海螂科	種　*Mya arenaria* Linnaeus

砂海螂(Sofr-shell Clam)

殼體長，右殼比左殼微膨凸，雙殼前後端張開。殼表布滿粗糙的生長紋。左殼的韌帶凹槽大，深深地嵌入右殼，套線彎入長而窄。殼表污白色。

• **棲息地**
潮間帶的泥質海灘。

北歐區　美東區

韌帶凹槽

右殼的生長脊

分布　西歐至美國東、西岸	數量　4	尺寸　10公分

海鷗蛤

殼薄，長型，雙殼常張開，能鑽孔於黏土、木材或岩石中。殼上常有鱗，特別是靠近前端處。殼上有幾塊附加的殼板使殼內軟體得到額外的保護，兩殼上均有指狀突起物(即骨凸)。

超科 海鷗蛤超科	科 海鷗蛤科	種 *Pholas dactylus* Linnaeus

指形海鷗蛤(European Piddok)

殼體長，呈船形，殼表有鱗狀輪脊。殼頂下有長骨凸，殼頂上方，鉸板殼緣昇高並且反捲，套線彎入寬而深。

• **棲息地** 木材，岩石和砂底。

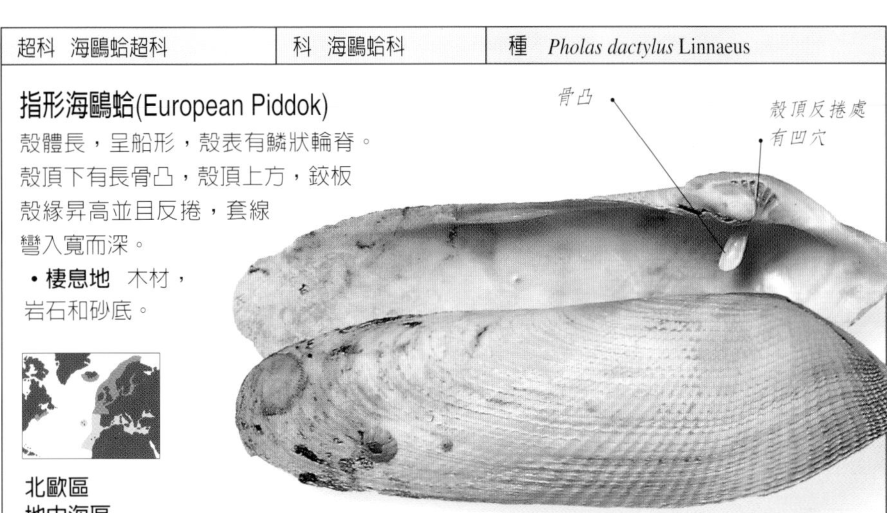

北歐區
地中海區

分布 西南歐至地中海、南非	數量 ♠♠♠♠	尺寸 11公分

超科 海鷗蛤超科	科 海鷗蛤科	種 *Cyrtopleura costata* Linnaeus

天使之翼海鷗蛤(Angel wing)

或許是唯一能被冠以「天使之翼」美名的海鷗蛤。殼薄易碎，半透明狀。殼表呈白堊狀(磨擦之後，手指可能留有白粉)，具放射肋，肋上有凹槽狀鱗片。前端的肋較突，間隔較寬。殼頂上方的殼緣反曲，並有寬闊匙狀的骨凸從下面突出，表面的鱗脊在內面形成有窪坑溝槽。鉸板無齒，套線彎入寬而深，但不易見。全白色。

• **附註** 兩殼有時染有粉紅色調。

• **棲息地** 淺海泥底。

鉸合線直

骨凸呈匙狀

加勒比亞區

分布 美國東部至巴西	數量 ♠♠♠♠	尺寸 13公分

萊昂蛤

殼易碎，生活在泥底，或者海綿和海鞘體中。有些種類喜將沙粒附著在殼上。薄薄的殼皮，是具珍珠光澤的外殼。前端較凸，雙殼後端張開，無鉸齒。

超科 蠶斗蛤超科	科 萊昂蛤科	種 *Lyonsia californica* Conrad

加州萊昂蛤(Californian Lyonsia)

殼極薄，半透明，殼頂靠近前端。內韌帶位於殼頂下方，一塊小殼板的後面。殼表近白色。

- **棲息地** 近海泥砂底。

加州區

分布 阿拉斯加至南加州	數量 ♦♦♦	尺寸 2.5公分

色雷西蛤

殼薄而輕且易碎。左殼較小，其殼頂可能刺穿右殼的頂部。無鉸齒，韌帶大部分位於殼內，套線彎入極發達。大部分種類產於寒冷海域，穴居於泥沙海底。

超科 蠶斗蛤超科	科 色雷西蛤科	種 *Thracia pubescens* Pulteney

曙色雷西蛤(Downy Thracia)

殼易碎，船形。左殼相當扁，右殼較大。左殼頂能刺穿右殼頂，而留下棘孔。除稀疏的生長紋外，殼表平滑。色彩為乳白色或白色。

- **棲息地** 近海泥砂底。

北歐區
地中海區

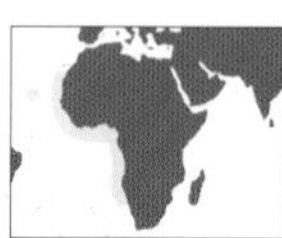

西非區

分布 英國至西非	數量 ♦♦♦	尺寸 7.5公分

薄殼蛤

薄殼蛤爲極精巧的雙殼貝，呈船形。無鉸齒，兩殼的殼頂下均有突出的韌帶凹槽。外表無色彩，極單調，而內面則有光澤。居於熱帶泥質海底。

超科 鷸斗蛤超科	科 薄殼蛤科	種 *Laternula anatina* Linnaeus

鴨嘴薄殼蛤(Duck Lantern Clam)

船形，殼易碎，此蛤的學名意為鴨嘴狀，除了韌帶凹槽和殼頂裂縫之外，幾乎沒有什麼特點。

• **棲息地** 近海泥底。

印度太平洋區

韌帶凹槽

右殼上的裂縫

分布 印度洋、紅海	數量 ♦♦♦	尺寸 7.5公分

管蛤

在胎胚時期具有細小的雙殼，隨後發育成鈣質管，胎殼則附著在其外表上。底部是穿孔且突出的圓板，周邊有小管構成的流蘇。這種奇異的暖海軟體動物的生活史，至今還一無所知。

超科 管蛤超科	科 管蛤科	種 *Penicillus strangulatus* Chenu

噴管蛤(Philippine Watering Pot)

必須仔細觀察，才能看清其變異成管狀的成貝側邊有一對胚胎殼瓣，殼管狀上還黏附著沙粒和貝殼碎片。流蘇狀圓板埋藏在沙裏，而另一端則突出其上。

• **附註** 常聚集在一起形成殼管叢。

• **棲息地** 近海砂底。

殼管

圓盤

底部呈流蘇狀的圓板仰視圖

殼外表有沙粒覆蓋

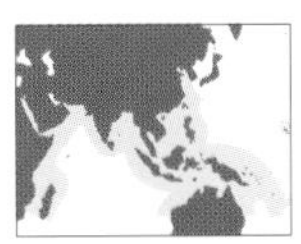

印度太平洋區

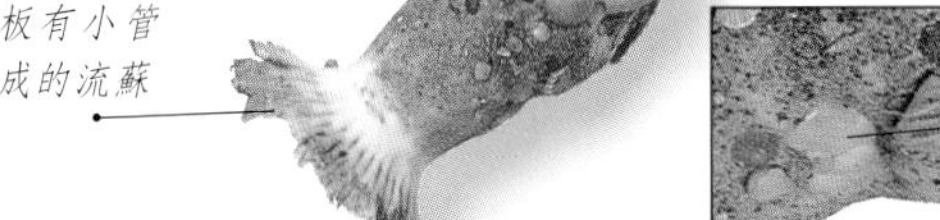

圓板有小管構成的流蘇

胚胎殼瓣

將管殼局部放大，才可見到雙殼胚胎的殼瓣。

分布 日本南部至澳洲北部	數量 ♦♦♦	尺寸 15公分

頭足綱

鸚鵡螺

鸚鵡螺是頭足綱軟體動物中唯一具眞正外殼的螺。一度是海洋中最優勢的無脊椎動物，當今只有少數幾種存活在印度太平洋區域。殼輕，有隔間壁構成的氣室，以幫助螺體控制沉浮。

亞綱　鸚鵡螺亞綱	科　鸚鵡螺科	種　*Nautilus pompilius* Linnaeus

鸚鵡螺(Chamberde Nautilus)

殼薄而輕，呈螺旋形盤捲，但只有在縱切之後才明顯。殼內隔成許多氣室，彼此由中空的管子串連。殼兩側對稱，殼口大，無臍孔。殼表白色或乳白色，從臍部輻射出紅色曲折紋，但並沒有伸展至體層最寬大處。

• **棲息地**　自由浮游。

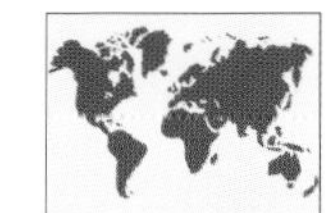

全世界

褐色塊斑處為軟體居室

條紋密集

無條紋

條紋間隔較寬

分布　主要是印度太平洋區	數量	尺寸　15公分

捲殼烏賊

殼體小巧玲瓏，其內部特徵與鸚鵡螺相同，即具有一列氣室。但是，這個盤捲的貝殼整個包裹在其軟體內，此爲與鸚鵡螺截然不同之處。這類軟體動物僅此一種。

亞綱 鸚鵡螺亞綱	科 鸚鵡螺科	種 *Siprula spirula* Linnaeus

捲殼烏賊(Common Spirula)

殼薄易碎，鬆散地盤捲，內部隔成許多氣室，隔間壁在外表形成相應的淺溝。螺殼終生裹在烏賊狀的軟體內。

- **附註** 殼口圓。
- **棲息地** 自由浮游。

全世界

剖面圖

殼內有一列氣室

分布 全世界溫暖海域	數量 ♠♠♠♠	尺寸 2.5公分

船蛸

船蛸所謂的「殼」，事實上只不過是一堆含鈣物質，由章魚狀雌性船蛸所分泌，以供儲卵之用，而非眞正的貝殼。一旦卵孵化完畢，「殼」就被丟棄。全世界溫暖海域均有分布。

亞綱 船蛸亞綱	科 船蛸科	種 *Argonauta hians* Lightfoot

闊船蛸(Brown Paper-nautilus)

船蛸中較小的一種，「殼」(實為雌體的卵囊)薄易碎，但膨大。有間隔寬的放射肋，其末端在周邊形成大結節，有時呈棘狀。表面淺褐色，有深褐色結節。

- **附註** 有些不具結節。
- **棲息地** 自由浮游。

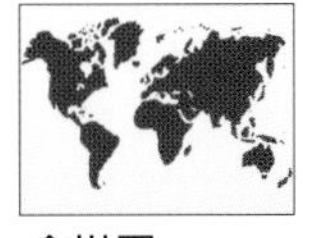

全世界

兩側突出物尖銳

脊在內壁形成溝槽

殼緣處的肋較弱

分布 全世界溫暖海域	數量 ♠♠	尺寸 9公分

名詞解釋

本書儘可能避開技術性的表達，但基本的專有名詞仍是免不了的。下列的名詞屬軟體動物及貝殼所專有，並都下了明確的定義。爲了避免晦澀的語言，有些釋義經過通俗化和平易化處理，並僅限於在本書中使用。如能參照18-19頁中加註的插圖，您將更能明瞭關於貝類部位的專有名詞。

• 口蓋　OPERCULUM
腹足類足部的附著物，角質或鈣質構造，能蓋住殼口。

• 小月面　LUNULE
雙殼貝殼頂前方的凹陷處，常呈心形。

• 小肋　RIBLET
貝殼表面連續不斷的隆腫物，比肋小。

• 小唇　NYMPH
一窄架狀物，位於殼頂後的鉸板處，是外韌帶的依附處。

• 小結節　NODULE
小隆起物，比結節小。

• 小齒　DENTICLE
通常指小而圓的齒。

• 內凹　IMPR ESSED
呈向內凹陷狀

• 內彎　INCURVED
向內彎曲。

• 切刻　INCISED
細缺口。

• 反曲的　RECURVED
向上或向下彎曲。

• 水管　SIPHON
可伸縮的肉質管狀物，爲腹足類和雙殼類所有，具多種功能，包括進食及排洩廢物。

• 主齒　CARDINAL TOOTH
殼頂下方，鉸板上的突出物。

• 凹槽狀　FLUTED
呈扇狀或弓狀。

• 外套線　PALLIALLINE
雙殼類殼瓣內面的痕跡，與殼緣平行，標示外套膜的邊緣位置。

• 外套膜　MANTLE
軟體動物的肉質葉片，能分泌殼質，在殼內面留有線痕。

• 生長紋(或脊) GROWTHLINE or RIDGE
殼表突出細緻或粗糙的條紋，顯示了貝殼生長的暫停階段。

• 多板類(石鱉)　CHITON
有　頭　足及許多鰓，並以環帶將八塊殼板聯在一起的軟體動物。

• 耳　EAR
雙殼貝類鉸板的延伸物，如海扇蛤。

• 肋　RIB
貝殼表面連續不斷的隆腫物。

• 卵形　OVATE
如卵一樣的外形。

• 角質　CORNEOUS
含幾丁質，非鈣質成分。

• 貝類學家 CONCHOLOGIST
研究軟體動物及貝殼的學者。

• 足　FOOT
呈肉舌狀，腹足類以此爬行、游動或吸附於他物之上。

• 足絲　BYSSUS
雙殼貝的一束絲質細線，從殼內伸出，以將殼體附在物體上。

• 兩側對稱 BILATEAL SYMMETRY
左側與右側剛好完全相對。

• 具小結節的　NODULOUS
布滿了小結節的。

• 放射狀的　RADIAL
形容雙殼類貝殼表面從殼頂接連到邊緣的突出或凹陷裝飾。

• 疙瘩　PUSTULE
小而圓的突出，比小結節小。

• 肩角　SHOULDER
螺層上的稜角，位於縫合線或下方。

• 前水管溝　SIPHONAL CANAL or NOTCH
殼口前(下)端的管狀或槽狀物，可支持腹足類的前水管。

• 盾面　ESCUTCHEON
雙殼貝類殼頂後方的凹陷，常包圍著外韌帶。

• 科　FAMILY
位於超科之下，包括一屬或多屬近緣種的分類單位。

• 唇　LIP
腹足類貝殼殼口的內、外邊緣。

• 套線彎入　PALLIAL SINUS
外套線上或隱或現的凹紋，是水管肌先前附著之處。

• 核　NUCLEUS
軟體動物貝殼或口蓋開始生長的部位。

• 栓塞　PLUG
塡充掘足類貝殼後端小管的殼質。

• 珍珠質　MOTHER-OF-PEARL或NACREUS
貝殼外表或內壁的一層物質，具有珍珠般的光彩。

• 骨凸　APOPHYSIS
雙殼類殼內位於殼頂下方的突出物，是肌肉附著的部位。

• 斜面　RAMP
螺層縫合線下方的一條寬且上部扁平的平台。

• 球狀　GLOBOSE
膨脹似球狀。

• 軟體動物　MOLLUSC
柔軟而不分節的無脊椎動物；常能分泌鈣質的貝殼。

• 閉殼肌痕　MUSCLE

SCAR
閉殼肌在雙殼貝類的殼瓣內面留下的痕跡；閉殼肌是將兩殼瓣閉合的肌肉。

• 棘 SPINE
殼表突出物，或尖銳，或圓鈍。

• 殼口 APERTURE
腹足類和掘足類前端的開口。

• 殼皮 PERIOSTRACUM
覆蓋在新鮮殼表面的纖維狀角質物。

• 殼底 BASE
腹足類貝殼最後長成的部分。

• 殼紋 STRIA(複數 STRIAE)
殼表線狀細溝紋。

• 殼頂 UMBO(複數 UMBONES)
雙殼貝類貝殼最初形成部位。

• 殼頂 APEX
腹足類螺塔的「頂部」，是貝殼生長的起點。

• 殼頂 BEAK
雙殼貝類殼頂的尖端。

• 殼管 SHELL TUBE
空心管，有的螺旋狀，有的平直。所有的掘足類、大多數腹足類及某些雙殼類具有此管。

• 殼緣 MARGIN
殼的邊緣。

• 殼瓣 VALVE
雙殼類或多板類貝殼中的一枚。

• 結節 NODE
突出、隆起物，比瘤小。

• 裂縫 SLIT
某些腹足類殼緣及雙殼類殼頂的切口，或深或淺。

• 超科 SUPERFAMILY
相關科的聚集。

• 軸盾 SHELF
遮蓋某些腹足類殼口的薄板。

• 軸唇 PARIETAL
腹足類螺軸後方的內唇部分。

• 鈣質 CALCAREOUS
指含碳酸鈣成分的白堊質。

• 韌帶 LIGAMENT
角質構造，有彈性，能將雙殼貝的雙殼接合在一起。

• 韌帶凹槽 CHONDROPHORE
雙殼類殼頂下的匙狀突出物，是內韌帶的依附處。

• 暈色的 IRIDESCENT
反射出彩虹或珍珠的色澤。

• 溝 CANAL
殼口頂端和底端的溝槽(即：後、前端)，用以容納腹足類的水管。

• 滑層 CALLUS
一層或厚或薄的貝殼質，通常平滑並有光澤，常呈半透明狀。

• 稜脊 KEEL
多少有點尖銳的邊緣。

• 腹足類 GASTROPOD
名付其實「以腹爲足」；一頭，一足，兩眼，兩枚觸手及一枚螺殼(有時無殼)的軟體動物。

• 裝飾 ORNAMENT
貝殼表面突出或凹陷的特徵。

• 種 SPECIES
一群具共同特點而與其他類別不同的生物；並包括在屬之中。

• 管 PIPE
某些掘足類貝殼後端的小管狀突出物。

• 網紋 CANCELLATE
一種格子狀裝飾，只有當脊或紋成直角相交時才可形成。

• 鉸板 HINGE
雙殼類兩殼的內緣，通常由一韌帶將兩殼連接起來，常有鉸齒，與另一殼的鉸齒互相咬合。

• 鳳凰螺缺刻 STROMBOID NOTCH
鳳凰螺外唇下部邊緣的彎凹狀處，殼內軟體的左眼由此伸出。

• 瘤 TUBERCLE
大而圓的突出物。

• 輪狀(同心形) CONCENTRIC
雙殼貝類殼表凸起或下凹的裝飾，與殼緣平行。

• 齒 TOOTH／TEETH
腹足類殼口內、外唇上，雙殼類鉸板上尖銳或圓鈍突出的構造。

• 鋸齒狀 SERRATED
形容貝殼邊緣有一系列溝槽或尖角連接在一起。

• 縫合線 SUTURE
腹足類的螺層相連接處的線紋。

• 縱向的 VERTICAL
腹足類中，指從殼頂走向殼底；多板類中，指自前向後的。

• 縱脹肋 VARIX
加厚的肋狀突出物，是腹足類螺殼先前的唇緣。

• 螺旋的 SPIRAL
腹足類和掘足類的貝殼以橫向生長(即與縱向垂直)。

• 螺軸 COLUMELLA
腹足類貝殼的中柱，見於殼口內。

• 螺塔 SPIRE
腹足類螺殼上體層之外的部位。

• 螺層 WHORLE
腹足類的螺殼繞著一條假想的軸所盤繞的一整圈。

• 顆粒的 GRANULOSE
形容表面覆有突出的小顆粒。

• 環帶 GIRDLE
肌肉質帶狀物，環繞並連接多板類的殼板。

• 臍孔 UMBILICUS
腹足類殼底的開口，體層以此爲中心而盤繞；也是螺塔各層的中軸處。

• 雙殼類 BIVALVE
具兩瓣貝殼的軟體動物。

• 雙圓錐形 BICONIC
兩端逐漸變細，正如將兩枚圓錐體的寬部接合在一起。

• 屬 GENUS(複數 GENERA)
包括一種或多種相似的生物，隸於科之下。

• 彎入 SINUS
參見「套線彎入」及「鳳凰螺缺刻」。

• 彎曲的 SINUOUS
微呈波狀。

• 體層 BODYWHORL
腹足類成貝最後形成的螺層。

• 鱗 SCALE
表面突出的裝飾物，邊緣尖銳，有時呈凹槽狀。

英文索引

A

B

C

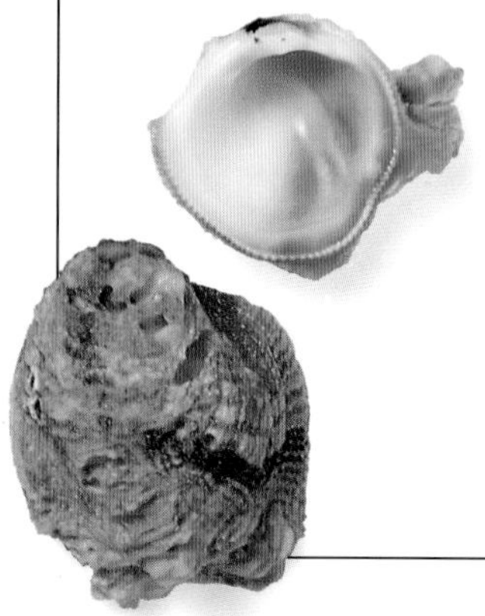

D

E

F

N

O

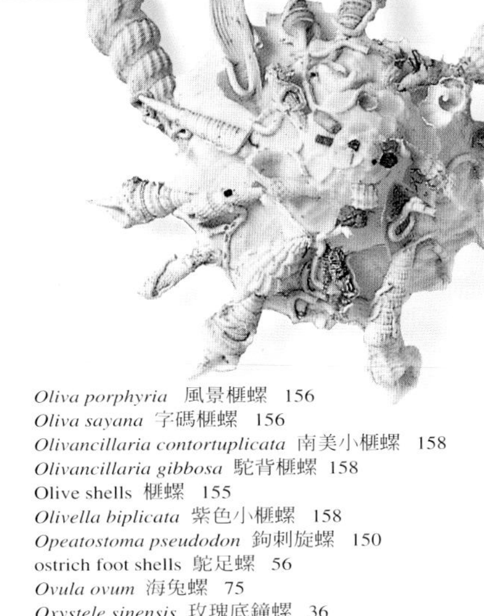

P

U

V

W

X

中文索引

二劃

三劃

四劃

五劃

六劃

九劃

十劃

十一劃

十二劃

十三劃

十四劃

十五劃

十六劃

十七劃

十八劃

致　謝

THIS BOOK COULD not have been completed without the help, material and otherwise, of several persons and institutions. The author and publisher are greatly indebted to the following people for their kindness in making available for photography most of the shells illustrated: David Heppell and the National Museum of Scotland, Edinburgh; Alex Arthur of Dorling Kindersley, London; Alan Seccombe of London; Geoff Cox of North Warnborough, Hampshire; Tom and Celia Pain of London; Donald T. Bosch of Muscat, Oman; Noel Gregory of Farnham Common, Bucks; Kenneth Wye of The Eaton Shell Shop, Covent Garden, London.

The author is also extremely grateful to the following individuals: David Heppell, for providing information about shells and other subjects, usually at very short notice; Kathie Way, of the Zoology Department, The Natural History Museum of London, for checking the text, correcting some of his identifications, and making encouraging comments; Una Dance, for using her camera and her wifely patience to good effect on his behalf; and Robert Dance, for ensuring that the publisher received a timely succession of disks and printouts from his father for whom the computer is, and will remain, an unfathomable mystery.

Dorling Kindersley would like to thank: Debra Skinner for her shell illustrations on pages 18-19; Caroline Church for the endpaper illustrations; Salvo Tomasselli for the illustration of the world map on pages 12-13 and all the miniature maps throughout the book; the Royal Masonic Hospital for the X-ray on page 17; Peter Howlett of Lemon Graphics for placing all the leader lines on the shell photographs; Steve Dew for his original map artworks.

We are also indebted to Irene Lyford and David Preston for their invaluable editorial help; Joanna Pocock for her design expertise; and Michael Allaby for compiling the Index.

PICTURE CREDITS

All photographs are by Matthew Ward except for: Robert E. Lipe 7, 14, 15 *(middle left)*, 16; Una Dance 15 *(top left and right)* and author photograph on jacket; J. Hoggesteger (Bifotos) 15 *(middle right)*; S. Peter Dance 15 *(bottom left)*; Shelagh Smith *(bottom right)*; Dave King 17; James Carmichael 16.

國立中央圖書館出版品預行編目資料

貝殼圖鑑/S．彼得．當斯著；馬修．華德攝影；
劉滶，宋漢濤翻譯. -- 初版. -- 臺北縣新店市．
貓頭鷹，民85
面；　公分.--(自然珍藏系列)
譯自：Shells
含索引
ISBN 957-8686-98-6(精裝)

1. 貝殼類 - 圖錄

386.7025　　　85007785